陕西彬长矿区小庄煤矿项目水资源论证研究

田云霞　焦瑞峰　乔　钰
王　程　张国平　王　龙　著

黄河水利出版社
·郑州·

内 容 提 要

本书对小庄煤矿项目水资源论证中的用水合理性、矿井取水水源论证、矿井取水影响论证和退水影响论证进行了重点分析。在用水合理性分析中,从节约水资源的角度出发,结合相关标准和现状用水水平,核定项目用水量,并提出了系统的矿井水回用及外供方案,使矿井水可以全部利用;在矿井取水水源论证中,结合解析法与水文地质比拟法分析正常工况下矿井水量;在矿井取水影响论证中,收集了井田范围内所有钻孔的资料,通过不同方法计算每个钻孔的导水裂隙带发育高度,分析井田开采对地表水、地下水含水层以及其他用水户的影响,并提出相应的保护和补偿措施。

本书可供水利部门、环境保护部门从事水文研究、水资源管理、水资源论证等方面的专业技术人员、管理人员和大专院校相关专业师生参考使用。

图书在版编目(CIP)数据

陕西彬长矿区小庄煤矿项目水资源论证研究/田云霞等著. —郑州:黄河水利出版社,2022. 9
ISBN 978-7-5509-3375-0

Ⅰ. ①陕… Ⅱ. ①田… Ⅲ. ①地下采煤-水资源管理-研究-咸阳 Ⅳ. ①TD823

中国版本图书馆 CIP 数据核字(2022)第 166005 号

组稿编辑:王路平　电话:0371-66022212　E-mail:hhslwlp@ 126. com
田丽萍　66025553　912810592@qq. com

出 版 社:黄河水利出版社　网址:www. yrcp. com
地址:河南省郑州市顺河路黄委会综合楼 14 层　邮政编码:450003
发行单位:黄河水利出版社
发行部电话:0371-66026940、66020550、66028024、66022620(传真)
E-mail:hhslcbs@ 126. com
承印单位:河南新华印刷集团有限公司
开本:890 mm×1 240 mm　1/32
印张:9
字数:260 千字
版次:2022 年 9 月第 1 版　印次:2022 年 9 月第 1 次印刷

定价:70. 00 元

前 言

陕西省地处国家西部大开发战略的首要位置，被国家赋予了打造内陆改革开放、丝绸之路经济带新起点和"一带一路"战略重要节点。随着落后产能的淘汰、渭北地区原有矿区的煤炭资源逐渐枯竭，彬长矿区作为煤炭先进产能将替代原有煤炭资源供应，小庄煤矿是《陕西彬长矿区总体规划》中的主要矿井之一，矿井及配套选煤厂建设规模均为6.0 Mt/a。

2018年1月，陕西彬长小庄矿业有限公司委托黄河水资源保护科学研究院承担了小庄煤矿项目的水资源论证工作。黄河水资源保护科学研究院接受委托后，在认真研究该项目地勘资料、可研资料的基础上，多次前往现场和周边地区开展资料收集和调研工作，先后对彬长矿区内大佛寺煤矿(8.0 Mt/a)、文家坡煤矿(4.0 Mt/a)、孟村煤矿(6.0 Mt/a)、胡家河煤矿(5.0 Mt/a)进行了实地走访，对采煤工艺、选煤工艺、矿井涌水处理工艺、采煤影响、矿山恢复情况等进行了深入调研，确定小庄煤矿项目水资源分析范围为咸阳市全境，矿井取水水源论证范围和取水影响论证范围为小庄井田边界外延300 m区域，退水影响论证范围为小庄煤矿排污口下游的泾河彬县工业农业用水区。目前，《陕西彬长矿区小庄煤矿项目水资源论证报告书》已取得黄河水利委员会审查意见。

本书收录了煤矿水资源论证项目案例，按照突出重点、兼顾一般原则，重点对小庄煤矿用水合理性、矿井取水水源论证以及取水影响论证进行分析和阐述。

(1)按照国家、陕西省以及煤炭行业各项标准、规范的相关要求，结合对周边区域其他煤矿的实际调研结果，对项目的合理用水量进行核定；根据论证项目的用水特点，针对不同用水单元的用水水质要求，提出了矿井水分级处理、分质回用的方案，降低了水处理的难度与风险。

(2)在分析矿井充水因素的基础上,确定矿井开采时的直接充水含水层,在收集大量实测数据的基础上,分别用解析法(大井法)和比拟法(富水系数法)对矿井涌水量进行预算,综合两种方法的计算结果进行分析,确定合理的矿井涌水可供水量,并对矿井涌水水质保证程度、取水口位置合理性以及取水可靠性进行了分析。

(3)在分析井田水文地质条件的基础上,确定了地下水的保护目标层,选取井田可采区的所有钻孔对开采形成的导水裂隙带发育高度进行预测,绘制了勘探线剖面裂隙高度发育示意图。根据导水裂隙带发育高度计算结果,分别分析了井田开采对地下水保护目标层、地表水以及其他用水户的影响,提出了相应的水资源保护措施。

在小庄煤矿项目水资源论证报告书及本书编写过程中,得到了陕西彬长小庄矿业有限公司等单位的大力支持和帮助,在此表示诚挚的感谢!同时感谢项目参与成员刘永峰、李锐、史瑞兰、曹原、韩柯尧、李娅芸、周正弘、赵乃立、王龙、张国平等的辛勤劳动!

由于作者水平有限,书中难免存在一些不足之处,敬请广大读者批评指正。

作 者

2022年4月

目　录

第 1 章　项目概况

小庄煤矿地处黄陇煤炭基地陕西彬长矿区内，矿井及配套选煤厂设计规模均为 6.0 Mt/a，工业场地位于陕西省咸阳市彬州市义门镇鸭河湾村，井田行政区划隶属彬州市义门镇管辖。

彬长矿区是国家规划的十三个煤炭基地——黄陇基地的主力矿区，矿区位于陕西省西北部彬州市和长武县境内。根据彬长矿区总体规划，计划建设规模在 400 万～1 000 万 t/a 的特大型煤矿 8 个，规模在 120 万～400 万 t/a 的大型煤矿 3 个，规模在 60 万～120 万 t/a 的中小型煤矿 2 个。

咸阳市位于陕西省八百里秦川腹地，渭水穿南，嵕山亘北，山水俱阳，故称咸阳，当地风景秀丽，四季分明，物产丰富，人杰地灵，是古丝绸之路的第一站，我国中原地区通往大西北的要冲。彬州市位于咸阳市西北部，地处陕北黄土高原西南边缘，矿产资源丰富，包括煤、煤层气、石油、天然气、油页岩、硫铁矿、肥料用有机质页岩、陶瓷黏土、建筑用砂石、砖瓦用黏土等共计 10 种矿产资源，是陕西省以煤为主的能源矿产地彬长矿区的重要组成部分。

本项目概况主要依据《陕西省黄陇侏罗纪煤田彬长矿区小庄煤矿勘探地质报告》（陕西省煤田地质局勘察研究设计院，2013. 9）、《陕西彬长小庄矿业有限公司矿井水文地质类型划分报告》（中煤科工集团西安研究院有限公司，2017. 3）、《陕西省彬长矿区总体规划》（中煤西安设计工程有限责任公司，2009. 3）、《陕西彬长矿业集团有限公司小庄矿井及选煤厂初步设计》（中煤科工集团北京华宇工程有限责任公司，2016. 3）等文献及实际建设情况进行介绍。

1.1 彬长矿区总体规划概况

1.1.1 矿区范围面积和煤炭资源总量

彬长矿区地处陇东黄土高原东南翼,属陕北黄土高原南部塬梁沟壑区的一部分。海拔一般为850~1 200 m。泾河穿越矿区中部,地势从黄土高原塬梁向中间泾河谷地倾斜,塬梁破碎,沟壑纵横。地理坐标为东经107°46′~108°11′,北纬34°58′~35°19′。矿区东西长46 km,南北宽36.5 km,规划总面积978 km^2,总资源量为8 978.83 Mt。

1.1.2 矿区井田划分及特征

根据《陕西省彬长矿区总体规划》(中煤西安设计工程有限责任公司,2009.3),彬长矿区的主要含煤地层为侏罗统延安组,4号煤层为全区主采煤层。矿区划分为13对矿井,规划建设总规模53.8 Mt/a。彬长矿区矿井数量及特征一览见表1-1,矿区井田划分平面图见图1-1。

表1-1 规划的彬长矿区矿井数量及特征一览

序号	矿井名称	矿井性质	井田尺寸			储量/Mt		规划产能/(Mt/a)	服务年限/a
			长/km	宽/km	面积/km^2	地质	可采		
1	大佛寺	生产	15.1	5.8	86.3	1 215.42	765.68	8.0	76.0
2	下沟	生产	4.0	4.2	14.1	176.54	72.44	3.0	17.2
3	亭南	生产	10.1	4.5	36.0	402.17	212.11	3.0	50.5
4	官牌	接续	7.0	5.3	35.1	232.58	129.78	3.0	30.9
5	水帘洞	生产	4.5	1.3	5.37	56.4	34.08	0.9	27.0
6	蒋家河	生产	6.5	4.5	23.0	103.27	48.60	0.9	41.5
7	孟村	生产	10.5	6.5	61.2	1 017.49	601.00	6.0	71.5
8	胡家河	生产	8.5	7.2	54.7	819.27	473.02	5.0	72.0
9	小庄	生产	6.5	7.0	46.2	920.89	544.96	6.0	67.3
10	文家坡	生产	10.7	9.5	79.5	819.27	507.93	4.0	90.7
11	雅店	生产	19.0	3.0	78.11	636.7	445.79	4.0	79.6
12	高家堡	生产	25.7	16.6	216.05	1 073.90	625.31	5.0	83.4
13	杨家坪	规划	17.4	9.1	146.12	1 264.22	695.32	5.0	101.1

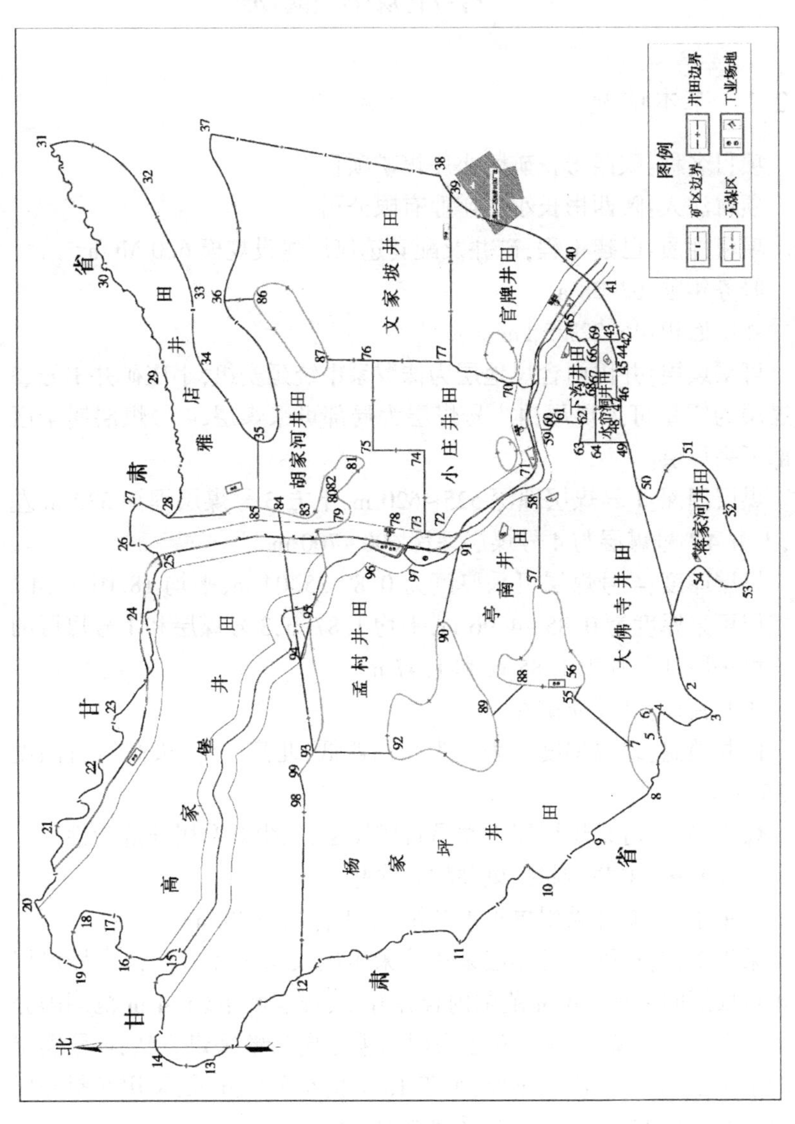

图 1-1　彬长矿区井田划分平面图

1.2 小庄煤矿概况

1.2.1 基本情况

项目名称:陕西彬长矿区小庄煤矿项目。

项目法人:陕西彬长小庄矿业有限公司。

项目性质:已建工程,矿井及配套选煤厂建设规模6.0 Mt/a。

服务年限:67.28 a。

井田面积:46.227 5 km^2。

可采煤层:井田内含煤地层为侏罗系中统延安组,小庄矿井1号、3号煤层为零星可采煤层,4^{-1}号煤层为局部可采煤层,4号煤层属全区大部可采煤层。

煤层埋深:1号煤层埋深525~620 m,下方3号煤层埋深530 m左右,下方4^{-1}号煤层与4号煤层埋深600~700 m。

煤层厚度:4号煤层可采厚度为0.8~35.04 m,平均18.01 m,4^{-1}号煤层可采厚度为0.85~4.96 m,平均1.87 m,3号煤层和1号煤层的平均可采厚度分别为1.85 m和1.47 m。

矿井瓦斯:高瓦斯矿井。

矿井地温:地温梯度上表现为东高西低,北高南低,极高岩石温度为36.3 ℃。

煤尘自燃:可采煤层属Ⅰ类易自燃煤层,煤尘具有爆炸危险性。

井筒开拓:主井、副井、风井均为立井。

开采水平:矿井采用单水平开拓,水平标高+480 m。

采煤工艺:1号、3号煤层采用综采走向长壁采煤方法;4^{-1}号煤层与4号煤层间距≤1.4 m范围内合并开采,煤层间距>1.4 m范围内分煤层开采,4^{-1}号煤层采煤方法采用综采走向长壁采煤方法;4号煤层厚度小于18 m的一次采全厚,大于18 m的须分层开采,采用倾斜分层走向长壁采煤方法,采煤工艺采用放顶煤综采。

选煤工艺:80~13 mm块煤采用重介浅槽分选工艺,13~1.50 mm

末煤两产品采用重介旋流器分选,1.5~0.25 mm 粗煤泥采用螺旋分选机分选,0.25~0 mm 细煤泥采用沉降离心机+快开隔膜压滤机两段浓缩两段回收的工艺。

盘区划分:全井田共划分5个盘区。按照先近后远、先易后难的原则,盘区原则上采用后退式开采。开采顺序为二盘区、三盘区、四盘区、五盘区、一盘区。

首采区:初设设计的首采区为二盘区,首采工作面为40204工作面,首采区设计服务年限为29.46 a。

1.2.2 井田拐点坐标

小庄煤矿行政区划隶属于陕西省咸阳市彬州市义门镇管辖。地理坐标:东经107°56′08″~108°01′59″,北纬35°04′58″~35°09′23″,小庄煤矿交通位置示意图见图1-2。

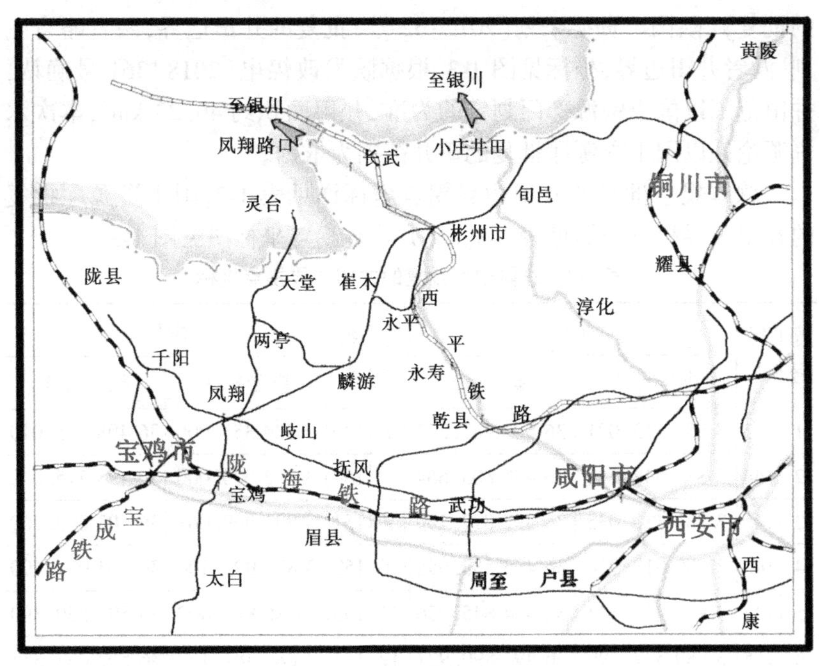

图1-2 小庄煤矿交通位置示意图

小庄煤矿位于彬长矿区中东部,根据《国家发展改革委关于陕西省彬长矿区总体规划的批复》(发改能源〔2010〕2018号),小庄井田范围由12个拐点圈定,井田东以文家坡井田及红岩河为界;西部、南部以西平铁路及高速公路煤柱为界;北与胡家河井田相邻。分别与孟村井田、亭南井田、大佛寺井田、下沟井田、官牌井田、文家坡井田和胡家河井田毗邻。井田东西长8.2 km,南北宽7.8 km,面积约44.31 km^2。

依据《关于划定陕西省黄陇侏罗纪煤田彬长矿区小庄煤矿矿区范围的批复》(陕国土资矿采划〔2012〕62号),小庄煤矿西、南以西(安)—平(凉)铁路为界,东南以阎子川为界,东北以文家坡矿井为界,北以胡家河矿井为界。东西长6.5 km,南北宽7.0 km,面积46.227 5 km^2。

小庄煤矿位于彬长矿区中东部,根据《国家发展改革委关于陕西省彬长矿区总体规划的批复》(发改能源〔2010〕2018号)批复的井田边界、《关于划定陕西省黄陇侏罗纪煤田彬长矿区小庄煤矿矿区范围的批复》(陕国土资矿采划〔2012〕62号)批复的井田边界,两者略有差别,两者井田边界,坐标见图1-3,根据陕发改煤电〔2018〕361号确认,井田范围以国土资源部门划定的为准,井田面积约46.23 km^2,本次水资源论证以国土资源厅批复的矿井范围为依据。

总体规划批复的井田边界拐点坐标详见表1-2,国土资源厅批复的井田边界拐点坐标见表1-3。矿井边界拐点坐标图见图1-3。

表1-2 总体规划批复的井田边界拐点坐标

序号	拐点	坐标		序号	拐点	坐标	
		纵坐标 X	横坐标 Y			纵坐标 X	横坐标 Y
1	143	3 884 315.091	36 501 747.262	7	149	3 889 351.000	36 498 715.040
2	144	3 884 548.259	36 499 803.664	8	150	3 892 000.000	36 498 715.040
3	145	3 884 110.035	36 497 877.209	9	151	3 891 999.061	36 503 093.269
4	146	3 887 318.916	36 495 533.698	10	152	3 887 991.104	36 503 020.190
5	147	3 887 863.344	36 494 845.056	11	153	3 886 847.402	36 502 530.390
6	148	3 889 347.190	36 494 890.927	12	154	3 885 481.137	36 502 057.385

表 1-3　国土资源厅批复的井田边界拐点坐标

拐点号	西安 80 坐标系(给定)		北京 54 坐标系(换算)	
	X	*Y*	*X*	*Y*
1	3 887 752.00	36 494 527.00	3 887 806.00	36 494 603.00
2	3 887 520.00	36 494 947.00	3 887 574.00	36 495 023.00
3	3 887 220.00	36 495 275.00	3 887 274.00	36 495 351.00
4	3 884 176.00	36 497 388.00	3 884 230.00	36 497 464.00
5	3 883 868.00	36 497 746.00	3 883 922.00	36 497 822.00
6	3 883 785.00	36 498 452.00	3 883 839.00	36 498 528.00
7	3 884 299.00	36 500 215.00	3 884 353.00	36 500 291.00
8	3 884 316.00	36 500 827.00	3 884 370.00	36 500 903.00
9	3 884 134.00	36 501 588.00	3 884 188.00	36 501 664.00
10	3 885 187.00	36 501 747.00	3 885 241.00	36 501 823.00
11	3 886 574.00	36 502 126.00	3 886 628.00	36 502 202.00
12	3 887 961.00	36 502 506.00	3 888 015.00	36 502 582.00
13	3 887 946.00	36 502 944.00	3 888 000.00	36 503 020.00
14	3 890 065.00	36 502 982.00	3 890 119.00	36 503 058.00
15	3 891 945.00	36 503 017.00	3 891 999.00	36 503 093.00
16	3 891 946.00	36 498 639.00	3 892 000.00	36 498 715.00
17	3 889 297.00	36 498 639.00	3 889 351.00	36 498 715.00
18	3 889 293.00	36 494 197.00	3 889 347.00	36 494 273.00
19	3 888 423.00	36 494 150.00	3 888 477.00	36 494 226.00

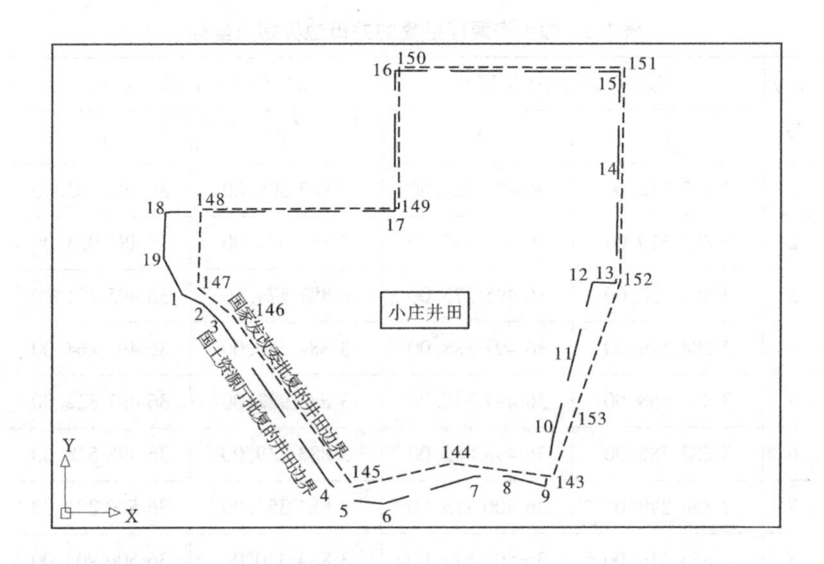

图 1-3 矿井边界拐点坐标

1.2.3 地面总体布置及土地利用情况

1.2.3.1 土地利用情况

根据井下开拓部署和矿井建设需要，本项目地面设置矿井工业场地、白家宫风井场地、矸石周转场、消防救护基地、高位水池和黄泥灌浆站场地。煤炭主要采用铁路外运，铁路专用线及装车站位于矿井工业场地南侧。矿井工业场地位于井田南部鸭河湾村南侧，白家宫风井场地和矸石周转场位于矿井工业场地北面约 2.0 km 的杨家嘴附近，消防救护基地位于矿井工业场地东部约 1.0 km 的进矿道路北侧，由彬长集团统一负责管理，高位水池和黄泥灌浆站场地位于矿井工业场地北部约 1.0 km 的排矸道路附近，矿井地面总布置图见图 1-4。本项目建设用地总规模为 37.040 9 hm^2，用地情况详见表 1-4。

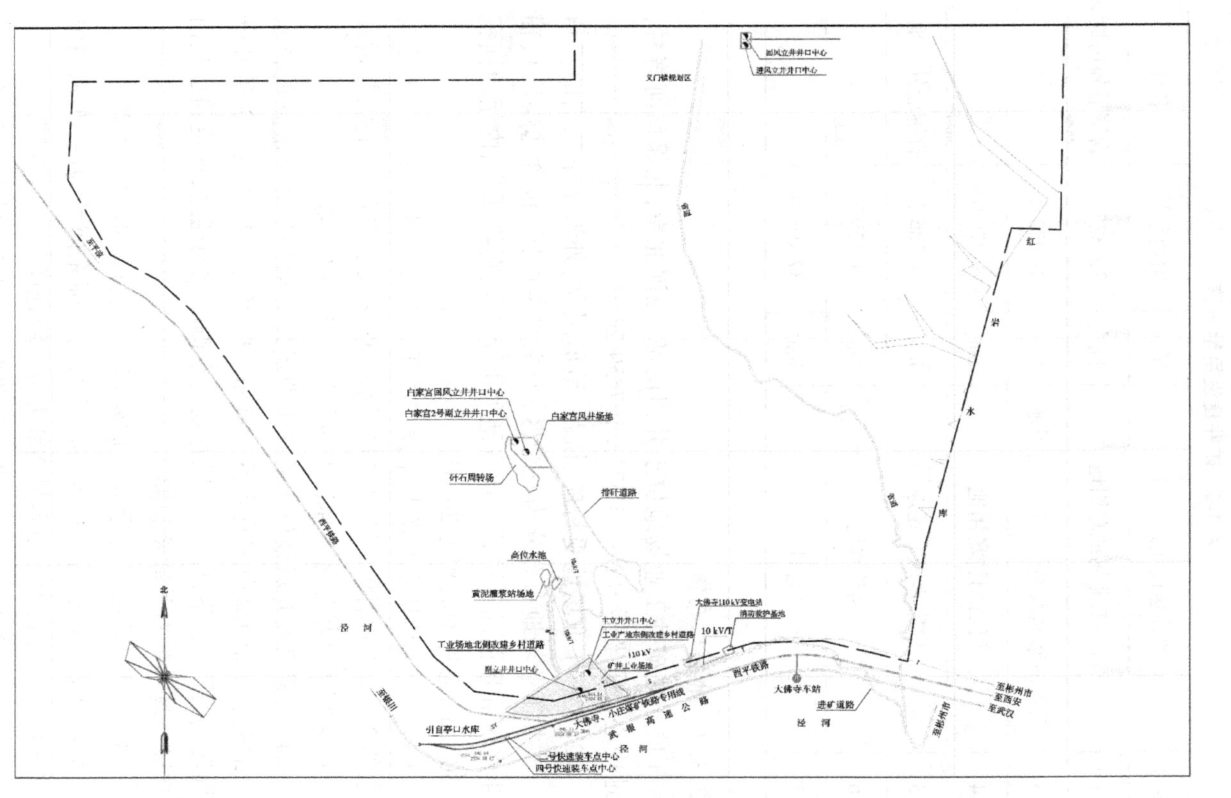

图 1-4　小庄煤矿矿井地面总布置示意图

表 1-4 矿井建设用地一览

序号	矿井建设用地项目	单位	用地数量	备注
1	矿井工业场地总用地	hm^2	26.335 5	含围墙外用地
3	黄泥灌浆站及高位水池道路用地	hm^2	0.920 0	
4	矸石周转场用地	hm^2	3.470 0	
5	白家宫风井场地	hm^2	5.786 7	含围墙外用地
6	高位水池	hm^2	0.528 7	
7	合计	hm^2	37.040 9	

1.2.3.2 地面总布置

(1)小庄矿井工业场地位于井田南部，泾河北岸，北邻鸭河湾村，场地中心位置坐标为 N35°4′57″、E107°59′26″。

(2)矿井工业场地受村庄、铁路、地形限制，外形呈不规则的三角形。矿井工业场地布置分为三个区，即主要生产区(包含选煤厂)、辅助生产区和场前区。矿井工业场地外形呈不规则状，围墙内用地面积 21.30 hm^2，总用地面积为 26.335 5 hm^2。

(3)工业场地地下水源井布设在本矿区工业场地南侧和距工业场地东部 2 km 处的消防中队内。井下水处理站位于主立井西侧，靠近井口。白家宫风井场地地下水源井位于风井场地内北侧。

(4)白家宫风井场地位于矿井工业场地北面约 2.00 km 处的杨家嘴东北侧，北面距离白家宫乡约 500 m。白家宫风井场地西邻矿井矸石周转场，排矸道路自白家宫风井场地东侧南北向通过，该道路也是白家宫风井场地的对外联系道路。

(5)矿井与选煤厂合设矸石周转场一处，该场地位于矿井工业场地北面约 2.0 km(交通距离 5 km)处的杨家嘴东面荒沟内，东邻白家宫风井场地。矸石周转场容量 200 万 m^3，用地面积 3.47 hm^2。

(6)高位水池位于矿井工业场地北部约 1.0 km 的山坡上，总用地面积 0.528 7 hm^2。

(7)该场地位于矿井工业场地北部约 1.0 km 的山坡上,东邻排矸道路。场地内主要布置黄泥灌浆站、消防灌浆用水水池、锅炉房和 10/0.4 kV 箱变,围墙内用地面积 0.35 hm^2,总用地面积 0.92 hm^2。

小庄煤矿工业场地地面总布置示意图见图 1-5,白家宫风井场地地面总布置示意图见图 1-6。

1.2.3.3　工业场地总平面布置

矿井工业场地受村庄、铁路、地形限制,外形呈不规则的三角形。矿井工业场地布置分为三个区,即主要生产区(包含选煤厂)、辅助生产区和场前区。

主要生产区内设主立井和副立井 2 个井口,主立井井口布置在矿井工业场地的东北角,副立井布置在矿井工业场地的中东部,根据煤流走向,从主立井井口房向西布置原煤仓,然后转向南布置筛分破碎车间,再向西布置主厂房、浓缩车间、集控化验办公楼、矸石仓、汽车装车点、块煤仓、末煤仓,最终产品煤通过栈桥向西南方向上铁路装车站。

辅助生产区位于矿井工业场地中部,以副立井井口房为中心,南侧主要布置井下消防洒水池及设备用水水池、矿井修理车间、综采设备中转库、露天堆场。北侧:副立井提升机房、副立井空气加热室、抗灾排水泵配电室、区队库房靠近井口布置,消防材料库、岩粉库、器材库、棚和主立井空气加热室联合布置,混凝土搅拌站、110 kV 变电站靠近场地北围墙布置,110 kV 变电站平面位置方便高压输电线进出。西侧:主要布置无轨胶轮车保养间、水源热泵机房和油脂库。

场前区位于矿井工业场地东南部,副立井井口房的东侧,靠近人流进场方向。该区建筑以综合办公楼为中心,采用中轴对称式布置,办公楼南面为入口广场及主大门,东西两侧分别为业务接待楼和联合建筑,北面为单身宿舍(下部 3 层为食堂)。

小庄煤矿现场实景见图 1-7。

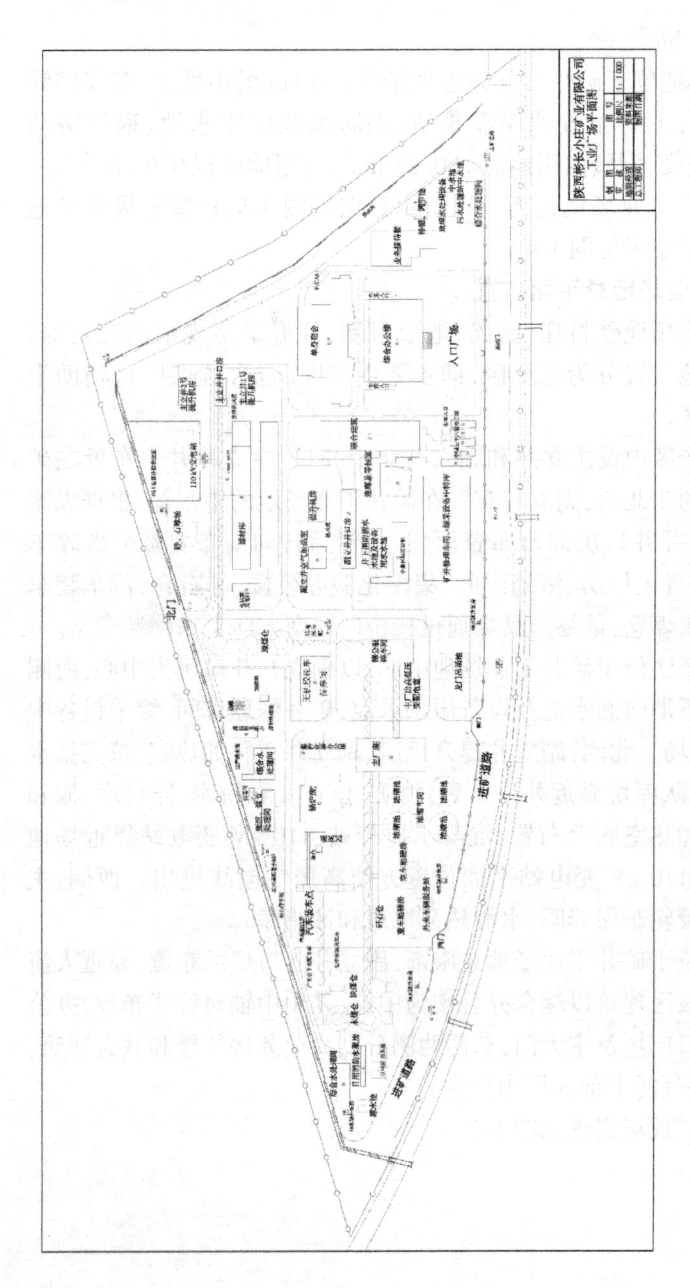

图 1-5 小庄煤矿工业场地地面总布置示意图

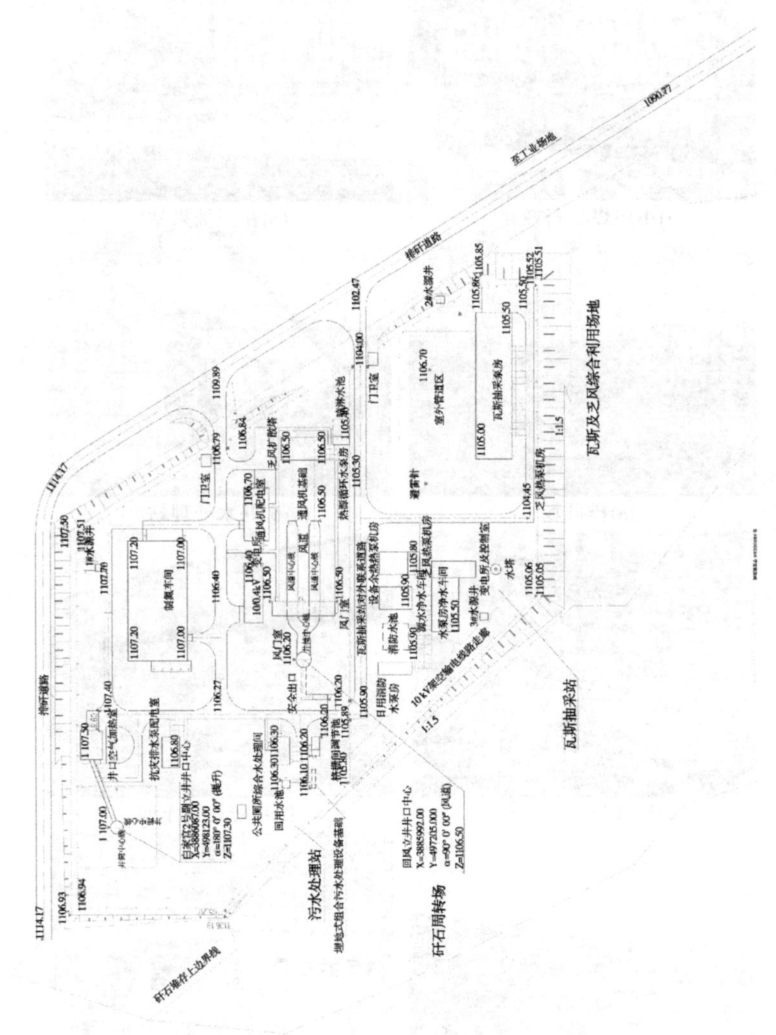

图 1-6　白家宫风井场地平面布置示意图

(a)小庄煤矿行政楼 (b)瓦斯抽采站

(c)排矸场 (d)矿井水处理站

(e)反渗透处理车间 (f)超磁处理车间

(g)事故应急水池 (h)生活污水处理站

图 1-7　小庄煤矿现场实景

(i)原煤仓 (j)筛分破碎车间

(k)主厂房 (l)汽车装车点

(m)矸石仓 (n)产品仓

(o)输煤栈道 (p)输煤栈道

续图 1-7

1.2.4 设计开采储量和服务年限

1.2.4.1 煤层特征

井田内含煤地层为侏罗系中统延安组，小庄矿井 1、3 号煤层为零星可采煤层，4^{-1} 号煤层为局部可采煤层，4 号煤层属全区大部可采煤层。可采煤层特征见表 1-5。

表 1-5 可采煤层特征

<table>
<tr><th rowspan="2">序号</th><th>煤层可采区厚度/m</th><th>煤层层间距/m</th><th colspan="2">煤层结构</th><th colspan="2">顶底板岩性</th><th rowspan="2">煤层稳定性</th><th rowspan="2">煤层可采范围</th><th rowspan="2">煤层容重/(kN/m³)</th></tr>
<tr><th>最小~最大
平均</th><th>最小~最大
平均</th><th>夹矸层数</th><th>夹矸厚度/m</th><th>顶板</th><th>底板</th></tr>
<tr><td>1</td><td>1.47</td><td rowspan="2">22.39</td><td>2</td><td>0.05~0.70</td><td>砂质泥岩</td><td>泥岩、粉砂岩</td><td>较稳定</td><td rowspan="3">局部可采</td><td>1.43</td></tr>
<tr><td>3</td><td>1.85</td><td></td><td>0.05~0.15</td><td></td><td></td><td>较稳定</td><td>1.41</td></tr>
<tr><td>4^{-1}</td><td>0.85~4.96
1.87</td><td>0.82~2.55</td><td>1</td><td>0.06~0.54</td><td>泥岩</td><td>泥岩</td><td>较稳定</td><td>1.35</td></tr>
<tr><td>4</td><td>0.80~35.04
18.01</td><td>0.97</td><td>3~5</td><td>0.04~0.73</td><td>泥岩、粉砂岩</td><td>泥岩</td><td>稳定</td><td>大部可采</td><td>1.33</td></tr>
</table>

1. 1 号煤层

1 号煤层为延安组第三段最上部的煤层，距下部的 3 号煤层 22.39 m，1 个见煤点且可采(23 号孔)，煤厚 3.24 m，可采厚度 1.47 m。底板标高 470~500 m，埋深 525~620 m，属局部可采的较稳定煤层(为文家坡勘探区 1 号煤层的西延部分)。直接顶板为砂质泥岩，底板为泥岩和粉砂岩。

2. 3 号煤层

3 号煤层赋存于延安组第三段。可采厚度 0.80~2.19 m，平均 1.22 m；大部不含夹矸，结构简单。煤层底板标高 430~470 m，埋深 530 m 左右。下距 4 号煤层 80 m 左右。属局部可采的较稳定煤层(为文家坡勘探区3号煤层的西延部分)。

3. 4^{-1} 号煤层

4^{-1} 号煤层分布于延安组第一段,为4号煤层的上分岔煤层。可采厚度0.90~5.16 m,平均1.87 m;一般含1层夹矸,结构简单。煤层底板标高360~540 m,埋深600~700 m,下距4号煤层0.82~2.55 m,属局部可采的较稳定煤层。4^{-1} 号煤层结构简单,一般只有1层夹矸,局部见4层夹矸。夹矸岩性主要为泥岩。顶板岩性绝大多数是泥岩,底板岩性全部为泥岩。

4. 4号煤层

4号煤层位于延安组下部,基本全井田分布,结构单一,煤层厚度0.80~35.02 m,平均厚度18.01 m,属特厚煤层。在井田范围内属稳定煤层,全区可采。煤层夹矸为泥岩和炭质泥岩,煤层的伪顶为小于0.5 m的炭质泥岩,零星分布。直接顶类型较多,有泥岩、粉砂岩、细砂岩、粗砂岩。

1.2.4.2 煤质

小庄井田煤层属中灰、低中灰、低磷、特低磷,含油、富油,高热值、特高热值不粘煤(31)。矿井内各煤层黏结指数小于5,以浮煤挥发分(V_{daf})进行划分:4号煤层以不粘煤为主,占96%,弱粘煤少量(占4%);4^{-1} 号煤层全部为不粘煤。其中,4号煤层为较低软化温度灰煤,其余煤层为低软化温度灰煤。煤质特征见表1-6。

表1-6 煤质特征

煤层号	水分/%	灰分/%	挥发分/%	发热量/(MJ/kg)	全硫/%	磷/%	焦油产率/%	视密度/(g/m³)	煤类
4^{-1}	4.34	20.20	34.39	25.07	1.67	特低磷	7.3	1.35	以不粘煤(31)为主,个别点见弱粘煤(32)
4	4.12	13.91	32.39	27.80	0.87	低磷	7.3	1.33	以不粘煤(31)为主,个别点见弱粘煤(32)

1.2.4.3 矿山设计资源储量与开采储量

根据初设,小庄煤矿可采煤层为1号煤层、3号煤层、4^{-1}号煤层、4号煤层,矿井工业资源储量为846.98 Mt。除去矿井永久煤柱损失153.28 Mt,则矿井设计资源储量为693.70 Mt;再除去保护煤柱损失资源储量30.24 Mt和开采损失118.48 Mt后,矿井设计可采储量为544.96 Mt。

1.2.4.4 矿山设计生产能力与服务年限

根据《国家发展改革委办公厅关于陕西彬长矿区小庄煤矿项目核准内容变更的复函》(发改办能源〔2019〕139号)核准,小庄煤矿生产能力为6.0 Mt/a,按富裕系数1.35计算,矿井的服务年限为67.28 a。

1.2.5 安全煤柱留设情况

小庄井田地表主要建(构)筑物有福银高速公路、红岩河水库、矿井工业场地、西平铁路、井田范围内二级公路,以及地面分布的大大小小的村庄等。

1.2.5.1 高速公路、铁路煤柱留设

依据陕西交通资产经营有限公司提交的《银川至武汉线陕西境陕甘界至永寿段高速公路工程压覆煤炭资源储量评估报告》(陕国土资评储〔2005〕1号),银川至武汉高速公路在小庄煤矿压覆煤炭资源量9.50 Mt,2012年,经过陕国土资矿采划〔2012〕62号重新划定后,小庄煤矿井田范围以西平铁路、福银高速保护煤柱为边界,经初设校核,井田内无须再设置保护煤柱。

1.2.5.2 红岩河水库煤柱留设

依据陕西省彬县红岩河水库工程指挥部2013年8月编制的《陕西省彬县红岩河水库工程压覆矿产资源储量核实报告》,在4号煤资源量估算附图上确定了红岩河水库压覆范围。彬县人民政府以彬政发〔2014〕38号在《陕西省彬县红岩河水库工程压覆矿产资源储量核实报告》的基础上,复核并扩大了红岩河水库保护煤柱范围(见图1-8)。

1.2.5.3 矿井工业场地煤柱留设

根据《煤炭工业矿井设计规范》,矿井工业场地按Ⅱ级保护级别维护,场地周围围护带宽度取15 m,村庄围护带宽度取10 m,表土移动角取45°,参照《建筑物、水体、铁路及主要井巷煤柱留设与压煤开采规范》要求,结合小庄矿井基岩段大部分由砂岩、石英岩、花岗岩等坚硬岩体组成,故基岩段移动角取78°计算保护煤柱范围。

1.2.5.4 井田境界、盘区边界、大巷煤柱等与防水有关的煤柱留设

北侧井田境界煤柱取60 m,南侧无相邻矿井部分井田境界煤柱取20 m。各盘区边界,沿盘区边界两侧各留设10 m煤柱。主要大巷两侧煤柱宽度各留设50 m。

1.2.5.5 井田范围内二级公路

井田范围内二级公路考虑三下采煤,回采时需编制专项开采方案,经审查通过后方可回采。

1.2.5.6 义门镇保护煤柱

义门镇中心镇及义门镇规划区均应当留设保护煤柱,水资源论证按照初设给出的保护煤柱范围留设。小庄煤矿煤柱总体留设示意图见图1-8。

1.2.6 井田开拓与开采

1.2.6.1 井田内河流水系

矿区河流水系以泾河为骨干,呈羽状分布,泾河是渭河的最大支流,发源于宁夏六盘山东麓。泾河干流自西北向东南流经长武县亭口镇汇于黑河后,在北极镇雅店村进入彬州市境内。年平均流量57.60 m^3/s,最大洪峰15 700 m^3/s(1911年),枯水期最小流量1 m^3/s(1973年)。彬州市境内泾河含沙量多年平均155 kg/m^3,平均年输沙量为283.00 Mt。

本矿属于泾河水系。泾河从本矿西部及南部边缘流过,其支流呈树枝状分布。主要有芦寨沟、土里沟、红岩河。红岩河流经本矿东南部,为泾河的一级支流,沟谷狭窄,常年流水,流量较小,年平均流量0.792 2 m^3/s。红岩河主要支流有福托沟、旺安沟、里村沟、北沟、北家

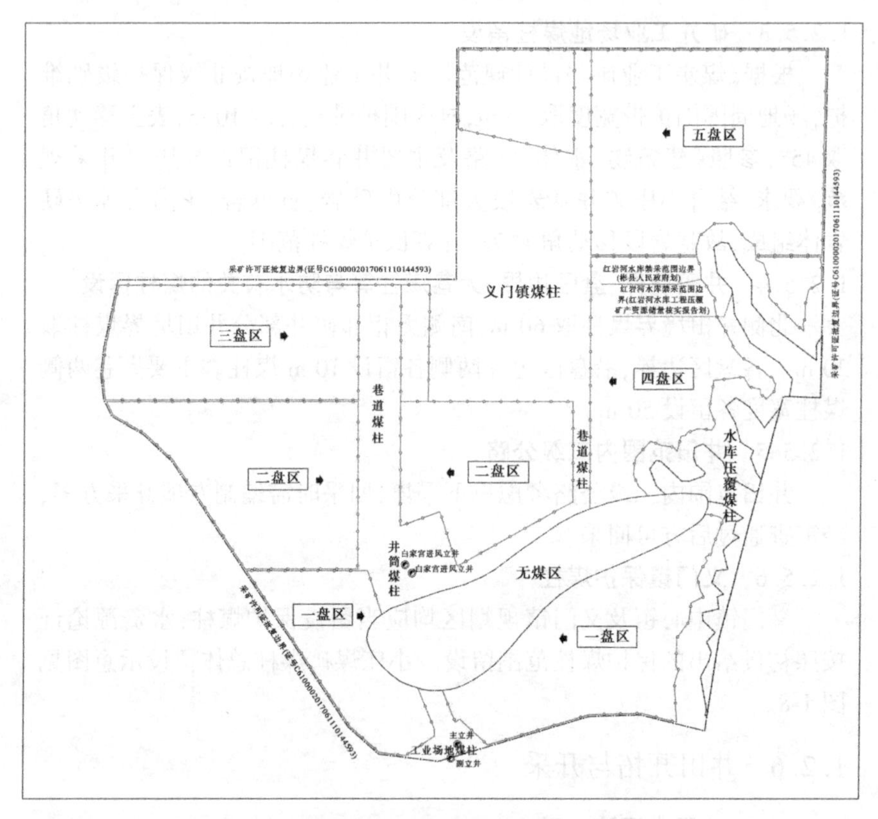

图 1-8 小庄煤矿盘区划分与煤柱留设示意图

沟、太祥沟、南益坊沟、坡下沟。泾河、红岩河春冬流量小,夏秋流量大,洪水期为每年的 7~9 月。

1.2.6.2 开采技术条件

小庄矿井 1 号、3 号煤层为零星可采煤层,4^{-1} 号煤层为局部可采煤层,4 号煤层属全区大部可采煤层,位于延安组下部,基本全井田分布,结构单一,本区地层总体走向北北东,井田内煤层倾角平缓,赋存稳定,资源量丰富、可靠。井田构造复杂程度为简单,水文地质条件中等,矿井为高瓦斯矿井,煤尘有爆炸性,煤层为易自燃煤层,地温东高西低,北高南低,最高温度 36.3 ℃,4 号煤层伪顶为稳定性较差岩体,老顶为中等稳定岩体,底板稳定性较差。

1.2.6.3　井筒开拓

小庄矿井采用立井开拓方式,在鸭河湾工业场地内布置2个立井,主立井、副立井,主、副立井落底标高均为+480 m,主立井担负全矿井的原煤提升兼进风任务,副立井担负全矿井的人员、设备和材料的提升任务兼作主要进风井、安全出口,回风立井、进风立井位于白家宫风井场地。各井筒特征表见表1-7。

表1-7　各井筒特征

项目			单位	主立井	副立井	白家宫 进风立井	白家宫 回风立井
井口坐标	纬距 *X*		m	3 884 032.339	3 883 875.000	3 886 087.000	3 885 992.000
	经距 *Y*		m	36 498 752.678	36 498 675.000	36 498 123.000	36 498 205.000
井口标高 *Z*			m	+851.600	+851.500	+1 107.300	+1 106.500
提升方位角				164°14′12″	344°14′12″	180°	90°
井筒倾角				90	90	90	90
井底标高			m	+480	+480	+482	+482
井筒长度			m	422	402.9	656	629.5
长度	表土段		m	232	240	234	234
	基岩段		m	190	162.9	422	395.5
断面	净断面		m^2	44.2	56.7	33.2	44.2
	掘进断面	表土	m^2	70.8	93.3	60.8	73.8
		基岩	m^2	59.4	70.9	44.2	62.2
施工方法				冻结法	冻结法	冻结法	冻结法
支护	表土段			钢筋混凝土	钢筋混凝土	钢筋混凝土	钢筋混凝土
	基岩段			素混凝土	素混凝土	素混凝土	素混凝土
井筒装备				JKMD-4×4(Ⅲ)E型提升机2台	JKMD-5.5×4(Ⅲ)提升机1台+梯子间	梯子间	梯子间

1. 主立井

井筒净直径7.5 m,净断面面积44.2 m^2,井深422 m。井筒担负全矿井煤炭提升兼进风。装备两对20 t箕斗。

2. 副立井

井筒净直径8.5 m,净断面面积56.7 m^2,井深402.9 m。井筒担负全矿井井下人员、材料、设备提升及进风任务。装备一对单层加宽罐笼,设有玻璃钢梯子间。井筒内布置2趟排水管,1趟消防洒水管,1趟黄泥灌浆管,敷设动力电缆及弱电电缆。

3. 白家宫进风立井

井筒净直径6.5 m,净断面面积33.18 m^2,井筒深度656 m。井筒内设有玻璃钢梯子间,并敷设有3趟瓦斯抽采管路、2趟排水管路。白家宫进风立井井筒担负二盘区、三盘区进风任务。

4. 白家宫回风立井

井筒净直径7.5 m,净断面面积44.2 m^2,井深629.56 m。井筒主要担负矿井一、二、三盘区的回风任务,井筒内布置2趟瓦斯抽采管、1趟注氮管路和1趟压风管,设有玻璃钢梯子间。

1.2.6.4 水平划分及标高

根据本井田4号煤层赋存特点,煤层平缓,走向和倾向起伏不大,在可采范围内煤层底板标高一般界于350~500 m,高差均在150 m之内,煤层倾角不大于8°,全井田以单一水平开采较为合理。同时根据矿井工业场地的相对位置以及泾河煤柱的保护范围,设计确定主立井、副立井落底标高均为480 m。

1.2.6.5 采区划分与接替

根据初设报告,全井田共划分5个盘区。其中除一、二、三盘区为双翼盘区外,其余均为单翼盘区。各盘区位置划分及工作面布置见图1-8,初设设计的盘区生产接续表见表1-8。

表 1-8　盘区生产接续表

序号	盘区名称	可采储量/Mt	生产能力/(Mt/a)	服务年限/a	接替顺序/a																																	
					1	2	3	4	5	6	7	8	9	10	11	12	13	14	15	16	17	18	19	20	21	22	23	24	25	26	27	28	29	30	31	32	33	34
1	一盘区	11.63	6	1.4																																		
2	二盘区	238.66	6	29.5																														29.5				
3	三盘区	160.91	6	19.9																																		
4	四盘区	39.26	6	4.8																																		
5	五盘区	94.51	6	11.7																																		

序号	盘区名称	可采储量/Mt	生产能力/(Mt/a)	服务年限/a	接替顺序/a																																	
					35	36	37	38	39	40	41	42	43	44	45	46	47	48	49	50	51	52	53	54	55	56	57	58	59	60	61	62	63	64	65	66	67	68
1	一盘区	11.63	6	1.4																																	67.3	
2	二盘区	238.66	6	29.5																																		
3	三盘区	160.91	6	19.9																49.4																		
4	四盘区	39.26	6	4.8																					54.2													
5	五盘区	94.51	6	11.7																																	65.9	

1.2.6.6 首采盘区个数及工作面个数

根据初设,选取二盘区作为矿井首采盘区。

经调研,小庄煤矿在二盘区已开采 4 个工作面,分别为 40201、40202、40203、40204,目前正在开采三盘区 40309 工作面,将来为保证采煤安全,工作面布置与工作面回采一般不在同一盘区进行,小庄煤矿将在二、三盘区之间跳采,未来 5 年煤矿将分别回采 40309、40205、40302、40307 等 4 个工作面,已采工作面和未来开采规划见图 1-9。

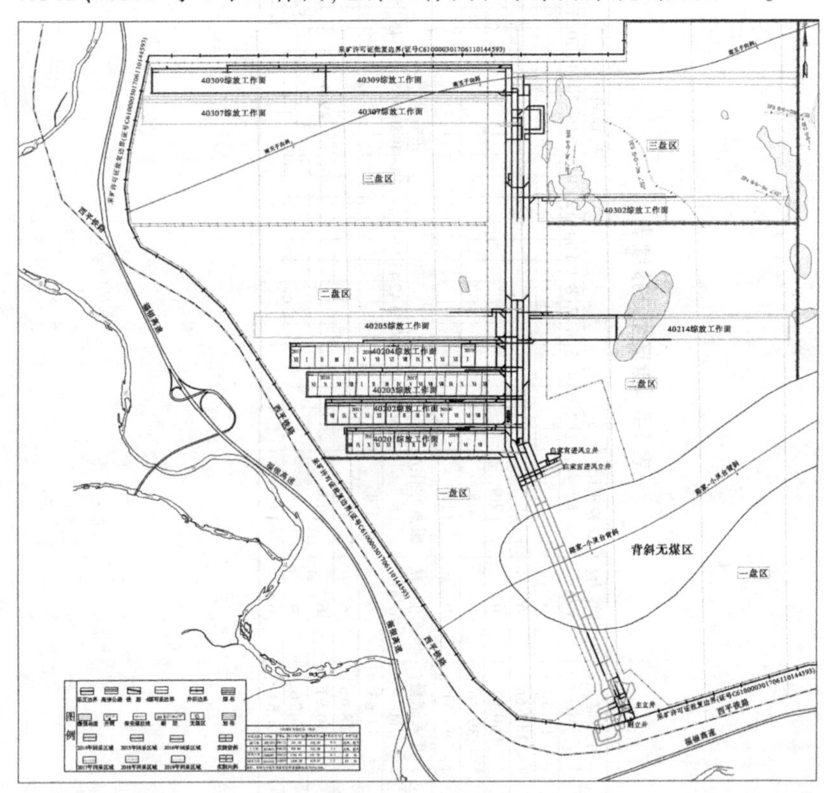

图 1-9 首采区工作面布置示意图

1.2.6.7 采煤方法及运输方案

小庄矿井井田范围内可采煤层共 4 层,其中 1 号、3 号煤层平均厚度分别为 1.47 m、1.85 m,属中厚煤层,采用综采走向长壁采煤方法;

4^{-1}号煤与4号煤层间距≤1.4 m范围内合并开采，煤层间距>1.4 m范围内分煤层开采，采用综采走向长壁采煤方法；4号煤层平均厚度18.01 m，属于特厚煤层，采用倾斜分层走向长壁采煤方法，采煤工艺采用放顶煤综采。

1.2.6.8　煤层顶板条件及顶板管理

1. 顶板条件

4号煤层直接顶板为深灰色泥岩、砂质泥岩及粉砂岩，属半坚硬不稳定顶板，容易冒落。4号煤顶板岩石总体强度弱至中等，单轴抗压强度在17.49~39.55 MPa。

2. 顶板管理

顶板采用全部垮落法管理。

1.2.6.9　选煤工艺及产品方案

小庄选煤厂为小庄矿井配套建设的选煤厂，设计规模为6.0 Mt/a。选煤厂日处理原煤18 181.82 t，小时处理原煤1 136.36 t。小庄选煤厂与小庄矿井处在同一工业场地，位于场地西南侧。80~13 mm块煤采用重介浅槽分选工艺，13~1.50 mm末煤两产品采用重介旋流器分选，1.5~0.25 mm粗煤泥采用螺旋分选机分选，0.25~0 mm细煤泥采用沉降离心机+快开隔膜压滤机两段浓缩两段回收的工艺。

小庄煤矿原煤全部入洗，产品按照等级分别用于化工及发电。

1.2.6.10　工作制度及劳动定员

矿井年工作日为330 d，井下每天四班作业，其中三班生产，一班检修，每班工作6 h，每日净提升时间为16 h。选煤厂年工作日为330 d，每天三班作业，其中两班生产，一班检修，每班工作8 h。

小庄煤矿总在籍人数1 657人，其中矿井在籍总人数1 477人，选煤厂在籍人数180人，另有外委人数1 114人，合计在矿总人数2 771人。

1.2.6.11　项目实施计划及主要经济指标

小庄矿井于2009年10月开工建设，2014年试生产。截至目前矿井工业场地、白家宫风井场地、灌浆站场地及消防救护基地的地面土建、安装工程均已建设完毕。项目主要经济指标见表1-9。

表 1-9 小庄煤矿主要经济技术指标一览

序号	指标名称	单位	指标	备注
1	井田范围			
(1)	东西宽	km	6.5	
(2)	南北长	km	7.0	
(3)	井田面积	km^2	46.227 5	
2	煤层			
(1)	可采煤层数	层	4	首采 4^{-1} 号和 4 号煤
(2)	首采煤层可采厚度	m	2.2~28.66	
(3)	煤层倾角	(°)	≤8	
3	资源/储量			
(1)	地质资源量	Mt	920.89	
(2)	工业资源/储量	Mt	846.98	
(3)	设计资源/储量	Mt	693.70	
(4)	设计可采储量	Mt	544.96	
4	矿井设计生产能力			
(1)	年生产能力	Mt/a	6.0	
(2)	日生产能力	t/d	18 182	
5	矿井服务年限	a	67.28	
6	设计工作制度			
(1)	年工作天数	d	330	
(2)	日工作班数(地面/井下)	班	3/4	
7	井田开拓			

续表 1-9

序号	指标名称	单位	指标	备注
(1)	开拓方式		立井	
(2)	水平数目	个	1	
(3)	水平标高	m	+480	
(4)	大巷主运输方式		带式输送机	
(5)	大巷辅助运输方式		无轨胶轮车	
8	采区			
(1)	综采工作面个数	个	2	面长 360 m
(2)	综掘工作面个数	个	5	
(3)	顺槽综掘工作面	个	4	
(4)	大巷综掘工作面	个	1	
(5)	采煤方法		分层综采放顶煤	
(6)	主要采煤设备			
	采煤机	台	MG500/1330-WD 型电牵引双滚筒采煤机 1 台	
	刮板运输机	台	SGZ1200/2×855 型可弯曲刮板输送机 2 台	
9	矿井主要设备			
(1)	主立井提升设备		JKMD-4×4(Ⅲ)型落地式摩擦轮提升机 1 台	
(2)	副立井提升设备		JKMD-5.5×4(Ⅲ)型落地式摩擦轮提升机 1 台	

续表 1-9

序号	指标名称	单位	指标	备注
(3)	风井通风设备		MAF-3150/1780-1E 型矿井轴流式通风机 2 台	
(4)	主排水设备		PJ200B×5 型高扬程多级离心泵 3 台	
(5)	空压设备		M250-2S 型两级压缩喷油螺杆式空气压缩机 5 台	
10	井巷工程总量	m		
(1)	巷道总长度	m	44 390.7	
(2)	煤巷	m	32 740.0	
(3)	岩石巷道	m	11 650.7	
	万吨掘进率	m/万 t	73.89	
13	地面运输			
	场外道路	km	11.04	
11	选煤厂类型		矿井型	
12	选煤厂处理能力			
(1)	年处理能力	Mt/a	6.0	
(2)	日处理能力	t/d	18 181.82	
(3)	小时处理能力	t/h	1 136.36	
13	选煤厂设计工作制度			
(1)	年工作天数	d	330	
(2)	日工作小时数	h	16	

续表 1-9

序号	指标名称	单位	指标	备注
14	选煤方法			
	80~13 mm		重介浅槽分选	
	13~1.50 mm		重介旋流器分选	
	1.50~0.25 mm		粗煤泥螺旋分选机分选	
15	人员配置	人	2 771	
	在籍员工总人数	人	1 657	1 477(矿井)/180(选煤)
	外委人数	人	1 114	
16	项目建设总造价	万元	534 816.41	

1.2.7 小庄煤矿主要装置组成

小庄煤矿的主要装置包括采煤、提升、通风、排水、压缩空气、选煤等几部分,各部分装置实际建设情况见表 1-10。

表 1-10 小庄煤矿主要装置实际建设情况

项目	建设情况
采煤设备	MG500/1330-WD 型双滚筒电牵引采煤机(1 台)
	SGZ1200/2×855 型前部输送机(2 台)
	SZZ1350/700 型转载机(1 台)
	PLM400 型破碎机(1 台)
提升设备	主立井:JKMD-4×4(Ⅲ)型落地式多绳摩擦轮提升机(1 台)
	副立井:JKMD-5.5×4(Ⅲ)型落地式多绳摩擦轮提升机(1 台)
通风设备	MAF-3150/1780-1E 型液压动叶 可调轴流式矿井通风机(2 台,1 用 1 备)

续表 1-10

项目	建设情况
排水设备	主排水:3 台 PJ200B×5 型耐磨高扬程多级离心泵,1 台工作,1 台备用,1 台检修
	盘区排水:3 台 PJ200×3 型高扬程多级离心泵,1 台工作,1 台备用,1 台检修
	井底车场抗灾排水泵站:2 台 BQ550-425/5-1000/W-S 型矿用隔爆型潜水电泵
	盘区抗灾排水泵站:2 台 BQ550-1105/13-2500/W-S 型矿用防爆型潜水电泵
压缩空气设备	5 台 M250-2S 型两级压缩喷油螺杆式空气压缩机,4 台工作,1 台备用
选煤设备	原煤分级筛:3685 型香蕉筛 3 台

1.2.8 小庄煤矿实际开采情况

小庄煤矿目前开采三盘区,正在回采 40309 工作面。截至 2018 年 11 月,小庄煤矿实际产量为 1 716.63 万 t,首采区剩余可采储量为 88.18 Mt,按照最大产能不超过 6.0 Mt/a 分析,其服务年限至少还有 14.7 a。

40309 工作面呈条带式布置,采用综采走向长壁后退式采煤方法,放顶煤回采工艺,全部垮落法管理顶板。该工作面设计可采长度 2 824 m,预计可开采储量 872 万 t,预计开采历时 678 d,日平均开采量为 1.3 万 t。小庄煤矿近年开采量统计见表 1-11。

表 1-11 小庄煤矿近年开采量统计

年份	2015 年	2016 年	2017 年	2018 年	合计
产量/万 t	394.25	443.30	411.82	527.26	1 716.63

1.3　取水水源及近年来供水水量

1.3.1　取水水源

1.3.1.1　现状取水水源

根据《黄委关于陕西彬长矿区小庄煤矿及选煤厂工程水资源论证报告书的批复》(黄水调〔2014〕340号)(简称黄水调〔2014〕340号文件),本项目生产用水以本煤矿矿井涌水和生活污水处理后的再生水作为取水水源,生活用水取用泾河亭口水库地表水。

经调研,泾河亭口水库配套供水管线尚未建设,无法向小庄煤矿供水,小庄煤矿生活用水依靠自备水源井井水,小庄煤矿生产用水以矿井涌水为主,少量生产用水采用地下水源井井水。矿井涌水经井下排水泵房提升至地面矿井涌水处理站,处理达标后输送至各用水点,多余矿井涌水外排至泾河。

小庄煤矿目前共有3口水源井,3号水源井位于风井场地,6号水源井位于工业场地南侧,9号水源井位于小庄消防中队大院内,井径350 mm,3号水源井井深520 m,6号、9号水源井井深260 m,每个水源井配有潜水深井泵1台(3号水源井潜水泵型号200QJ20-400,流量20 m^3/h,扬程400 m;6号水源井潜水泵型号200QJ25-120,流量25 m^3/h,扬程120 m;9号水源井潜水泵型号200QJ20-163,流量20 m^3/h,扬程163 m)。3口水源井的坐标见表1-12。6号、9号水源井地下水经生活净水车间处理后脱盐水供生产生活使用,3号水源井地下水经风井净水车间处理后,脱盐水供风井瓦斯抽采设备冷却使用。水源井及水处理站位置见图1-10,实景见图1-11。

表 1-12　3 口水源井坐标

井号	东经(°)	北纬(°)	位置
6 号水源井	107.989 839	35.081 192	小庄煤矿工业场地院内
9 号水源井	108.005 674	35.085 433	小庄煤矿消防中队院内
3 号水源井	107.985 976	35.102 456	小庄煤矿风井场地内

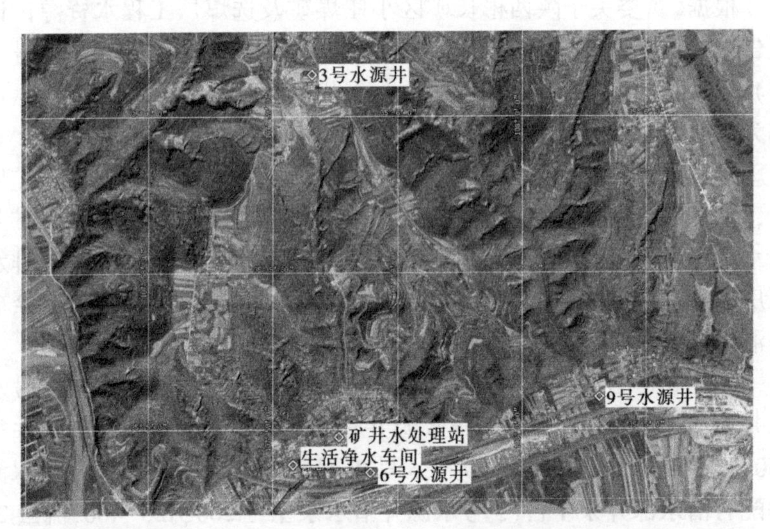

图 1-10　3 口水源井及水处理站位置示意图

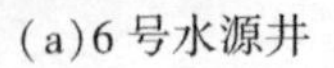

(a)6 号水源井　　(b)9 号水源井

图 1-11　供水水源实景

(c)3号水源井

(d)矿井水处理站

续图1-11

生活净水车间位于矿井工业场地，处理站有2套HLRO-100型反渗透水处理装置，总设计出水量200 m^3/h，对水源井水进行脱盐处理，应满足《生活饮用水卫生标准》(GB 5749—2006)的要求。车间产生的清水用于工业场地内职工生活，浓盐水未回用直接外排。水源井水处理设备实景图见图1-12。

(a)生活净水车间

(b)风井净水车间

图1-12　生活净水车间与风井场地净水车间反渗透设备实景

风井净水车间位于小庄煤矿白家宫风井场地，供瓦斯抽采泵冷却用水，由2套反渗透系统组成，设计出水量总计60 m^3/h。

1.3.1.2　核定后取水水源

经调研，小庄煤矿建有矿井水净水车间一处，主要工艺为反渗透处理，用于进一步处理矿井涌水，降低矿井涌水中的盐分等杂质，使矿井涌水水质达到《生活饮用水卫生标准》(GB 5749—2006)。由于设计阶段缺乏矿井水水质数据,仅依靠现有活性炭过滤器、保安过滤器等无法使水质达到反渗透设备进水水质要求,目前矿井水净水车间暂未启用。矿井水净水车间反渗透设备实景见图 1-13。

图 1-13 矿井水净水车间反渗透设备实景

为充分实现矿井涌水的回用,减少地下水的使用,小庄煤矿目前正在积极整改,在工业场地反渗透设备与风井场地反渗透设备前加装超滤装置,工业场地增加处理能力为 150 m^3/h 的超滤装置,风井场地增加处理能力为 54 m^3/h 的超滤装置,超滤装置设计进水水质为浊度(NTU)<50、COD<100 mg/L、SS<50 mg/L,设计出水水质为 SDI≤1、浊度(NTU)≤0.2、SS≤0.2 mg/L,以此出水水质进行评价,可以满足反渗透设备进水水质要求。2020 年 5 月,矿井水净水车间升级改造完成后,小庄煤矿能够按照核定要求实现全矿生产生活用水以矿井涌水为水源。

1.3.2 取水量

根据黄水调〔2014〕340 号文件批复要求,考虑输水损失后小庄煤矿年取水量为 130.9 万 m^3,生产年取水量 107.9 万 m^3(其中矿井涌水 98.6 万 m^3,生活污水处理后的再生水 9.3 万 m^3),生活年取水量 23 万 m^3。

根据现场调查结果,小庄煤矿生活水取自自备水源井地下水,生产水取自矿井涌水及水源井地下水,小庄煤矿近年矿井涌水量统计见表 1-13,自备水源井地下水取水量见表 1-14。

表 1-13　小庄煤矿近年矿井涌水量统计　单位:m^3/d

月份	2014 年	2015 年	2016 年	2017 年	2018 年
1	—	7 728	21 048	23 016	20 136
2	—	8 544	20 112	22 080	22 008
3	—	9 960	19 968	21 696	23 856
4	—	11 088	19 872	22 680	24 168
5	—	13 368	18 912	23 568	24 552
6	—	14 112	19 536	23 112	20 784
7	—	14 832	18 192	22 368	24 744
8	1 800	16 416	18 912	21 912	22 056
9	2 136	15 768	19 056	20 520	24 240
10	2 472	14 904	19 416	20 616	22 440
11	3 552	16 248	18 792	21 672	24 240
12	5 904	20 088	21 264	21 576	24 120
平均	3 172. 8	13 588	19 590	22 068	23 112

表 1-14　小庄煤矿 2018 年水源井地下水取水量统计　单位:m^3

时间(月-日)	取水量
2018-01	48 420
2018-02	44 847
2018-03	46 513
2018-04	44 699
2018-05	46 332
2018-06	43 286
2018-07	47 161
2018-08	46 489
2018-09	45 771

续表 1-14

时间(月-日)	取水量
2018-10	46 799
2018-11	44 013
2018-12	46 345
平均	45 889

根据调研，小庄矿井的采暖季用水量为 4 101 m^3/d，其中水源井用水量 1 505 m^3/d，矿井涌水用量为 2 596 m^3/d；小庄矿井的非采暖季用水量为 4 194 m^3/d，其中水源井用水量 1 558 m^3/d，矿井涌水用量为 2 636 m^3/d。

根据小庄煤矿近年矿井涌水台账，小庄煤矿矿井涌水量呈逐年增大的趋势，2018 年矿井涌水最小值为 17 306 m^3/d，最大值为 27 874 m^3/d，平均值为 23 112 m^3/d。

论证核定后，小庄煤矿关闭水源井，生产、生活用水水源均为自身矿井涌水，非采暖季矿井涌水用量为 3 660 m^3/d，采暖季矿井涌水用量为 3 872 m^3/d。

水资源论证核定前后小庄煤矿取用水量变化见表 1-15。

表 1-15 水资源论证核定前后小庄煤矿取用水量变化情况

项目	2014 版水资源论证	2018 年现状	本次论证核定后	备注
矿井涌水量	5 099.2 m^3/d	23 112 m^3/d	49 700 m^3/d	现状 2018 年产量为 527.3 万 t，论证按年产量 600 万 t 计算；括号内为非采暖季水量，括号外为采暖季水量
其他水源用水量	550.3 m^3/d（取亭口水库）	1 505(1 558) m^3/d(地下水)	0	
矿井水用水量	5 099.2 m^3/d	2 596 m^3/d (2 636) m^3/d	3 660 m^3/d (3 872) m^3/d	
年用水量	130.9 万 m^3	152.0 万 m^3	131.2 万 m^3	

1.3.3 水质要求

根据可研,生活用水系统用水水质应满足《生活饮用水卫生标准》(GB 5749—2006)的要求;绿化洒水等用水水质应满足《城市污水再生利用 城市杂用水水质》(GB/T 18920—2020)的要求;消防洒水水质应满足《煤矿井下消防、洒水设计规范》(GB 50383—2016)的要求,选煤厂用水水质应满足《煤炭洗选工程设计规范》(GB 50359—2016)所列的水质要求。各类水质标准见表1-16~表1-19。

表1-16 井下消防洒水水质标准

序号	项目	标准
1	悬浮物含量	不超过30 mg/L
2	悬浮物粒度	不大于0.3 mm
3	pH	6~9
4	大肠菌群	不超过3个/L

注:滚筒采煤机、掘进机等喷雾用水的水质除符合表中的规定外,其碳酸盐硬度应不超过3 mmol/L(相当于16.8德国度)。

表1-17 选煤厂用水水质指标

项目		指标
悬浮物含量	生产清水/(mg/L)	≤50
	循环水/(g/L)	≤80
悬浮物粒度/mm		≤0.3(洒水除尘)
		≤0.7(其余)
pH		6~9
总硬度/(mg/L)(以 $CaCO_3$ 计)		≤143(浮选)

表 1-18 城市杂用水水质标准

序号	项目	冲厕	道路清扫 消防	城市绿化	车辆 冲洗	建筑 施工
1	pH	6~9				
2	色(度)≤	30				
3	臭	无不快感				
4	浊度(NTU)≤	5	10	10	5	20
5	溶解性总固体/(mg/L)≤	1 500	1 500	1 000	1 000	—
6	五日生化需氧量(BOD_5)/(mg/L)≤	10	15	20	10	15
7	氨氮/(mg/L)≤	10	10	20	10	20
8	阴离子表面活性剂/(mg/L)≤	1.0	1.0	1.0	0.5	1.0
9	铁/(mg/L)≤	0.3	—	—	0.3	—
10	锰/(mg/L) ≤	0.1	—	—	0.1	—
11	溶解氧/(mg/L)≥	1.0				
12	总余氯/(mg/L)	接触 30 min 后≥1.0，管网末端≥0.2				
13	总大肠菌群/(个/L)≤	3				

表 1-19　生活饮用水卫生标准

指标	限值	指标	限值
微生物指标[①]		感官性状和一般化学指标	
总大肠菌群（MPN/100 mL 或 CFU/100 mL）	不得检出	色度（铂钴色度单位）	15
耐热大肠菌群（MPN/100 mL 或 CFU/100 mL）	不得检出	浑浊度（NTU/散射浊度单位）	1
大肠埃希氏菌（MPN/100 mL 或 CFU/100 mL）	不得检出	臭和味	无异臭、异味
菌落总数（CFU/mL）	100	肉眼可见物	无
毒理指标		pH	不小于 6.5 且不大于 8.5
砷/（mg/L）	0.01	铝/（mg/L）	0.2
镉/（mg/L）	0.005	铁/（mg/L）	0.3
铬（六价，mg/L）	0.05	锰/（mg/L）	0.1
铅/（mg/L）	0.01	铜/（mg/L）	1.0
汞/（mg/L）	0.001	锌/（mg/L）	1.0
硒/（mg/L）	0.01	氯化物/（mg/L）	250
氰化物/（mg/L）	0.05	硫酸盐/（mg/L）	250
氟化物/（mg/L）	1.0	溶解性总固体/（mg/L）	1 000

续表 1-19

指标	限值	指标	限值
硝酸盐(以 N 计,mg/L)	10	总硬度 (以 $CaCO_3$ 计,mg/L)	450
三氯甲烷/(mg/L)	0.06	耗氧量 (COD_{Mn} 法,以 O_2 计,mg/L)	3
四氯化碳/(mg/L)	0.002	挥发酚类(以苯酚计,mg/L)	0.002
溴酸盐(使用臭氧时,mg/L)	0.01	阴离子合成洗涤剂/(mg/L)	0.3
甲醛(使用臭氧时,mg/L)	0.9	放射性指标②	指导值
亚氯酸盐 (使用二氧化氯消毒时,mg/L)	0.7	总 α 放射性/(Bq/L)	0.5
氯酸盐 (使用复合二氧化氯 消毒时,mg/L)	0.7	总 β 放射性/(Bq/L)	1

注:①MPN 表示最可能数;CFU 表示菌落形成单位。当水样检出总大肠菌群时,应进一步检验大肠埃希氏菌或耐热大肠菌群;水样未检出总大肠菌群,不必检验大肠埃希氏菌或耐热大肠菌群。

②放射性指标超过指导值,应进行核素分析和评价,判定能否饮用。

1.4 现状退水及污水处理概况

1.4.1 现状退水情况

项目初设批复、原环评批复以及论证批复均要求生产、生活废污水全部回用不外排,批复要求见表 1-20。

表 1-20　项目相关批复对退水的要求与实际情况对比

	原环评批复	原论证批复	实际
退水方式	矿井水和生产、生活污水经处理后全部综合利用，不外排	该项目生活废污水处理后全部回用，矿井涌水处理后供矿井生产使用，剩余水量约 68.9 万 m^3 全部用于陕西彬长矿业集团有限公司煤化工分公司 180 万 t/a 煤制甲醇项目	生活污水处理后部分回用；矿井排水处理后部分用于自身生产生活，部分排入泾河

2018 年 12 月 10 日，黄河流域水资源保护局出具的《黄河流域水资源保护局关于陕西彬长矿业集团有限公司水环境综合整治与废污水入河排放方案的批复》(黄护规划〔2018〕4 号)要求，原则同意方案确定的文家坡、大佛寺、小庄、孟村等煤矿矿井废污水入河排放意见。

2019 年 7 月 16 日，陕西省生态环境厅出具《关于陕西省彬长小庄矿业集团有限公司排水方案调整的复函》(陕环环评函〔2019〕76 号)，同意小庄煤矿回用不完的矿井水排入泾河，外排矿井水符合《煤炭工业污染物排放标准》(GB 20426—2006)和《黄河流域(陕西段)污水综合排放标准》(DB 61/224—2018)一级标准。

根据现场调研，小庄煤矿水源井水经反渗透处理后用于生活及少量生产，生活污水经处理后部分用于绿化，其余外排，反渗透浓水直接外排；矿井涌水经超磁系统处理后部分用于井下和地面生产，剩余水排放至泾河。小庄煤矿入河排污实景见图 1-14，入河排污口位置见图 1-15。

(a)工业场地内总排污口

(b)入河排污口

图 1-14　小庄煤矿入河排污实景

图 1-15 小庄煤矿入河排污口位置示意图

1.4.2 污水处理装置概况

小庄煤矿的用水遵循分质处理原则,污水处理装置由矿井涌水处理车间、生活污水处理站和煤泥水浓缩池等 3 部分组成。

1.4.2.1 矿井涌水处理车间

根据现场实地调研,矿井涌水处理车间有 2 台 800 m^3/h 的超磁分离处理设备和 1 台规模为 600 m^3/h 的高效全自动净水装置用于井下排水处理,处理后的水质分别达到《煤炭工业给水排水设计规范》(GB 50810—2012)中选煤厂用水水质、《煤矿井下消防、洒水设计规范》(GB 50383—2016)中井下消防洒水水质标准的要求,作为选煤厂生产补水、黄泥灌浆用水及井下消防洒水。多余矿井涌水经处理后排入泾河。矿井涌水处理车间实景见图 1-16。

(a)矿井涌水处理车间

(b)在线监测设备

(c)超磁设备加药装置

(d)超磁处理设备

图 1-16　矿井涌水处理车间实景

1.4.2.2　生活污水处理站

经调研,小庄煤矿有生活污水处理系统 2 套。其中主井工业场地现有生活污水处理站的规模为 1 440 m^3/d,采用地埋式二级生化+MBR 工艺,二级生化处理工艺为“A/O”法,最后进入 MBR 膜池。生活污水首先经格栅去除较大悬浮物后,进入调节池内,调节水量和水质,然后进入集水池。集水池污水经提升泵提升至地埋式组合污水处理设备进行二级生化处理,污水经生化处理后,进入中间水池,中间水池出水经提升泵提升至 MBR 膜池,出水进入回用水池经消毒后,送至工业场地绿化管网、选煤厂浓缩车间循环水池和地面防尘洒水,不外排。生活污水处理站见图 1-17。

(a)

(b)

图 1-17 主井工业场地生活污水处理站实景

白家宫风井场地设污水处理站规模为 50 m^3/d,采用地埋式一体化处理工艺。因白家宫风井场地职工较少,日常生活不在风井厂区内,且风井场地为旱厕。工作中未产生生活用水与生活污水,因此风井污水处理站并未投入运行。

1.4.2.3 煤泥水浓缩池

选煤厂生产废水包括选煤设备产生的煤泥水,生产管道跑、冒、滴、漏以及卫生冲洗排水。生产废水通过统一回收送入浓缩车间进行水、煤泥的分离。上清滤液送至循环水池再利用,使选煤厂生产水形成一级闭路循环,污水零排放,全部回收利用。

超磁设备、高效全自动净水设备、反渗透设备、生活污水处理站的处理工艺流程见图 1-18~图 1-21。

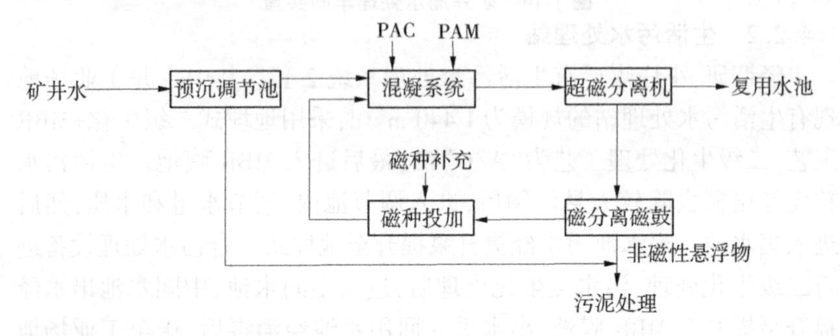

图 1-18 超磁设备处理工艺流程

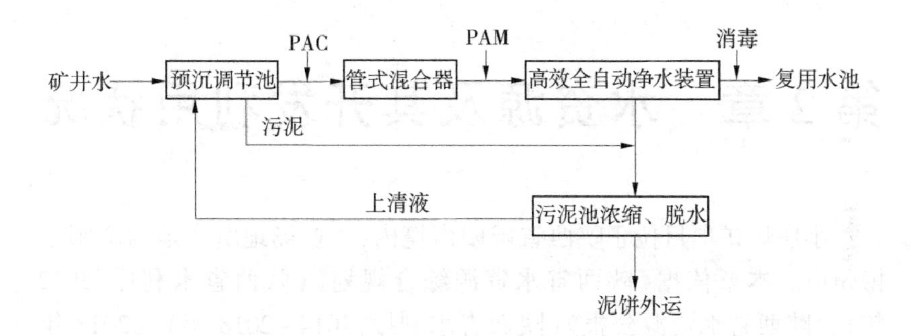

图1-19　高效全自动净水设备工艺流程

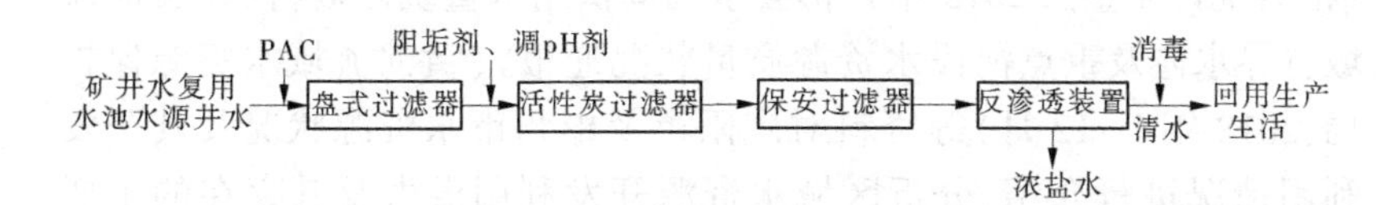

图1-20　反渗透设备工艺流程

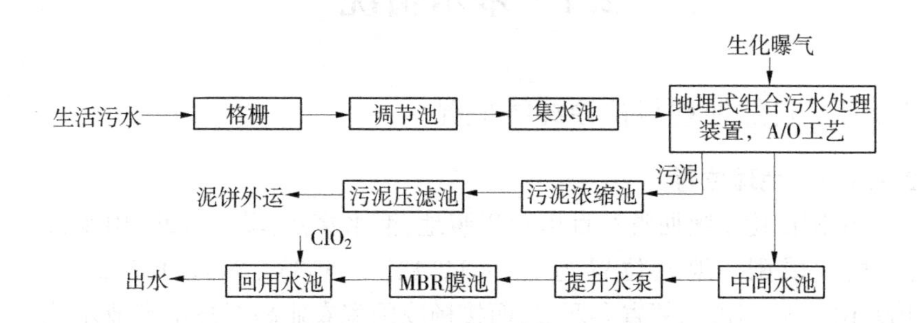

图1-21　生活污水处理站工艺流程

第 2 章　水资源及其开发利用状况

小庄煤矿项目位于陕西省咸阳市境内，工业场地所在地为咸阳市彬州市。本章依据《陕西省水资源综合规划》（陕西省水利厅，2012年）、《陕西省水资源公报》（陕西省水利厅，2014～2018 年）、《2018 年陕西省环境状况公报》（陕西省环境保护厅，2019 年 5 月）、《咸阳市彬县水资源开发利用规划》、《彬县水资源承载能力监测预警机制报告》、《彬县统计年鉴》（2018 年）、彬县水利局供用水量统计资料和《黄河流域省界水体及重点河段水资源质量状况通报》（黄河流域水资源保护局，2018 年 1～12 月）等资料对咸阳市及彬州市水资源状况及其开发利用情况进行介绍，分析区域水资源开发利用潜力及其存在的主要问题。

2.1　基本情况

2.1.1　自然地理与社会经济概况

2.1.1.1　地理位置

咸阳市位于陕西省八百里秦川腹地，渭水穿南，嵕山亘北，山水俱阳，故称咸阳。地理位置为北纬 34°12′～35°33′，东经 107°39′～109°10′。咸阳市东邻省会西安，西接杨凌国家农业高新技术产业示范区，西北与甘肃省接壤，全市总面积 10 189 km^2，约占全省总面积的 5%。咸阳风景秀丽，四季分明，物产丰富，人杰地灵，是古丝绸之路的第一站、我国中原地区通往大西北的要冲。

彬州市位于陕西省中西部、咸阳市西北部，地处陕北黄土高原西南边缘，北纬 34°51′～35°17′，东经 107°49′～108°22′，总面积 1 185 km^2，在渭北各县（市）中面积较大，约占陕西省总面积的 6%。彬州市南距西安 150 km,北距甘肃平凉 160 km,东连旬邑、淳化,南依永寿、麟游,西临灵台、长武,北接甘肃正宁。交通位置和战略位置都十分重要。彬州市行政区划见图 2-1。

图 2-1　彬州市行政区划

2.1.1.2　地形地貌

咸阳市地势北高南低,呈阶梯状。东北部的旬邑县石门山峰海拔 1 885.3 m,为全市最高点。东南部的三原县大程镇清河出境地,海拔 362 m,为全市最低处。北部属渭北黄土高原半干旱沟壑区的南缘,海拔 1 000~1 800 m,面积 6 374.2 km²。南部为渭河盆地,属关中平原的一部分,面积 2 684.3 km²,地势平坦,农垦历史悠久,南部平原除栽培树种外,自然植被分布较少;渭北黄土高原上仅在旬邑县的马栏、石门山区保留一定面积的天然次生林，在淳化县北部的黄花山，泾阳县北部的嵯峨山、北仲山以及永寿县的槐平山残存极少量的天然次生林，绝大部分地方天然植被已被人工植树所代替，森林覆盖率为 17.5%。境内山系山脉主要为土石山岭，集中分布在中北部，主要有子午岭余脉的马栏山、石门山，中部嵯峨山、笔架山、北仲山、九山和五峰山自南而北依次排列。

彬州市位于子午岭和关中北部低山丘陵之间，属渭北黄土高原的一部分。境内黄土覆盖，分布深厚，最厚处达 1 300 m 左右，是中国北部黄土分布最广、面积最大的黄土高原的一部分。有规模较大的黄土塬、黄土梁和黄土峁等黄土地貌形态，地势西南高、东北低。泾河自西北流出彬州市后，向东南滚滚而下，斜贯彬州市中部，将全市分割成“南北两塬一道川”的地貌格局。从地表形态来看，沟壑坡台地面积达 639.59 km^2，占全市总面积的 54.1%；河川低地面积 349.53 km^2，占全市总面积的 29.5%；山地丘陵面积 194.08 km^2，占全市总面积的 16.4%，有“山大沟多塬窄长，二山五沟三分田”的说法。

2.1.1.3 社会经济概况

1. 咸阳市

截至 2018 年末，咸阳市下辖秦都区、渭城区 2 个区及兴平市、彬州市 2 市，武功、礼泉、泾阳等 9 县。有汉、回、蒙、藏等 41 个民族，其中汉族约占 99.8%。

根据《2018 年咸阳市国民经济和社会发展统计公报》成果，2018 年末全市常住人口 436.61 万人，其中城镇常住人口 223.85 万人，乡村常住人口 212.76 万人，城镇人口占总人口比重为 51.27%，比上年提高 1.01 个百分点。全年生产总值 2 376.45 亿元，按可比价格计算，比上年增长 7.0%。其中，第一产业增加值 284.97 亿元，增长 3.0%，占生产总值的比重为 12.0%；第二产业增加值 1 352.92 亿元，增长 7.0%，占生产总值的 56.9%；第三产业增加值 738.56 亿元，增长 8.6%，占生产总值的比重为 31.1%。全年全部工业增加值 1 073.59 亿元，比上年增长 7.0%。其中，规模以上工业增加值(不含军工)1 000.2 亿元，增长 7.2%。

全市粮食种植面积 498.4 万亩，比上年下降 0.2%。其中，夏粮285.7万亩,下降0.1%;秋粮212.7万亩,下降0.26%。油料种植20.68万亩,增长1.0%;蔬菜种植106.14万亩,增长2.6%。全年粮食总产量160.16万t,比上年下降1.3%。其中,夏粮产量82.90万t,下降2.5%;秋粮产量77.26万t,下降5.7%。全年完成水利投资21.0亿元,发展节水灌溉面积15.6万亩,治理水土流失面积502 km²。

2. 彬州市

彬州市共辖1个街道办、1个管委会、8个镇,共156个行政村,总面积1 185 km²。截至2018年年底,全市常住人口33.27万人,户籍总人口36.40万人,其中:城镇人口12.20万人,农村人口24.20万人。农作物播种面积39.92万亩,粮食总产量11.67万t。森林面积69.03万亩,家畜存栏5.94万头(只),家禽25.18万只,见表2-1。

表2-1 2014~2018年彬州市主要社会经济指标统计

年份	人口/万人		国内生产总值/亿元			非公增加值/亿元	播种面积/万亩	畜禽/万头(只)
	城镇	农村	第一产业	第二产业	第三产业			
2014	16.31	20.35	16.82	146.45	22.83	99.02	39.96	63.04
2015	12.43	24.41	17.24	128.49	24.28	91.55	39.87	64.30
2016	12.28	24.28	17.88	142.71	28.23	103.87	40.26	40.82
2017	11.99	24.68	19.04	157.69	36.89	124.48	40.43	43.28
2018	12.20	24.20	18.56	156.98	41.57	133.10	39.92	31.12

2018年彬州市地区生产总值(GDP)217.11亿元,较上年增长9.3%。其中第一产业增加值18.56亿元,同比增长2.9%;第二产业增加值156.98亿元,同比增长10.2%;第三产业增加值41.57亿元,同比增长8.3%;人均生产总值65 531元,非公经济增加值133.10亿元,详见表2-1。

2.1.2 水文气象

2.1.2.1 水文地质条件

咸阳市水文地质单元按照地形地貌、地质构造等,可分为河流阶地区、黄土台塬区、山前洪积扇区和黄土高塬及梁峁沟壑基岩山区等。

河流阶地区主要分布在泾、渭冲积平原及其支流河谷阶地中，包括武功、兴平、秦都、渭城南部及泾阳地区，含水层为中更新统至全新统砂、砂卵石等，岩性均一，透水性强，埋藏较浅，储水优越；黄土台塬区主要分布在北山山前洪积扇与渭河阶地之间，包括乾县、礼泉南部、秦都等地，含水层为上更新统至中更新统黄土，地下水埋深 20~80 m，富水性；山前洪积扇区主要分布在乾县、礼泉、泾阳、三原等地山区以南和黄土台塬交界的狭长地带，含水层组为中更新统至全新统洪积含泥漂石、砂卵石及黏土砂石等，厚 5~45 m；黄土高塬及梁峁沟壑基岩山区分布在乾县、礼泉北部，永寿、彬州市、长武、淳化的梁峁沟壑和马栏山区，水文地质具有双层叠构造特点，上层为黄土层孔隙水，下部为碎屑岩孔隙裂隙水，地下水埋深 20~80 m。

2.1.2.2 气候气象特征

咸阳市四季分明，地处暖温带，属大陆性季风气候，四季冷热干湿分明，气候温和，光、热、水资源较丰富，有利于农、林、牧、渔各业发展。全年平均温度 9.0~13.2 ℃，极端气温最高 42 ℃，最低-28 ℃。因地形特征，热量条件南北差异明显，年均气温南部一般比北部高 4.2 ℃。南部平原地区气候温和，四季分明，年平均气温 12 ℃，无霜期 212~223 d；北部高塬沟壑区气候稍寒，冬春略长，年平均气温不足 10 ℃，无霜期 172~205 d。全年平均降水量为 537~650 mm，由南向北递增，其中 7~9 月三个月降水量占全年总降水量的一半以上，常常秋雨连绵，多日久阴不晴。全年累计光照时数平均为 2 017~2 347 h，6~8 月日照时数占全年的 32%左右，对夏收作物的成熟和秋收作物的生长发育有利。由于受大陆性季风气候制约，全市各种自然灾害比较频繁，尤以干旱灾害为重，其次为暴雨、干热风及霜冻等。

彬州市属暖温带大陆性季风气候区，四季冷暖分明。年均日照时数 2 226.5 h，日照率 51%，年总辐射量 115.3 kcal/cm^2，年积温 2 994 ℃，年均气温 9.1 ℃，极端最低气温-24.9 ℃，极端最高气温 36.9 ℃，无霜期 171 d。年均降水量 560 mm。平常风速 2~3 级。

2.1.3 河流水系

2.1.3.1 咸阳市

咸阳市全境属于黄河流域渭河水系,境内主要河流为渭河及其一级支流泾河,其中渭河为黄河一级支流,泾河为渭河一级支流,其余主要河流有漆水河、冶峪河、清峪河、三水河、泔河等。咸阳市水系示意图详见图 2-2。

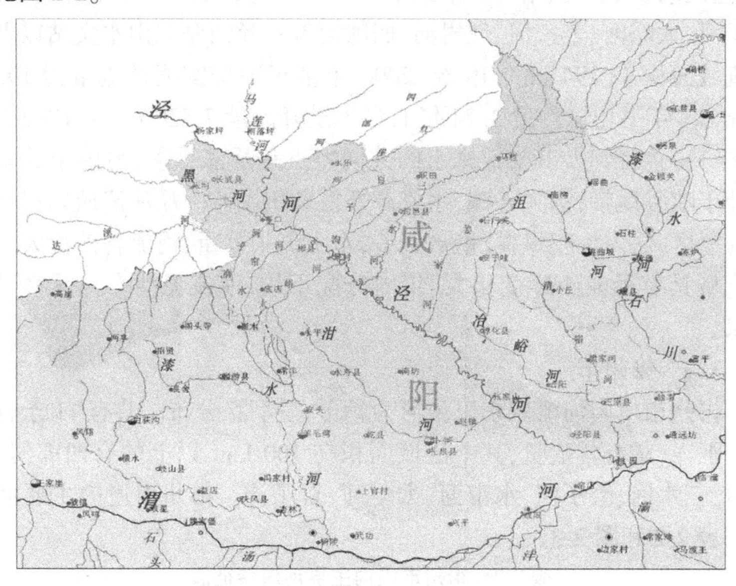

图 2-2 咸阳市水系示意图

渭河:渭河过杨凌从武功县大庄镇南立节村入境,流经武功县、兴平市、秦都区和渭城区,由渭城区正阳镇张旗寨出境,境内河流长 91.5 km,流域面积 3 484 km^2,河床平均比降 1.3‰。流域面积大于 1 000 km^2 的支流有漆水河、后河、清峪河,流域面积 100~1 000 km^2 的支流有冶峪河、浊峪河、赵氏河、漠西河、沣河及新河。渭河咸阳水文站以上控制流域面积 46 836 km^2,1956~2000 年多年平均实测径流量为 42.29 亿 m^3。渭河发源于黄土高原,属于多泥沙河流。渭河咸阳水文站 1956~2000 年多年平均输沙量 1.22 亿 t,多年平均含沙量 28.7 kg/m^3,最大实测含沙量达729 kg/m^3(1986年8月3日),年最大输沙量为3.89亿t(1973年),汛期6~9月输沙量占全年输沙总量的88.25%。由于河道含沙量较大,河渠淤积,在一定程度上降低了水利工程效益。

泾河:渭河最大支流,从长武县地掌镇汤渠村入境,经长武县、彬州市等地,由泾阳县高庄镇桃园村出境,境内河流长262.3 km,流域面积6 705 km^2,河床平均比降2.5‰。流域面积大于1 000 km^{2}的支流有黑河、达溪河、三水河、泔河,流域面积100~1 000 km^{2}的支流有百子沟、磨子河、太峪河、姜家河、红岩河、四郎河等。泾河张家山水文站以上控制流域面积43 194 km^2,1956~2000年多年平均实测径流量为19.11亿m^3,多年平均输沙量2.74亿t,最大洪峰流量7 520 m^3/s(1966年7月27日)。泾河及其支流来水的共同特点是暴涨暴落,另由于其大部分处于峡谷地带,沟大谷深,水资源开发利用困难。泾河流域属黄土高塬沟壑区,区内沟壑纵横,植被较差,水土流失严重,河流含沙量大。泾河流域具有径流年际变化大、年内分配不均,河流泥沙多为悬移质的特点。

2.1.3.2　彬州市

彬州市境内河流水系以泾河为骨干,呈羽状分布。共有11条较大河沟汇入,均有常流量,其中流域面积在100 km^{2}以上的有四郎河、红岩河、三水河、磨子河、水帘河、太峪河、百子沟。彬州市境内主要河流详见表2-2和图2-3。

表2-2　彬州市境内主要河流特征值

河名	流域面积/km^2		河道长度/km		河床比降/‰	总落差/m
	全流域	咸阳市内	全流域	咸阳市内		
泾河	45 421	6 705.4	455.1	272.3	2.5	541
四郎河	736.9	104.5	86.9	30.1	5.8	241
红岩河	715	368.3	78.7	37.4	5.3	295
三水河	1 321	1 302	128.6	128.6	5.5	706

续表 2-2

河名	流域面积/km²		河道长度/km		河床比降/‰	总落差/m
	全流域	咸阳市内	全流域	咸阳市内		
磨子河	139.1	123.0	33.1	33.1	12.4	398
水帘河	181.4	161.3	44.3	39.7	11.6	429
太峪河	226.2	190.4	35.1	29.5	13.8	422
百子沟	236.5	236.5	40.2	40.2	10.7	442

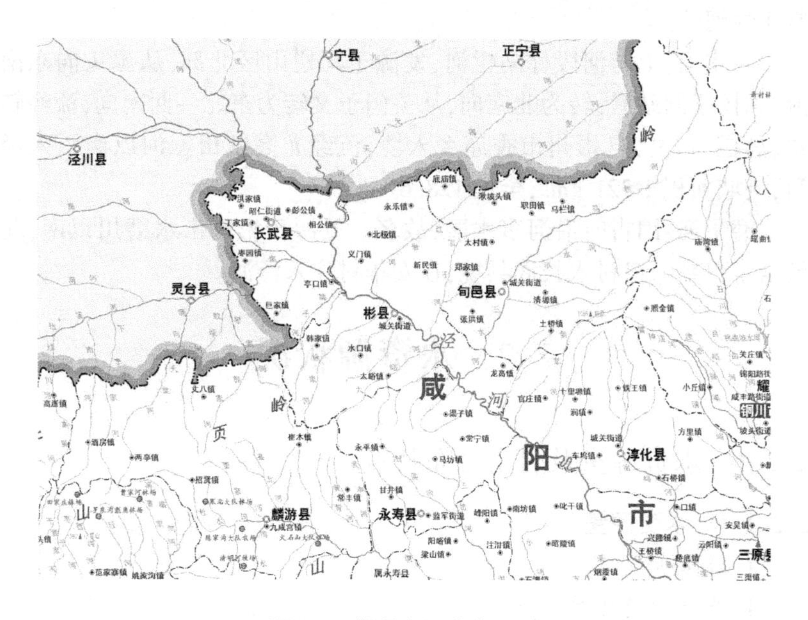

图 2-3　彬州市河流水系图

泾河：泾河是渭河的最大支流，发源于宁夏六盘山东麓，有南北两个源头，南源出泾源县老龙潭，北源出固原县大湾镇，至甘肃平凉八里桥汇合后，向东南经过泾川，于长武县马寨乡汤渠村流入陕西省，至高陵县陈家滩注入渭河，全长 455.1 km，流域面积 45 421 km²。泾河干流自西北向东南流经长武县亭口镇汇合黑河后，在北极镇雅店村进入了彬州市境内,至龙高乡陵滩村出境。境内全长 104 km,流域面积(包括两岸)376 km^2,占全市总面积的三分之一,是彬州市境内第一大河。

四郎河:因下游河边建有四郎庙,河取庙名。发源于甘肃省正宁县子午岭西麓的土地梁。从旬邑县底庙镇左家沟口入境,至彬州市北极镇雅店村入泾河。全长 86.9 km,流域面积 736.9 km^2,属常年性河流。

红岩河:发源于甘肃省正宁县子午岭,由东北流向西南,流经旬邑,入彬州市红岩村,取名红岩河,流经彬州市永乐、西坡、北极、义门等乡(镇),在义门镇高渠村流入泾河。全长 78.7 km,流域面积 715 km^2,属常年性河流。

三水河:上游河段称马栏河,发源于马栏山区北部,从源头向东南流,到杨家洞站后,转为北南向,从关门子又转为东北—西南向,流经转角、马栏、旬邑,自彬州市香庙乡入境,流经龙高镇田家河以南汇入泾河,流域面积 1 321 km^2,全长 128.6 km。

磨子河:因古时沿河多水磨,故名。发源于彬州市水磨川以南,北流至亭口乡河口村入长武县境,在安华村注入泾河。

2.2 水资源状况

2.2.1 水资源量及时空分布特点

2.2.1.1 水资源量

1. 咸阳市

1) 自产水资源量

根据《陕西省水资源综合规划》成果,1956~2000 年咸阳市多年平均自产地表水资源量约 4.29 亿 m^3,多年平均地下水资源量约 6.46 亿 m^3,两者之间重复计算量约 3.32 亿 m^3,水资源总量约 7.43 亿 m^3。详见表 2-3。

表2-3 咸阳市自产水资源量统计 单位：亿 m^3

行政区名称	地表水资源量	地下水资源量	重复计算量	水资源总量
咸阳市	4.289 1	6.460 6	3.324 4	7.425 3

2)过境水资源量

咸阳市渭河流域入境水量主要来自宝鸡市和西安市的周至、户县，1956~2000年多年平均入境径流量46.53亿 m^3；泾河流域入境水量主要来自上游宁夏、甘肃，多年平均入境水量15.77亿 m^3。全境泾、渭两大水系入境总水量为62.30亿 m^3。

2. 彬州市

根据《咸阳市彬州市水资源开发利用规划》，彬州市位于黑河、达溪河、泾河、张家山以上水资源综合利用四级分区。计算总面积1 185 km^2。

彬州市多年平均天然地表水资源量5 500万 m^3，折合径流深46.4 mm；地下水资源量为2 621万 m^3；地表水与地下水重复计算量2 621万 m^3，水资源总量5 500万 m^3。详见表2-4。

表2-4 彬州市水资源综合利用分区水资源总量

彬州市	地表水资源量/万 m^3	地下水资源量/万 m^3	重复量/万 m^3	总水资源量/万 m^3	产水系数
合计	5 500	2 621	2 621	5 500	0.15

2.2.1.2 水资源时空分布特点

咸阳市自产径流山区多、平原少，地表水径流和地形地貌与降水量分布有较大关系，北部土石山区和丘陵沟壑区年径流深一般为60~80 mm，南部黄土台塬及泾渭平原区不足50 mm。径流的年内分配不均，且多以暴雨形式出现。7~9月径流量占全年径流量的50%以上，而10月至翌年2月径流量不足全年径流量的30%。

咸阳市地下水根据含水岩组及地下水赋存特征，分为三种类型：河流阶地、黄土台塬和山前洪积扇第四系松散岩类孔隙水、孔隙裂隙水；低山丘陵基岩裂隙水、裂隙岩溶水；高塬沟壑区黄土裂隙水和下伏基岩裂隙岩溶水。地下水总体分布情况为南部相对较为丰富，北部贫乏。

2.2.1.3 水资源可利用量

1.咸阳市

根据《陕西省水资源综合规划》成果，咸阳市地表水可利用量为6.50亿m^3、浅层地下水可开采量为4.39亿m^3，两者之间重复计算量为1.30亿m^3，水资源可利用总量为9.59亿m^3。

另根据《黄河可供水量分配方案》和调整后的《陕西省黄河取水许可总量控制指标细化方案》(陕水字〔2012〕33号)，南水北调西线工程生效以前，正常来水年份，黄河可供水量370亿m^3，分配给陕西省耗水指标为38.0亿m^3，相应咸阳市分配耗水指标为6.20亿m^3，均为黄河支流指标，其中渭河4.22亿m^3，泾河1.98亿m^3。

2.彬州市

根据《咸阳市彬县水资源开发利用规划》，彬州市多年平均天然地表水资源量5 500万m^3，折合径流深46.4 mm；地下水资源量为2 621万m^3；重复利用量约2 621万m^3，水资源总量约5 500万m^3。

2.2.2 水功能区水质及变化情况

2.2.2.1 水功能区情况

根据《黄河流域及西北内陆河水功能区划》(2001年国务院批复)和《陕西省水功能区划》(2004年陕西省人民政府批复)成果，彬州市位于陕西省黄河流域泾河咸阳开发利用区一级功能区，起于胡家河村，终于入渭口，长度323.5 km，水质目标按二级区划目标执行。彬州市涉及的二级水功能区划详见表2-5。

2.2.2.2 地表水水质状况

1.地表水水质现状

1)渭河

咸阳市渭河干流水质由于境内武功、兴平、秦都、渭城等地沿岸城镇工业废水和生活污水的污染及支流污染水体的汇入,水体以有机污染为主。渭河支流除源头段水质较好外,下游污染较重,河段水质主要超标因子有COD、氨氮等。

表2-5　彬州市涉及的陕西省黄河流域水功能区划成果

<table>
<tr><th rowspan="2">区划等级</th><th rowspan="2">河流名称</th><th rowspan="2">功能区名称</th><th colspan="3">范围</th><th rowspan="2">水质目标</th></tr>
<tr><th>起始断面</th><th>终止断面</th><th>长度/km</th></tr>
<tr><td rowspan="3">二级</td><td rowspan="3">泾河</td><td>彬州市工业、农业用水区</td><td>胡家河村</td><td>彬洲市</td><td>26</td><td>Ⅲ</td></tr>
<tr><td>彬州市排污控制区</td><td>彬州市</td><td>景村</td><td>7.3</td><td>Ⅳ</td></tr>
<tr><td>彬州市过渡区</td><td>景村</td><td>三水河口</td><td>27.7</td><td>Ⅲ</td></tr>
</table>

目前,咸阳市正在积极落实河长制,坚持柔性治水理念,搞好综合治理,加强渭河流域生态建设。随着渭河治理工作的深入开展,部分河段水质已呈现转好趋势。咸阳公路桥水质监测断面为黄河流域渭河水质监测代表断面,根据2018年逐月《黄河流域省界水体及重点河段水资源质量状况通报》成果,咸阳公路桥断面水质为Ⅱ~Ⅳ类,全年12个月监测结果均能达到《地表水环境质量标准》(GB 3838—2002)Ⅳ类水质目标要求,达标率为100%。

另根据《2018年陕西省环境状况公报》(陕西省环境保护厅,2019年5月)成果,渭河28条支流水质总体为轻度污染。金陵河、宝鸡峡总干渠、石头河、漆水河、黑河、田峪河、黑河(泾)、漆水河(石)、三水河、白豹川河水质优,清姜河、千河、泾河、沣河、涝河、三道川河、石堡川河水质良好,灞河、北洛河、石川河、尤河、漕运明渠轻度污染,小韦河、皂河、太平河、临河、新河、幸福渠重度污染。

2)泾河

泾河同渭河相似,是流域内废污水承纳和排泄通道,流域内结构性工业污染突出，城市污水处理水平仍较低，面源污染影响较大，水污染突发事件发生概率较高。根据2018年《陕西省水资源公报》成果，泾河河段中67.2%的河段达到《地表水环境质量标准》(GB 3838—2002)Ⅱ类或Ⅲ类水质目标要求，32.8%的河段为劣Ⅴ类水体，主要超标因子为COD、氨氮和氟化物。

按照《地表水环境质量标准》(GB 3838—2002)，采用单因子法、频次法分别以全指标和双指标(COD_{Cr}或高锰酸盐指数和氨氮，当COD_{Cr}小于30 mg/L时，采用高锰酸盐指数评价)进行水质达标评价。

根据《全国重要水功能区评价技术方案》，当全年水功能区达标率(水功能区达标率=达到功能区水质目标次数/全年监测次数)超过80%时，水功能区水质为达标。

参评指标共21项，有pH、溶解氧、高锰酸盐指数、COD_{Cr}、BOD_5、氨氮、石油类、铜、锌、铅、镉、砷、汞、硒、六价铬、氟化物、总磷、挥发酚、氰化物、阴离子表面活性剂、硫化物、粪大肠菌群，基本项目中粪大肠菌群和总氮不参与评价。

根据评价结果，2018年泾河彬县工业、农业用水区全年监测12次，仅2次不达标，达标率为83.3%。

2. 地表水水质变化趋势分析

根据《2018年陕西省环境状况公报》成果，2018年渭河干流水质与往年相比，总体稳中向好，干流水质为优，Ⅰ~Ⅲ类水质断面占100%。与上年相比，Ⅰ~Ⅲ类断面比例上升57.9个百分点，Ⅳ~Ⅴ类下降52.6个百分点，劣Ⅴ类下降5.3个百分点。渭河干流COD同比下降16.5%，氨氮同比下降36.9%。详见图2-4、图2-5。

渭河干流咸阳市段设置武功渭河桥、兴平、南营、咸阳铁桥监测断面，由图2-4和图2-5可知，COD、氨氮因子监测结果显示咸阳市4个断面水质逐年好转，2018年均能达到地表水Ⅲ类标准要求。

2.2.2.3　地下水水质状况

咸阳市地下水物理性质一般为无色、透明、无臭的特征，但在渭河以北、北山以南部分地区地下水有咸、苦味，其中以三原、泾阳等城区较

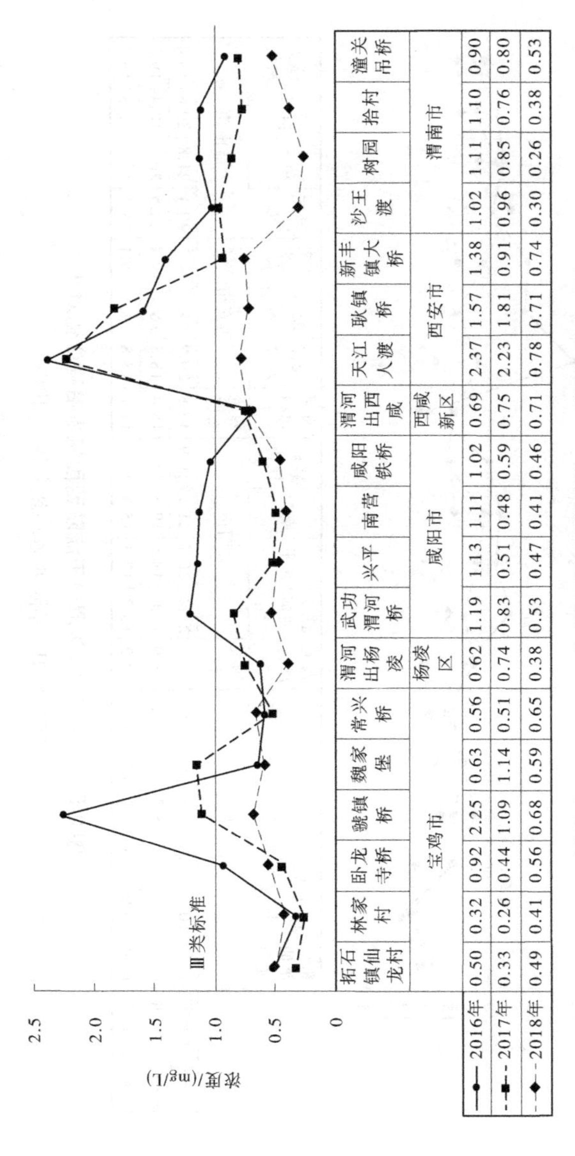

	拓石镇仙龙村	林家村	卧龙寺桥	虢镇桥	魏家堡	常兴桥	渭河出杨凌	武功渭河桥	兴平	南营	咸阳铁桥	渭河出西咸	天江人渡	耿镇桥	新丰镇大桥	沙王渡	树园	拾村	潼关吊桥
	宝鸡市						杨凌区	咸阳市				西咸新区	西安市			渭南市			
—●— 2016年	0.50	0.32	0.92	2.25	0.63	0.56	0.62	1.19	1.13	1.11	1.02	0.69	2.37	1.57	1.38	1.02	1.11	1.10	0.90
-■- 2017年	0.33	0.26	0.44	1.09	1.14	0.51	0.74	0.83	0.51	0.48	0.59	0.75	2.23	1.81	0.91	0.96	0.85	0.76	0.80
-◆- 2018年	0.49	0.41	0.56	0.68	0.59	0.65	0.38	0.53	0.47	0.41	0.46	0.71	0.78	0.71	0.74	0.30	0.26	0.38	0.53

图2-4　2016~2018年渭河干流陕西段COD沿程变化对比

（摘自《2018年陕西省环境状况公报》）

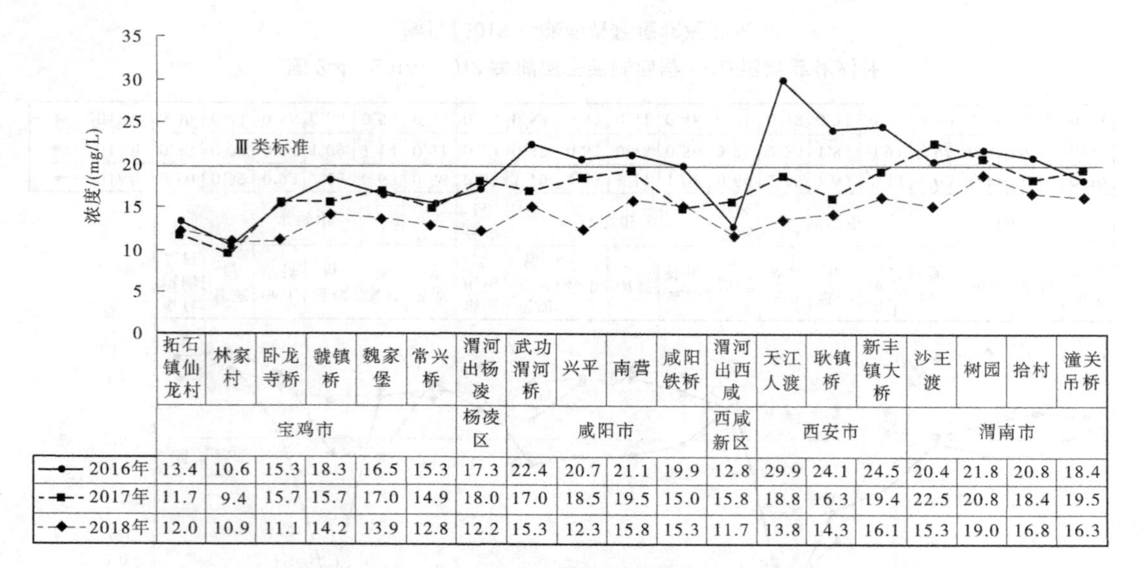

	拓石镇仙龙村	林家村	卧龙寺桥	虢镇桥	魏家堡	常兴桥	渭河出杨凌	武功渭河桥	兴平	南营	咸阳铁桥	渭河出西咸	天江人渡	耿镇桥	新丰镇大桥	沙王渡	树园	拾村	潼关吊桥
	宝鸡市						杨凌区	咸阳市				西咸新区	西安市			渭南市			
2016年	13.4	10.6	15.3	18.3	16.5	15.3	17.3	22.4	20.7	21.1	19.9	12.8	29.9	24.1	24.5	20.4	21.8	20.8	18.4
2017年	11.7	9.4	15.7	15.7	17.0	14.9	18.0	17.0	18.5	19.5	15.0	15.8	18.8	16.3	19.4	22.5	20.8	18.4	19.5
2018年	12.0	10.9	11.1	14.2	13.9	12.8	12.2	15.3	12.3	15.8	15.3	11.7	13.8	14.3	16.1	15.3	19.0	16.8	16.3

图 2-5 2016~2018 年渭河干流陕西段氨氮沿程变化对比

（摘自《2018 年陕西省环境状况公报》）

为突出。区域地下水 pH 为6.0~8.5,总硬度指标4~40 mg/L,矿化度400~2 000 mg/L,绝大部分地区的地下水水质能够基本满足生活用水水质标准要求,但局部地区氟化物、六价铬等因子超标。

目前,咸阳市每月对市区5个地下水集中式生活饮用水水源水质状况进行通报。2018年监测结果显示,集中式生活饮用水水源水质状况较为稳定,逐月水质达标率均为100%。

2.3　水资源开发利用现状

2.3.1　供水工程与供水量

2.3.1.1　供水工程现状

1.咸阳市

1)蓄水工程

目前,咸阳市建有各类蓄水水库共66座,其中大型水库1座,中型水库5座,小型水库60座,设计总库容3.11亿 m³,兴利库容2.50亿 m³。蓄水工程灌溉面积和有效灌溉面积分别为416.25万亩和378.78万亩。

2)引水工程

咸阳市共建有各类引水工程共169处,总供水能力为4.98亿 m³,其中大型自流引水灌溉工程主要为泾惠渠和宝鸡峡引渭灌溉工程。其中,泾惠渠灌溉工程引水枢纽处于泾阳县张家山,工程干、支渠系5条,总长384.7 km;斗渠以下5 693条,总长4 523.65 km;灌区另设有260余座抽水站。宝鸡峡引渭灌溉工程建于1971年,共有干、支、斗渠共618条,总长1 650 km,各种建筑物1.70万座,除输水工程外,境内干、支渠还建有长藤结瓜式的渠库结合工程。

此外,咸阳市还实施了一些外域调水工程,具有代表性的工程包括引冯济羊工程、引石过渭供水工程等。其中,引冯济羊工程穿越扶风、乾县、永寿三县,工程于1995年建成并发挥效益,每年可由冯家山水库向羊毛湾水库输水 3 000 万 m^3,有效地解决了受水区水源不足问题。引石过渭供水工程于 2009 年 10 月建成,南起周至县马召镇(石头河水库向西安市供水暗渠 12#隧洞出口),管线依次横穿渭河、西宝高速公路、渭惠渠、陇海铁路等,北至咸阳市北郊水厂,全长 58.9 km,设计输水流量 4.4 m^3/s。

3)提水工程

目前,咸阳市有各类供农田灌溉使用的抽水站共计 1 543 处,供水能力达到 2.80 亿 m^3。

4)机井工程

咸阳市现有各类供水水井 24 476 眼,其中工业自备井 1 968 眼,供水能力 1.11 亿 m^3;自来水水源井 251 眼,供水能力 0.30 亿 m^3;农用井 22 257 眼,供水能力 4.39 亿 m^3。

2. 彬州市

1)蓄水工程

全市境内有李家川水库、太峪水库、弥家河水库、红岩河水库 4 座,总库容 2 000 万 m^3。现状年供水量约 1 244 万 m^3。

2)引水工程

全市共有自流引水工程 143 处,均能发挥作用,利用地表水自流灌溉及喷井灌溉面积 1.28 万亩。设计年供水能力 900 万 m^3。现状年供水量约 860 万 m^3。

3)提水工程

全市现有机电抽灌站 163 处,灌溉面积 3.6 万亩。设计年供水能力 837 万 m^3。现状年供水量约 816 万 m^3。

4)机井工程

全市现有农灌机电井 224 处,机电井灌溉面积 0.66 万亩。设计年供水能力 1 200 万 m^3。现状供水量 975 万 m^3。

5)其他供水工程

彬州市污水处理厂位于 G70 高速彬州市收费站西南侧 0.7 km,占地面积 35 亩,距离城中心 5.0 km,设计日处理废水 10 000 t,水源为城区生产、生活废污水。

2.3.1.2　供水量分析

1. 咸阳市

根据 2014~2018 年《陕西省水资源公报》，咸阳市 2014~2018 年各类水源总供水量在 10.65 亿~11.13 亿 m^3，近 5 年各类水源平均总供水量 10.89 亿 m^3。其中地表水源供水量 4.92 亿 m^3，占总供水量的 45.2%；地下水源供水量 5.67 亿 m^3，占总供水量的 52.1%；其他水源供水量 0.30 亿 m^3，占总供水量的 2.8%。2018 年咸阳市各类水源总供水量 10.77 亿 m^3。其中地表水源供水量 5.41 亿 m^3，占总供水量的 50.2%；地下水源供水量 4.99 亿 m^3，占总供水量的 46.3%；其他水源供水量 0.37 亿 m^3，占总供水量的 3.4%。咸阳市 2014~2018 年各类水源供水量情况见表 2-6、图 2-6。

表 2-6　咸阳市 2014~2018 年各类水源供水量

年份	地表水源		地下水源		其他水源		总供水量	
	水量/亿 m^3	比例/%	水量/亿 m^3	比例/%	水量/亿 m^3	比例/%	水量/亿 m^3	比例/%
2014	4.70	42.7	6.05	55.0	0.26	2.4	11.01	100
2015	4.86	43.7	5.97	53.6	0.30	2.7	11.13	100
2016	4.55	42.7	5.82	54.6	0.28	2.6	10.65	100
2017	5.06	46.5	5.53	50.8	0.29	2.7	10.88	100
2018	5.41	50.2	4.99	46.3	0.37	3.4	10.77	100
平均	4.92	45.2	5.67	52.1	0.30	2.8	10.89	100

由图 2-6 可知，咸阳市 2014~2018 年总供水量整体呈降低趋势，从 2014 年的 11.01 亿 m^3 减少至 2018 年的 10.77 亿 m^3，减少供水总量 0.24 亿 m^3。分水源分析，地下水源供水量逐年下降，地表水源供水量

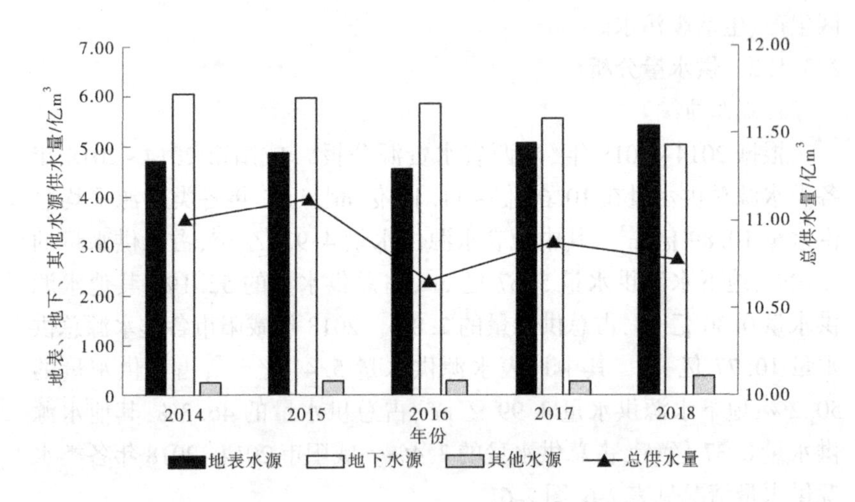

图 2-6　咸阳市 2014~2018 年供水量变化趋势

占比逐渐增加，随着区域水污染治理措施的投入，其他水源（主要是城市中水）供水量呈增加趋势。

2. 彬州市

根据彬州市水利局调查统计资料，彬州市 2018 年总供水量为 3 750 万 m^3。其中地表水源供水量 2 960 万 m^3，占总供水量的 78.93%；地下水源供水量 790 万 m^3，占总供水量的 21.07%。详见表 2-7 和图 2-7。

表 2-7　彬州市 2014~2018 年供水量统计

年份	地表水源		地下水源		其他水源		总供水量	
	水量/万 m^3	比例/%	水量/万 m^3	比例/%	水量/万 m^3	比例/%	水量/万 m^3	比例/%
2014	2 457	71.00	972	28.10	30	0.90	3 459	100
2015	2 612	74.70	854	24.40	30	0.90	3 496	100
2016	2 920	75.00	975	25.00	0	0.00	3 895	100

续表 2-7

年份	地表水源		地下水源		其他水源		总供水量	
	水量/万 m^3	比例/%	水量/万 m^3	比例/%	水量/万 m^3	比例/%	水量/万 m^3	比例/%
2017	2 767	75.00	784	21.20	139	3.80	3 690	100
2018	2 960	78.93	790	21.07	0	0.00	3 750	100
平均	2 743.2	74.93	875	23.95	39.8	1.12	3 658	100

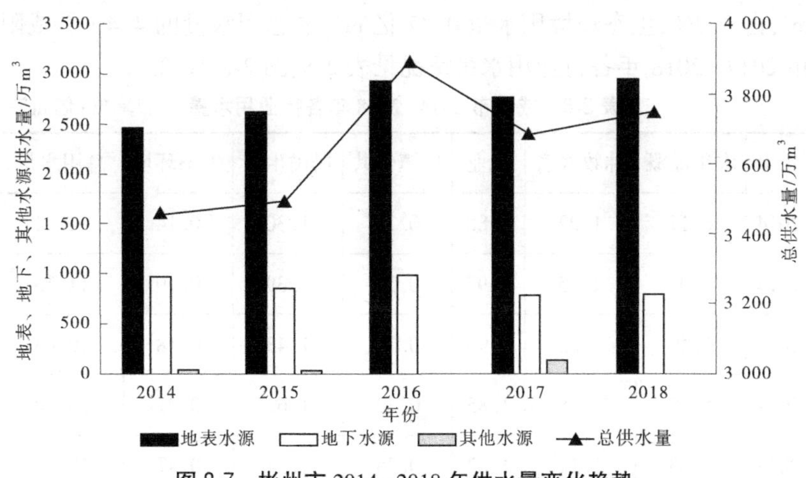

图 2-7　彬州市 2014~2018 年供水量变化趋势

近 5 年彬州市供水量呈增加趋势,总供水量从 2014 年的 3 459 万 m^3 增加至 2018 年的 3 750 万 m^3,从供水比例看,地表水源供水量比例呈逐年增加趋势,地下水源供水量呈逐年降低趋势。

2.3.2　用水量、用水结构和用水水平

2.3.2.1　用水量和用水结构

根据 2014~2018 年《陕西省水资源公报》,咸阳市年均用水量

10.89 亿 m^3。其中农田灌溉用水量 5.80 亿 m^3，占总用水量的 53.3%，为第一用水大户；工业用水量 1.87 亿 m^3，占总用水量的 17.2%；居民生活用水量 1.46 亿 m^3（包括城镇居民生活和农村居民生活用水量），占总用水量的 13.4%；林牧渔畜用水量 1.20 亿 m^3，占总用水量的 11.0%；城镇公共用水量 0.32 亿 m^3，占总用水量的 2.9%；生态环境用水量 0.24 亿 m^3，占总用水量的 2.2%。

2018 年咸阳市各行业总用水量 10.77 亿 m^3。其中农田灌溉用水量 5.63 亿 m^3，占总用水量的 52.3%，仍然是第一用水大户，但用水量和用水比均有一定降低；工业用水量 1.67 亿 m^3，占总用水量的 15.5%；居民生活用水量 1.54 亿 m^3，占总用水量的 14.3%；林牧渔畜用水量 1.11 亿 m^3，占总用水量的 10.3%；城镇公共用水量 0.35 亿 m^3，占 3.2%；生态环境用水量 0.47 亿 m^3，占总用水量的 4.4%。咸阳市 2014~2018 年各行业用水量情况见表 2-8、图 2-8、图 2-9。

表 2-8　咸阳市 2014~2018 年各行业用水量　　单位：亿 m^3

年份	农田灌溉	林牧渔畜	工业	城镇公共	居民生活	生态环境	总用水量
2014	6.17	1.22	1.88	0.29	1.30	0.14	11.01
2015	6.01	1.25	1.97	0.32	1.39	0.19	11.13
2016	5.49	1.25	1.96	0.34	1.43	0.18	10.65
2017	5.70	1.18	1.85	0.32	1.62	0.21	10.88
2018	5.63	1.11	1.67	0.35	1.54	0.47	10.77
平均	5.80	1.20	1.87	0.32	1.46	0.24	10.89

另根据彬州市水利局统计资料，彬州市 2018 年总用水量 3 750 万 m^3。其中：农田灌溉用水量 820 万 m^3，林牧渔畜用水量 104 万 m^3，工业用水量 748 万 m^3，城镇公共用水量 308 万 m^3，居民生活用水量 1 500 万 m^3，生态环境用水量 270 万 m^3。详见表 2-9、图 2-10、图 2-11。

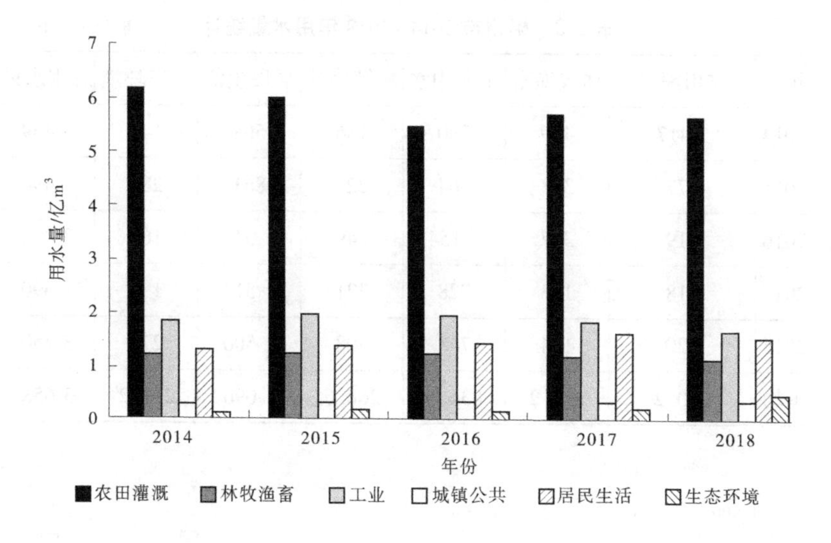

图2-8　咸阳市2014~2018年各行业用水量示意图

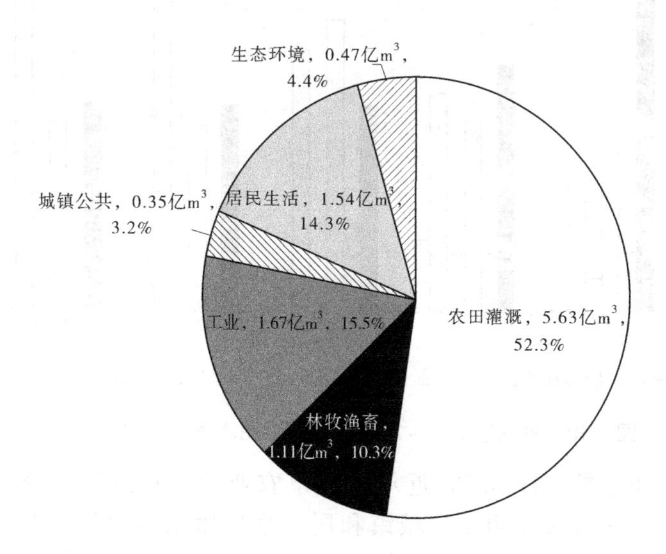

图2-9　咸阳市2018年各行业用水比例示意图

表 2-9　彬州市 2014~2018 年用水量统计　单位：万 m^3

年份	农田灌溉	林牧渔畜	工业用水	城镇公共	居民生活	生态环境	总用水量
2014	1 417	409	790	136	564	143	3 459
2015	977	383	764	229	861	282	3 496
2016	819	367	1 154	349	1 042	164	3 895
2017	818	113	728	321	1 513	197	3 690
2018	820	104	748	308	1 500	270	3 750
平均	970. 2	275. 2	836. 8	268. 6	1 096	211. 2	3 658

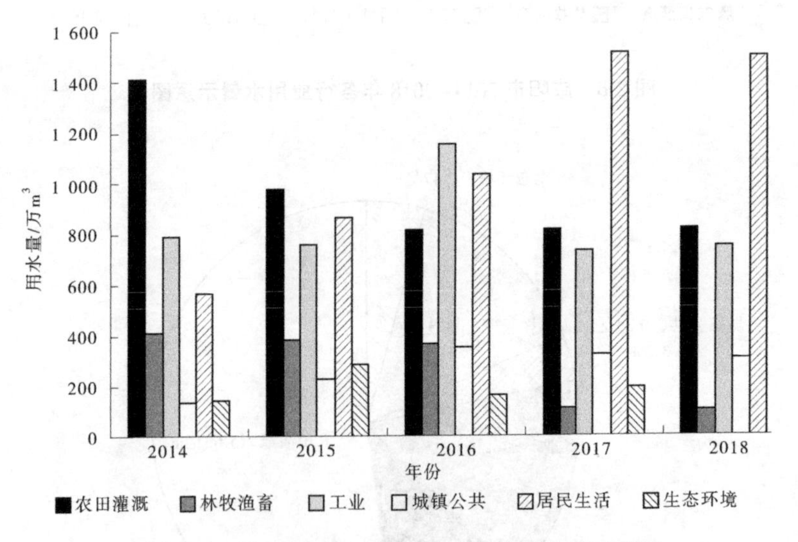

图 2-10　彬州市 2014~2018 年各行业用水量示意图

从图 2-10、图 2-11 可知，近年彬州市农业用水量逐年下降，由 1 826 万 m^3 下降至 924 万 m^3，城镇和居民生活用水量逐年上升，由 700 万 m^3 提升至 1 808 万 m^3，随着彬州市煤炭工业的开发，城区建设进入高速发展阶段，城镇公共用水量逐年增加；随着当地居民生活水平的提高，生活用水量逐年提高；随着近些年环保意识的提升，生态环境

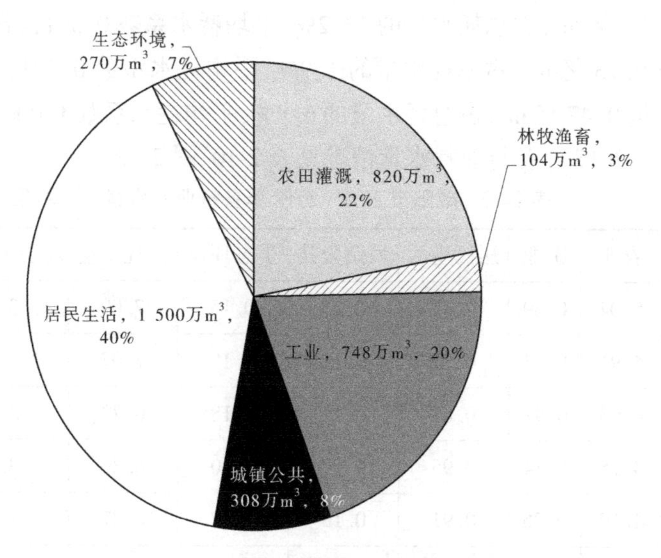

图2-11 2018年彬州市各行业用水比例示意图

补水量大幅提升。目前，彬州市生活用水已取代农业用水成为用水第一大户。

2.3.2.2 耗水量分析

1. 分行业耗水量

根据2014~2018年《陕西省水资源公报》，咸阳市2014~2018年各行业总耗水量在6.72亿~7.07亿m^3，近5年平均各行业总耗水量6.90亿m^3，平均耗水系数0.638。其中，农业耗水量4.80亿m^3，占总耗水量的69.6%，平均耗水系数0.682；工业耗水量0.87亿m^3，占总耗水量的12.7%，平均耗水系数0.455；居民生活耗水量0.88亿m^3，占总耗水量的12.8%，平均耗水系数0.591；城镇公共耗水量0.12亿m^3，占总耗水量的1.7%，平均耗水系数0.371；生态环境耗水量0.24亿m^3，占总耗水量的2.5%，平均耗水系数0.988。

2018年咸阳市各行业总耗水量6.87亿m^3，耗水系数0.638。其中农业耗水量4.60亿m^3，占总耗水量的67.0%，耗水系数0.682；工业耗水量0.76亿m^3，占总耗水量的11.1%，耗水系数0.455；居民生活耗水量0.91亿m^3,占总耗水量的13.2%,平均耗水系数0.591;城镇公共耗水量0.13亿m^3,占总耗水量的1.9%,平均耗水系数0.371;生态环境耗水量0.47亿m^3,占总耗水量的6.8%,平均耗水系数1.000。咸阳市2014~2018年各行业耗水量情况见表2-10、图2-12。

表2-10 咸阳市2014~2018年各行业耗水量 单位:亿m^3

年份	农业	工业	居民生活	城镇公共	生态环境	总耗水量	地表水耗水量
2014	5.04	0.89	0.81	0.11	0.15	7.00	3.22
2015	4.96	0.93	0.87	0.12	0.19	7.07	3.37
2016	4.63	0.91	0.88	0.12	0.18	6.72	3.24
2017	4.75	0.84	0.95	0.12	0.20	6.86	3.20
2018	4.60	0.76	0.91	0.13	0.47	6.87	3.51
平均	4.80	0.87	0.88	0.12	0.24	6.90	3.31
耗水率	0.682	0.455	0.591	0.371	1.000	0.638	0.649

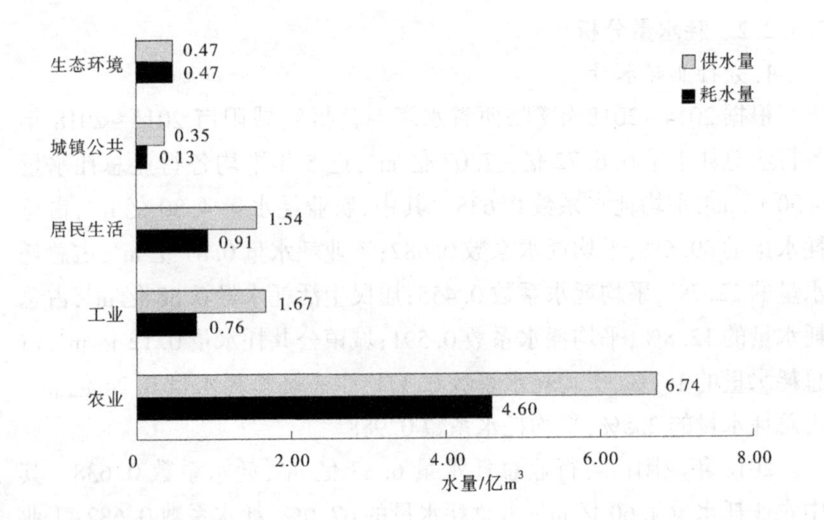

图2-12 咸阳市2018年各行业耗水与供水情况对比图

2. 地表水耗水量

根据2014~2018年《陕西省水资源公报》,咸阳市近5年平均地表水用水量为4.82亿m^3,耗水量为3.336亿m^3,耗水系数为0.674,详见表2-11。

表2-11 咸阳市2014~2018年地表水耗水量成果 单位:亿m^3

年份	供水量	用水量	耗水量	耗水系数
2014	4.70	4.70	3.22	0.685
2015	4.86	4.86	3.37	0.693
2016	4.55	4.55	3.24	0.712
2017	5.06	5.06	3.20	0.632
2018	4.92	4.92	3.651	0.649
平均	4.82	4.82	3.336	0.674

2.3.2.3 用水水平与用水效率

1. 综合用水水平

2018年咸阳市常住人口436.61万人,地区生产总值2 376.45亿元,总用水量8.97亿m^3,则人均综合用水量205.4 m^3/人,万元GDP用水量(按2015年可比价计算)42.25 m^3;2018年彬州市常住人口36.40万人,地区生产总值217.11亿元,总用水量3 750万m^3,人均综合用水量为103.0 m^3/万人,万元GDP用水量(按2015年可比价计算)18.73 m^3。

咸阳市和彬州市2018年人均综合用水量低于陕西省平均水平242.5 m^3/人,低于全国平均水平432 m^3/人;彬州市2018年万元GDP用水量低于陕西省平均水平38.3 m^3和全国平均水平66.8 m^3,综合用水水平较高。

2. 农业用水水平

2018年咸阳市农田实际灌溉面积172.16万亩,农田灌溉用水量3.38亿m^3,农田灌溉亩均用水量196.11 m^3。2018年彬州市农田实际灌溉面积5.409万亩,农田灌溉用水量820万m^3,农田灌溉亩均用水量151.6 m^3。咸阳市与彬州市农田灌溉亩均用水量均低于陕西省平均水平301.1 m^3,低于全国平均水平365 m^3。因种植结构和灌溉水源的关系,咸阳市农业亩均灌溉水量较其他地区偏少。

3.工业用水水平

2018年咸阳市实现工业增加值1 073.59亿元,按2015年可比价计算1 000.2亿元,工业用水量1.333 7亿m^3,万元工业增加值用水量13.33 m^3;2018年彬州市工业增加值148.55亿元,按2015年可比价计算140.626亿元,工业用水量748万m^3,万元工业增加值用水量5.32 m^3。彬州市用水水平高于陕西省平均水平15.04 m^3/万元,咸阳市用水水平与陕西省基本持平。咸阳市、彬州市工业用水水平较高,优于全国平均水平。主要用水指标对比分析见表2-12。

表2-12 2018年彬州市、咸阳市、陕西省、全国用水水平分析对照

项目类型	彬州市	咸阳市	陕西省	全国
人均综合用水量/(m^3/人)	103.0	205.6	242.5	432
万元GDP用水量/m^3	18.73	42.25	38.3	66.8
万元工业增加值用水量/m^3	5.32	13.33	15.04	41.3
亩均灌溉水量/m^3	151.6	196.11	301.1	365

注:1.彬州市各行业用水指标通过当年实测数据计算;

2.咸阳市和陕西省各行业用水指标摘自《2018年陕西省水资源公报》;

3.全国各行业用水指标和陕西省万元工业增加值用水量指标摘自《2018年中国水资源公报》。

2.3.3 存在的主要问题

2.3.3.1 咸阳市水资源开发利用存在的主要问题

咸阳市水资源开发利用过程中存在的主要问题包括以下几个方面:

(1)区域水资源较为短缺,供需矛盾较为突出。

咸阳市是一个水资源较为短缺的地区,多年平均降水量537~650

mm，低于全国平均水平。水资源年内分配不均且年际变化较大，7～9月径流量占全年径流量的50%以上，且多以暴雨形式出现；年际间洪涝、干旱灾害频繁发生。区域自产水资源量相对较少，人均水资源量不足150 m^3，不足全国平均水平的10%，且远低于国际公认的人均水资源量500 m^3 的警戒线。水资源空间分布也存在不均，北部马栏山区地广人稀，水资源相对丰富，而黄土台塬地区较少；北部地下水贫乏，南部地下水相对丰富，因此开采程度较北部高。

渭河、泾河两河入境水量较大，但由于地形和水质等所限，利用较为困难。同时区域以无调蓄能力的提、引水工程为主，具有调蓄能力的蓄水工程缺乏，无法对汛期的来水量进行调蓄，造成水资源调控能力不强，洪涝灾害与水资源短缺问题同时存在。

目前，东庄水库工程正在实施过程中，该项目建成后，在提高泾河、渭河下游防洪能力，减少渭河下游泥沙淤积的同时，可在较大程度上解决区域社会经济发展水资源制约瓶颈。

（2）地下水开采程度较高，水资源开发潜力有限。

2018年咸阳市地下水开采量为4.99亿 m^3，占区域总供水量的46.3%，而浅层地下水可开采量为4.39亿 m^3，地下水处于超采状态。特别是区域南部地区对地下水依赖性较高，城市供水多以地下水为单一水源，水位出现连年下降，漏斗区扩大，并形成严重超采区。

根据2018年《陕西省水资源公报》成果，咸阳市城郊区一般超采区、秦都区沣东一般超采区、泾阳云阳一般超采区和兴平兴化一般超采区地下水年末平均埋深分别为20.35 m、15.52 m、37.10 m和20.60 m，与2018年年初相比，咸阳市4个超采区地下水位分别平均上升0.13 m、1.07 m、0.25 m和0.33 m，说明近几年随着一批重点水源工程的建设，地表水供水量增加，地下水开采量有所减少，部分区域地下水位得以恢复，但地下水超采现象未能得到根本解决。

咸阳市地表水资源利用困难，地下水处于超采状态，区域水资源进一步开发的潜力有限，局部地区已超过其合理开发利用的极限，下一步只有依靠发展节水事业和实施跨流域调水工程才能满足区域社会经济发展对水资源的需求。

(3)水体污染治理需进一步加强,水生态环境形势严峻。

咸阳市资源型缺水与水质型缺水共存,河道水体仍处于污染状态,上游及沿程的工业及生活污水的排放,对渭河、泾河的水体水质影响较大。另由于渭河、泾河地表水体是区域地下水的一个重要补给来源,污染的地表水体在一定程度上对地下水水质产生影响。地表、地下水体的污染已经威胁到城乡居民的用水安全,区域水生态环境形势较为严峻。

咸阳市通过实施渭河综合整治、中小河流治理、水库除险加固、水土保持等项目,水生态恶化的趋势得到缓解,部分河段水质已呈现转好趋势。下一步应加大对污染排放的监管力度,关闭一批水污染程度大且经济规模小、缺乏污水处理能力的中小企业,责令限期整改。严格执行污水达标排放制度,对于违规排污的企业或个人进行行政处罚。

2.3.3.2　彬州市水资源开发利用存在的主要问题

(1)水资源禀赋差,属严重缺水地区。

彬州市境内水资源天然禀赋较差,水资源总量约 5 500 万 m^3,人均水资源量仅 165.3 m^3,远远低于全国平均水平,是我国北方干旱地区典型的水资源紧缺县区,属严重资源性缺水地区。

(2)水资源开发利用的取水水源构成比例失调。

彬州市水资源开发利用以地表水开采为主,占水资源总量的 70.6%;现状地下水供水量占总供水量的 21.0%,占地下水资源可开采量的 60.3%,接近咸阳市政府规定的地下水资源开发利用限值。工程性缺水造成洪水资源大量流失。再生水利用量不足,具备一定开发潜力。

2.4　水资源开发利用潜力

2.4.1　“三条红线”控制指标及落实情况

2.4.1.1　咸阳市“三条红线”落实情况

根据《关于下达“十三五”水资源管理控制目标的通知》(陕水资发

〔2016〕55 号),2018 年度咸阳市水资源管理控制目标主要是:用水总量控制在 13.12 亿 m^3,万元工业增加值用水量比 2015 年下降 9%,万元国内生产总值用水量比 2015 年下降 12%,农田灌溉水利用系数达到 0.578,重要水功能区水质达标率达到 66.7%。以下按照 2018 年度咸阳市自评估报告进行分析:

(1)2018 年咸阳市用水总量 10.77 亿 m^3,未突破 13.12 亿 m^3 用水总量控制指标。

(2)2018 年咸阳市国内生产总值 2 376.45 亿元,按 2015 年不变价计算,万元国内生产总值用水量为 42.25 m^3,比 2015 年的降低了 18.82%,超额完成控制目标。

(3)2018 年咸阳市实现工业增加值 1 073.59 亿元,按 2015 年不变价计算,万元工业增加值用水量 13.33 m^3,比 2015 年降低了 29.87%,超额完成指标。

(4)2018 年咸阳市 48 处灌区农田灌溉净用水量 19 628.4 万 m^3,农田灌溉水有效利用系数为 0.581,超额完成指标。

(5)2018 年咸阳市境内渭河、泾河等 12 个考核的重要水功能区,有 11 个达标,达标率为 91.67%。

2.4.1.2 彬州市“三条红线”落实情况

根据咸阳市下达的“十三五”水资源管理控制目标,2018 年度彬州市水资源管理控制目标主要是:用水总量为控制在 5 000 万 m^3 以内,地下水开发利用量 854 万 m^3,万元国内生产总值用水量比 2015 年降幅达 6%以上,万元工业增加值用水量比 2015 年降幅达 6%以上,农田灌溉水有效利用系数提高到 0.603 以上。

2018 年彬州市用水总量为 3 750 万 m^3,满足 5 000 万 m^3 考核目标要求;地下水利用量为 790 万 m^3,满足 854 万 m^3 考核目标要求;万元 GDP 用水量较 2015 年降幅达 8.9%,优于考核目标 6%的要求;万元工业增加值用水量较 2015 年下降 14.74%,优于考核目标 6%的要求;农田灌溉水有效利用系数达到 0.622,超额完成目标。重要水功能区水质达标率彬州市工业农业用水区 83.33%,彬州市排污控制区水质达标率 83.33%,水功能区水质达标。

2.4.2　黄河地表水分水方案及执行情况

根据《水利部黄河水利委员会关于2015年发放取水许可证的公告》,黄河水利委员会共颁发2套取水许可证:一是泾惠渠取水口,取水总量89 207万 m^3,其中农业用水量44 038万 m^3,水力发电用水量45 169万 m^3;二是大唐彬长发电有限责任公司一期工程,从泾河干流鸭儿沟入泾河处下游55 m右岸取水,地表水取水量为308万 m^3。

另根据历年取水许可审批、水资源论证报告书批复情况,涉及咸阳市审批水量较大的项目有亭口水库和东庄水库工程。2019年亭口水库工程水资源论证报告书通过批复,工程取泾河地表水量为6 450万 m^3;2016年11月泾河东庄水库工程取水许可获得审批,工程多年平均向泾惠渠灌区农业供水3.18亿 m^3,向城镇生活和工业供水2.13亿 m^3(含向渭南供水1.36亿 m^3、西咸新区供水0.49亿 m^3),多年平均发电过机水量6.03亿 m^3。另陕西省各级水行政部门在咸阳市境内共许可62套取水许可证,总许可取水总量为1.13亿 m^3。

综上分析,咸阳市现有取水许可审批水量达9.66亿 m^3,按陕西省支流地表水耗水系数0.773,则咸阳市已审批地表水耗水量7.47亿 m^3,在不考虑来水"丰增枯减"的分配原则下,亦已超出分配的支流指标6.20亿 m^3。

2.4.3　水资源开发利用程度

根据《陕西省水资源综合规划》成果,咸阳市地表水可利用量为6.50亿 m^3,2018年地表水利用量5.41亿 m^3,地表水利用率达83.2%;咸阳市浅层地下水可开采量为4.39亿 m^3,2018年地下水开采量为4.99亿 m^3,现状年地下水量已超过可开采量,占地下水资源总量6.46亿 m^3 的77.2%。

经前分析,彬州市境内地表水资源量5 500万 m^3,地下水资源量2 621万 m^3,地下水资源与地表水资源重复计算量2 621万 m^3,水资源总量5 500万 m^3。

2018年彬州市各行业总用水量3 750万 m^3,水资源开发利用率为

68.2%,其中地表水资源开发利用率53.82%,地下水资源开发利用量占可开采量的60.3%。

由于咸阳市属于水资源紧缺地区,近年来虽陆续建设投运部分地表水供水工程,并启动多项外流域调水的水资源配置工程,在一定程度上缓解了当地水资源的供需矛盾。但由于当地社会经济的快速发展,现有地表水供水工程已很难满足区域供水需求,导致地下水被大量开发利用。由2018年各水源供水量分析可知,咸阳市地下水供水量占全年总供水量的46.3%,地下水开采量已超过当地地下水可开采量;彬州市地下水开采量也接近了咸阳市要求的控制开采量,由此可见,地下水源已成为区域主导供水水源之一,开发利用程度较高。

第3章 用水合理性分析研究

3.1 用水节水工艺和技术分析研究

3.1.1 生产工艺分析

小庄煤矿采用了机械化分层综采放顶煤的采煤工艺和重介浅槽+重介旋流器+螺旋分选机分选工艺,选用国内成熟、可靠的开采设备,实现全机械化生产,污染物产生量小,产品质量良好。以下分别采用《煤炭产业政策》、《清洁生产标准 煤炭采选业》(HJ 446—2008)、《产业结构调整指导目录(2019年本)》、《国家能源局 环境保护部 工业和信息化部关于促进煤炭安全绿色开发和清洁高效利用的意见》等对小庄煤矿的生产工艺先进性进行分析。

3.1.1.1 《煤炭产业政策》

《煤炭产业政策》中关于产业技术的规定见表3-1。

3.1.1.2 清洁生产水平

《清洁生产标准 煤炭采选业》(HJ 446—2008)给出了煤炭采选行业生产过程清洁生产水平的三级指标,具体如下:一级,国际清洁生产先进水平;二级,国内先进水平;三级,国内基本水平。具体指标见表3-2。

3.1.1.3 《产业结构调整指导目录(2019年本)》

《产业结构调整指导目录(2019年本)》中关于煤炭生产工艺与用水的规定见表3-3。

表3-1 本项目与《煤炭产业政策》中产业技术规定符合性一览

序号	《煤炭产业政策》规定	项目情况	符合性
1	鼓励发展厚冲积层钻井法、冻结法和深井快速建井技术	井筒施工方法按表土及基岩风化段采用冻结法施工，基岩段采用普通法施工	符合
2	鼓励采用高新技术和先进适用技术，建设高产高效矿井。鼓励发展综合机械化采煤技术，推行壁式采煤。发展小型煤矿成套技术以及薄煤层采煤机械化、井下充填、"三下"采煤、边角煤回收等提高资源回收率的采煤技术	项目采用机械化倾斜分层走向长壁采煤工艺，选用国内成熟、可靠的开采设备，实现全机械化生产	符合
3	加快发展安全、高效的井下辅助运输技术、综采设备搬迁技术和装备	项目大巷煤炭运输采用带式输送机运输，工作面的煤采用转载机运输方式，掘进煤采用综掘机组配套带式输送机运输方式，全部机械化；综采设备搬迁全部自动化	符合
4	发展自动控制、集中控制选煤技术和装备。研制和发展高效干法选煤技术、节水型选煤技术、大型筛选设备及脱硫技术，回收硫资源。鼓励水煤浆技术的开发及应用	项目采用成熟的重介浅槽+重介旋流器+螺旋分选机分选工艺，水耗仅0.050 m^3/t，煤泥水实现闭路循环不外排	符合
5	推进煤炭企业信息化建设，利用现代控制技术、矿井通信技术，实现生产过程自动化、数字化。推进建设煤矿安全生产监测监控系统、煤炭产量监测系统和井下人员定位管理系统	项目已实现生产过程自动化和数字化	符合

表 3-2 项目生产工艺与装备要求指标分析

清洁生产指标等级		一级	二级	三级	本项目指标	等级
1. 总体要求		符合国家环保、产业政策要求，采用国内外先进的煤炭采掘、煤矿安全、煤炭贮运生产工艺和技术设备。有降低开采沉陷和矿山生态恢复措施及提高煤炭回采率的技术措施			工艺与设备基本体现了国内同类矿井的生产水平、发展趋势，符合国家产业政策	符合
2. 井工煤矿工艺与装备	煤矿机械化掘进比例/%	≥95	≥90	≥70	95	一级
	煤矿综合机械化采煤比例/%	≥95	≥90	≥70	100	一级
	井下煤炭输送工艺及装备	长距离井下至井口带式输送机连续运输(实现集控)，立井采用机车牵引矿车运输	采区采用带式输送机，井下大巷采用机车牵引矿车运输	采用以矿车为主的运输方式	长距离井下至井口带式输送机连续运输，并实现集控	一级
	井巷支护工艺及装备	井筒岩巷光爆锚喷、锚杆、锚索等支护技术，煤巷采用锚网喷或锚网、锚索支护；斜井明槽开挖段及立井井筒采用砌壁支护	大部分井筒岩巷采用光爆锚喷、锚杆、锚索等支护技术，煤巷采用锚网喷或锚网支护，部分井筒及大巷采用砌壁支护，采区巷道金属棚支护	部分井筒岩巷采用光爆锚喷、锚杆、锚索等支护技术，煤巷采用锚网喷或锚网支护，大部分井筒及大巷采用砌壁支护，采区巷道金属棚支护	井筒表土段采用双层钢筋混凝土井壁支护、基岩段采用素混凝土井壁支护；煤巷采用半圆拱形断面，锚网(锁)喷支护方式	一级

续表 3-2

清洁生产指标等级		一级	二级	三级	本项目指标	等级
3.贮煤装运系统	贮煤设施工艺及装备	原煤进筒仓或全封闭的贮煤场		部分进筒仓或全封闭的贮煤场。其他进设有挡风抑尘措施和洒水喷淋装置的贮煤场	原煤进筒仓	一级
	煤炭装运	有铁路专用线,铁路快速装车系统、汽车公路外运采用全封闭车厢,矿山到公路运输线必须硬化	有铁路专用线,铁路一般装车系统,汽车公路外运采用全封闭车厢,矿山到公路运输线必须硬化	公路外运采用全封闭车厢或加遮苫汽车运输,矿山到公路运输线必须硬化	有铁路专用线,铁路快速装车系统	一级
4.原煤入选率/%		100		≥80	选煤厂规模与煤矿配套,原煤100%入选	一级

续表 3-2

清洁生产指标等级		一级	二级	三级	本项目指标	等级
5. 原煤破碎筛分分级	防噪措施	破碎机、筛分机采用先进的减振技术，橡胶筛板溜槽转载部位采用橡胶铺垫，设立隔音操作间			破碎机、筛分机采用先进的减振技术，橡胶筛板溜槽转载部位采用橡胶铺垫，设立隔音操作间	一级
	除尘措施	破碎机、筛分机、皮带运输机、转载点全部封闭作业，并设有除尘机组，车间设机械通风措施	破碎机、筛分机加集尘罩并设有除尘机组，带式运输机、转载点设喷雾降尘系统	破碎机、筛分机、带式运输机、转载点设喷雾降尘系统	破碎机、筛分机、带式运输机、转载点全部封闭作业，并设有除尘机组，车间设机械通风措施	一级
6. 原煤生产水耗/(m^3/t)		≤0.1	≤0.2	≤0.3	0.099	一级
7. 选煤补水量/(m^3/t)		≤0.1		≤0.15	0.050	一级

表3-3 本项目与《产业结构调整指导目录(2019年本)》符合性一览

序号	《产业结构调整指导目录(2109年本)》鼓励类规定	项目情况	符合性
1	矿井灾害(瓦斯、煤尘、矿井涌水、火、围岩、地温、冲击地压等)防治	本项目属高瓦斯矿井,投产初期白家宫风井场地建设地面固定式瓦斯抽采站一处,对瓦斯进行抽采;本矿煤尘具有爆炸性,通过通风洒水等方式降尘;本矿首采盘区无冲击危险,建立适合小庄煤矿自身特点的“六位一体”综合防治冲击地压体系,采用条带式开采对冲击地压进行防治	符合
2	煤层气勘探、开发、利用和煤矿瓦斯抽采、利用		符合
3	地面沉陷区治理、矿井涌水资源保护与利用	项目设置有专门部门对沉陷区进行治理和搬迁;采用了限高开采技术,充分回用矿井涌水	符合
4	煤矿生产过程综合监控技术、装备开发与应用	项目已实现生产过程自动化和数字化	符合
5	非常规水源的开发利用	项目将矿井水复用进行生产,将深度处理后的矿井水用于生活,充分利用非常规水源	符合

3.1.1.4 国家能源局等部门相关要求

根据《国家能源局 环境保护部 工业和信息化部关于促进煤炭安全绿色开发和清洁高效利用的意见》(国能煤炭〔2014〕571号),2020年全国煤矿采煤机械化程度达到85%以上,掘进机械化程度达到62%

以上,厚及特厚煤层回采率达到70%以上,原煤入选率达到80%以上,煤矿稳定塌陷土地治理率达到80%以上,排矸场和露天矿排土场复垦率达到90%以上。

根据小庄煤矿实际情况,该矿采煤机械化程度100%,掘进机械化程度95%以上,采区回采率≥75%,首采区4号煤层工作面回采率达到了93%以上,原煤入选率100%,煤矿稳定塌陷土地治理率和排矸场复垦率均为100%,指标均优于《国家能源局 环境保护部 工业和信息化部关于促进煤炭安全绿色开发和清洁高效利用的意见》(国能煤炭〔2014〕571号)要求。

综上分析,从《煤炭产业政策》、《清洁生产标准 煤炭采选业》(HJ 446—2008)、《产业结构调整指导目录(2019年本)》、《国家能源局 环境保护部 工业和信息化部关于促进煤炭安全绿色开发和清洁高效利用的意见》(国能煤炭〔2014〕571号)等相关规定来看,小庄煤矿的工艺与设备基本体现了国内同类矿井的生产水平发展趋势,符合国家产业政策。

3.1.2 用水工艺和节水技术分析

小庄煤矿生活用水包括了矿区生活用水、单身宿舍用水、食堂用水、洗衣洗浴用水、招待所用水等;生产用水主要包括井下洒水、灌浆用水、瓦斯抽采补水、选煤厂补水和换热站补水等;其他用水包括地面及道路洒水、绿化用水和车辆冲洗等。

经与业主沟通,本项目矿井水深度处理系统改造完成后,生活用水、生产用水均采用经处理后的矿井涌水或生活污水供给。

以下分别采用《中国节水技术政策大纲》(国家发改委等公告2005年第17号)、《国家鼓励的工业节水工艺、技术和装备目录(第一批)》(水利部等公告2014年第9号)、《国家鼓励的工业节水工艺、技术和装备目录(第二批)》(水利部等公告2016年第21号)和《产业结构调整指导目录(2019年本)》对小庄煤矿的用水工艺和节水技术先进性进行分析。

3.1.2.1 国家鼓励的工业节水工艺、技术和装备目录

小庄煤矿矿井水处理车间和净水车间共建成反渗透处理设备4套，采用以反渗透为核心的处理工艺，总规模400 t/h，产水回用至生产和生活，浓水回用于煤矿灌浆，属于国家鼓励的工业节水工艺、技术和装备目录中"反渗透海水淡化技术"的应用。

3.1.2.2 《产业结构调整指导目录(2019年本)》

《产业结构调整指导目录(2019年本)》中涉及的煤炭行业节水工艺和技术见表3-4。

表3-4 本项目与《产业结构调整指导目录(2019年本)》节水工艺符合性一览

序号	《产业结构调整指导目录(2019年本)》	项目情况	符合性
鼓励类			
1	地面沉陷区治理、矿井涌水资源保护与利用	本项目生产过程中采用了限高开采等保水采煤工艺；本项目生产、生活用水由矿井水供给，生活污水、浓盐水不外排	符合
2	废水零排放，重复用水技术应用	本矿瓦斯抽采泵选用带有冷却塔的闭式水环真空瓦斯抽采泵系统，实现了重复利用；同时从整个煤矿分析，生活污水经处理后全部回用，矿井涌水经处理后大量回用自身，是重复用水技术的应用	符合
3	微咸水、苦咸水、劣质水、海水的开发利用及海水淡化工程	项目建设有矿井涌水深度处理系统，处理后矿井水复用至生产与生活	符合
4	高效、低能耗污水处理与再生技术开发	项目建设有1 440 m^3/d的MBR工艺生活污水处理成套技术装备	符合

3.2 现场用水核查及水量平衡分析研究

小庄煤矿为已建煤矿,本次现场用水核查主要依据《企业水平衡测试通则》(GB/T 12452—2008)开展,针对小庄煤矿和选煤厂以及生活用水等开展用水量调查和复核,重点分析选煤厂、井下降尘喷雾、采煤机及液压支架用水、黄泥灌浆、瓦斯抽采、换热站等多个用水环节的实际用水量,做出小庄煤矿实际水量平衡图表,开展现状用水水平评估,查找节水潜力及问题。

3.2.1 现场用水核查及现状水量平衡

3.2.1.1 资料收集及整理

(1)收集陕西彬长矿区小庄煤矿项目立项、初设及批复、环评及批复、水资源论证及批复等资料。

(2)收集小庄煤矿项目建设规模、建设年限、工艺流程、主要生产装置、经济技术指标、项目占地及土地利用情况、工作制度及劳动定员等资料。

(3)收集用水工艺及用水设备的资料,掌握项目的取水情况、用水系统、耗水系统及退水情况。①查清矿区各种水源(井下涌水、地下水源井)情况,包括取水许可情况、实际供水能力、管线布置、水质情况等。统计矿井建成以来矿井涌水及水源井的用水情况和逐月对应产量,收集2017~2018年水质监测报告。②收集项目用水系统相关资料、计量水表配备情况资料(含水表型号)、位置。小庄煤矿主要包含三类用水:一是生产用水,包括选煤厂、黄泥灌浆站、换热站、瓦斯抽采站、井下洒水等生产系统的用水和循环用水;二是生活用水,包括办公楼、职工宿舍、食堂、联建楼、招待所、消防中队等生活系统用水;三是其他用水,包括道路洒水、绿化等用水。③主要调查排水、耗水系统的设备和设施的技术参数,近年主要排水单元的排水水量统计,并收集企业供排水管网图。收集矿井涌水、生活污水处理厂废污水处理工艺的资料,退水去向资料;收集事故工况退水措施、应急预案等资料。

3.2.1.2　现场查勘

(1)查清小庄煤矿生活用水系统、生产用水系统、用水工艺及用水设备的基础情况。

(2)在业主配合下,对小庄井田、工业场地、排矸场、入河排污口等处进行查勘,了解区域的地形地貌和布局情况,复核小庄煤矿及选煤厂建设项目生产规模、生产工艺、主要生产设备情况、投产日期及各主要技术规范,包括水量、水质等技术数据和要求。

(3)根据现场用水核查工作需要,对小庄煤矿矿井水原水、净水车间出水、入河排污口水质进行检测。采样时间为2018年11月28日,采样点选取小庄煤矿采空区矿井涌水、矿井涌水处理站出口水和入河排污口,样品采集完成后即刻送往第三方机构检测,采空区矿井涌水监测因子为《地下水质量标准》(GB/T 14848—2017)表1中39项指标+表2中54项指标,矿井涌水处理站出口和入河排污口水检测因子为《地表水环境质量标准》(GB 3838—2002)表1中24项。

(4)现场核查小庄煤矿水计量管理和器具配备情况,主要包括水表数量(一级、二级)、安装地点、完好率等,并提出整改意见。

(5)针对没有水计量设施的环节,现场核查其供水泵的型号、额定流量、开启时间,用水喷头型号、定额、开启时间,生活用水统计容积、每天需灌水次数等。

3.2.1.3　现场用水核查节点选择与核查方法

小庄煤矿用水为非稳态,具有不稳定的特点,采用统计台账法综合分析确定水量比现场使用手持式超声波流量计测试数据准确。考虑矿区主要用水装置水计量器具配备情况完好,用水、用电器台账齐全,本次用水核查结合长系列资料,采用分析统计的方法确定。

水源井供水量、矿井涌水量等水源采用2018年用水台账平均值,矿井水处理站、生活净水车间、风井净水车间的进水和出水均采用2018年用水台账确定。

生产用水环节的井下消防洒水、选煤厂补水、储煤场地喷淋、采煤机及液压支架用水等用水没有水表,采用2018年供水水泵运行记录表及水泵额定流量推求用水量,同时调研了井下洒水、储煤场地喷淋等环节喷头数量、喷头喷水定额、每日喷水小时数,复核用水量。

生活用水环节的消防中队生活用水、生活污水处理站出水采用2018年用水台账确定,食堂、办公楼、职工宿舍等通过测量供水水箱体积与每日充水次数确定用水量,洗衣房用水量根据洗衣机每车用水量和每日所洗车数计算用水量,洗浴用水量根据喷头数、平均每日开启时间、喷头额定流量、水池容积、每日水池充水次数确定,同时以每日洗浴用水水箱容积与充水次数复核。

辅助生产用水环节的路面降尘洒水量根据洒水车每日洒水次数与容积确定。

经核查,小庄煤矿非采暖季与采暖季相比生活用水变化不大,本次用水核查分别调研了非采暖季和采暖季的用水水平。

3.2.1.4　用水核查过程

本次现场用水核查组织工作人员先后三次(2018年11月23~26日、2019年1月5~8日和2019年3月13~15日)前往小庄煤矿和选煤厂对生产用水和生活用水进行调研,收集各用水单元2018年1月至2019年1月的用水台账、水泵使用台账资料,统计分析各用水单元之间的平衡关系。

小庄煤矿于2014年建成试运行,其生活及部分生产系统有相对完整的用水统计数据。由于煤矿部分用水单元为间歇性用水,为合理反映小庄煤矿现状用水情况,根据煤矿各用水单元特点,通过对近几年用水台账、水泵使用台账统计分析,没有台账的,结合现场调研,使用容积法估算水量,完成了小庄煤矿现状用水核查工作。部分现场核查台账见图3-1。

3.2.1.5　现场用水核查结果

小庄煤矿水量平衡统计见表3-5和表3-6,水量平衡图见图3-2和图3-3。

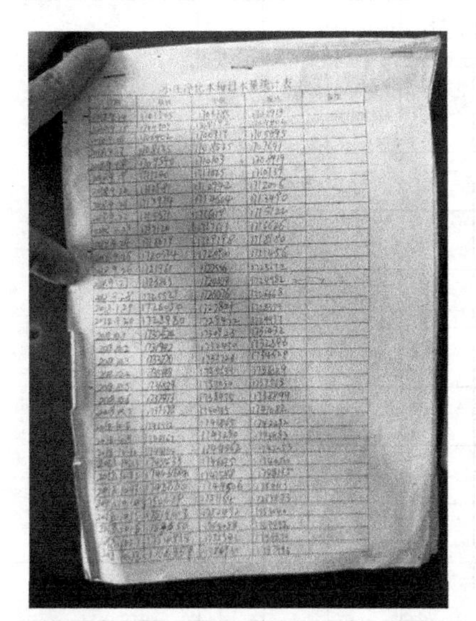

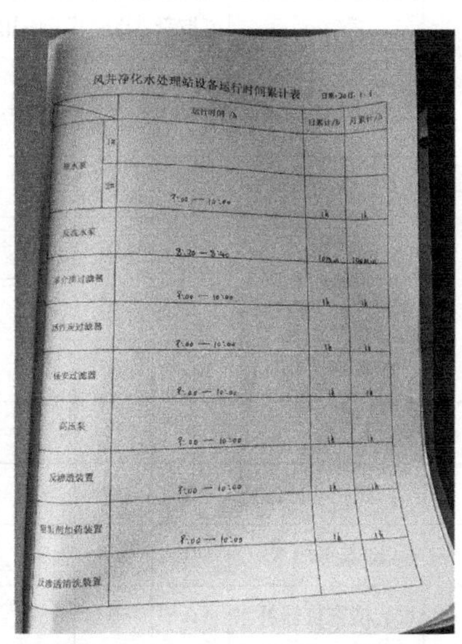

风井净化水处理站设备运行时间累计表

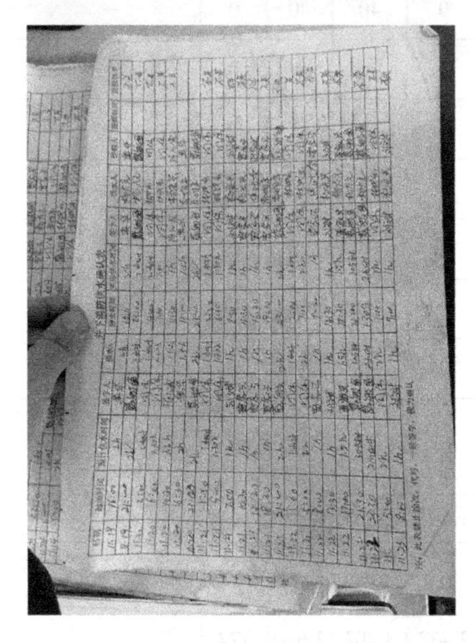

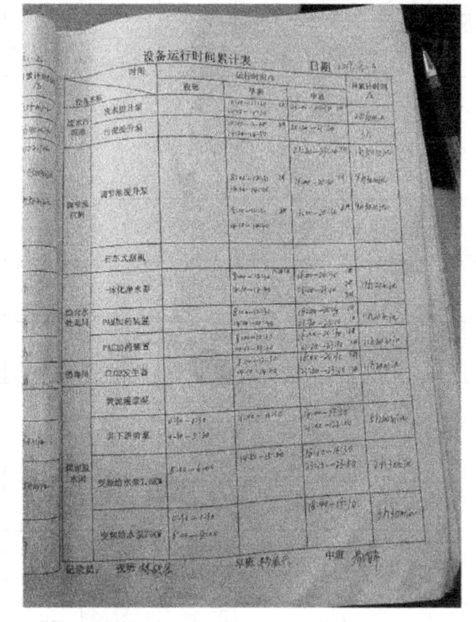

设备运行时间累计表

图 3-1　部分环节的用水或水泵开启台账

表 3-5 小庄煤矿现状采暖季水量平衡统计 单位:m³/d

序号	用水项目	取新水量		回用水量		用水量(含回用水)	耗水量	排水量	备注
		水源井	矿井涌水	脱盐水	复用水				
1	消防中队生活用水	0	0	6	0	6	0.5	5.5	至生活污水处理站
2	食堂用水	0	0	40	0	40	6	34	
3	综合办公楼用水	0	0	8	0	8	0.5	7.5	
4	职工宿舍用水	0	0	154	0	154	8	146	
5	招待所用水	0	0	4	0	4	0.5	3.5	
6	洗浴用水	0	0	513	0	513	26	487	
7	洗衣房用水	0	0	30	0	30	1.5	28.5	
8	井下精密仪器补水	0	0	50	0	50	50	0	—
9	换热站补水	0	0	40	0	40	40	0	—
10	道路洒水	0	0	50	0	50	50	0	—
11	绿化用水	0	0	0	0	0	0	0	—
12	车辆冲洗	0	0	64	0	64	16	48	至选煤厂
13	排矸场降尘喷洒	0	0	0	10	10	10	0	—
14	瓦斯抽采补水	0	0	20	0	20	20	0	—
15	选煤厂补水	0	0	0	798	798	798	0	—
16	储煤场地面冲洗及输煤防尘喷洒	0	0	0	80	80	80	0	—
17	井下洒水	0	0	0	1 505	1 505	1 505	0	—
18	黄泥灌浆用水	0	0	0	30	30	18	12	至矿井涌水处理站
	小计	0	0	979	2 423	3 402	2 630	772	

续表 3-5

序号	用水项目	取新水量		回用水量		用水量(含回用水)	耗水量	排水量	备注
		水源井	矿井涌水	脱盐水	复用水				
19	生活净水车间	1 475	0	0	0	1 475	0	1 475	脱盐水 959 回用,浓水 516 外排泾河
20	风井净水车间	30	0	0	0	30	0	30	脱盐水 20 瓦斯抽采,浓水 10 排矸场
21	生活污水处理站	0	0	0	712	712	28	684	684 外排泾河
22	矿井涌水处理站	0	23 112	0	0	23 112	231	22 881	2 365 回用于生产,20 516 外排泾河
	合计	1 505	23 112	979	3 135	28 731	2 889	25 842	
外排泾河水量为 21 716 m^3/d,其中处理后的矿井涌水 20 516 m^3/d,生活净水车间排水 516 m^3/d,处理后的生活污水 684 m^3/d									

注:根据《企业水平衡测试通则》(GB/T 12452—2008):

1. 用水量是指在确定的用水单元或系统内,使用的各种水量的总和,即新水量和重复利用水量之和。
2. 新水量是指企业内用水单元或系统取自任何水源被该企业第一次利用的水量。
3. 重复利用水量为循环用水量与回用水量之和。
4. 回用水量是指企业产生的排水,直接或经处理后再利用于某一用水单元或系统的水量。
5. 耗水量是指在确定的用水单元或系统内,生产过程中进入产品、蒸发、飞溅、携带及生活饮用等所消耗的水量。
6. 排水量是指对于确定的用水单元或系统,完成生产过程和生产活动之后排出企业之外以及排出该单元进入污水系统的水量,下同。

表 3-6 小庄煤矿现状非采暖季水量平衡统计 单位:m^3/d

序号	用水项目	取新水量		回用量		用水量（含回用水）	耗水量	排水量	备注
		水源井	矿井涌水	脱盐水	复用水				
1	消防中队生活用水	0	0	6	0	6	0.5	5.5	至生活污水处理站
2	食堂用水	0	0	40	0	40	6	34	
3	综合办公楼用水	0	0	8	0	8	0.5	7.5	
4	职工宿舍用水	0	0	154	0	154	8	146	
5	招待所用水	0	0	4	0	4	0.5	3.5	
6	洗浴用水	0	0	513	0	513	26	487	
7	洗衣房用水	0	0	30	0	30	1.5	28.5	
8	井下精密仪器补水	0	0	50	0	50	50	0	—
9	换热站补水	0	0	15	0	15	15	0	—
10	道路洒水	0	0	90	0	90	90	0	—
11	绿化用水	0	0	80	0	80	80	0	—
12	车辆冲洗	0	0	64	0	64	16	48	至选煤厂
13	排矸场降尘喷洒	0	0	0	20	20	20	0	—
14	瓦斯抽采补水	0	0	40	0	40	40	0	—
15	选煤厂补水	0	0	0	798	798	798	0	—
16	储煤场地面冲洗及输煤防尘喷洒	0	0	0	120	120	120	0	—
17	井下洒水	0	0	0	1 505	1 505	1 505	0	—

续表 3-6

序号	用水项目	取新水量		回用量		用水量（含回用水）	耗水量	排水量	备注
		水源井	矿井涌水	脱盐水	复用水				
18	黄泥灌浆用水	0	0	0	30	30	18	12	至矿井涌水处理站
	小计	0	0	1 094	2 473	3 567	2 795	772	
19	生活净水车间	1 498	0	0	0	1 498	0	1 498	脱盐水 974 回用,浓水 524 外排泾河
20	风井净水车间	60	0	0	0	60	0	60	脱盐水 40 瓦斯抽采,浓水 20 排矸场
21	生活污水处理站	0	0	0	712	712	28	684	80 回用绿化,604 外排泾河
22	矿井涌水处理站	0	23 112	0	0	23 112	231	22 881	2 405 回用于生产,20 476 外排泾河
	合计	1 558	23 112	1 094	3 185	28 949	3 054	25 895	

注:外排泾河水量为 21 604 m^3/d,其中处理后的矿井涌水 20 476 m^3/d,生活净水车间排水 524 m^3/d,处理后的生活污水 604 m^3/d

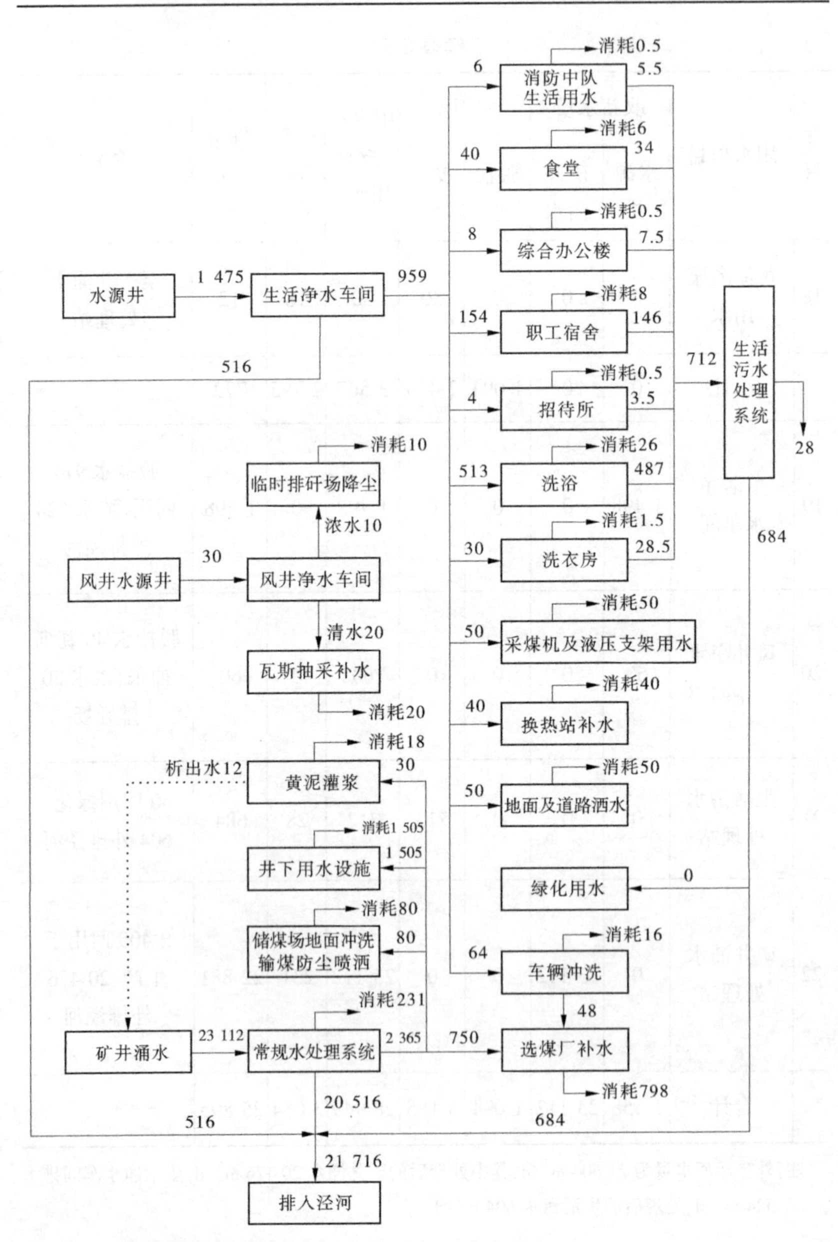

图 3-2 小庄煤矿现状采暖季水量平衡图 (单位:m³/d)

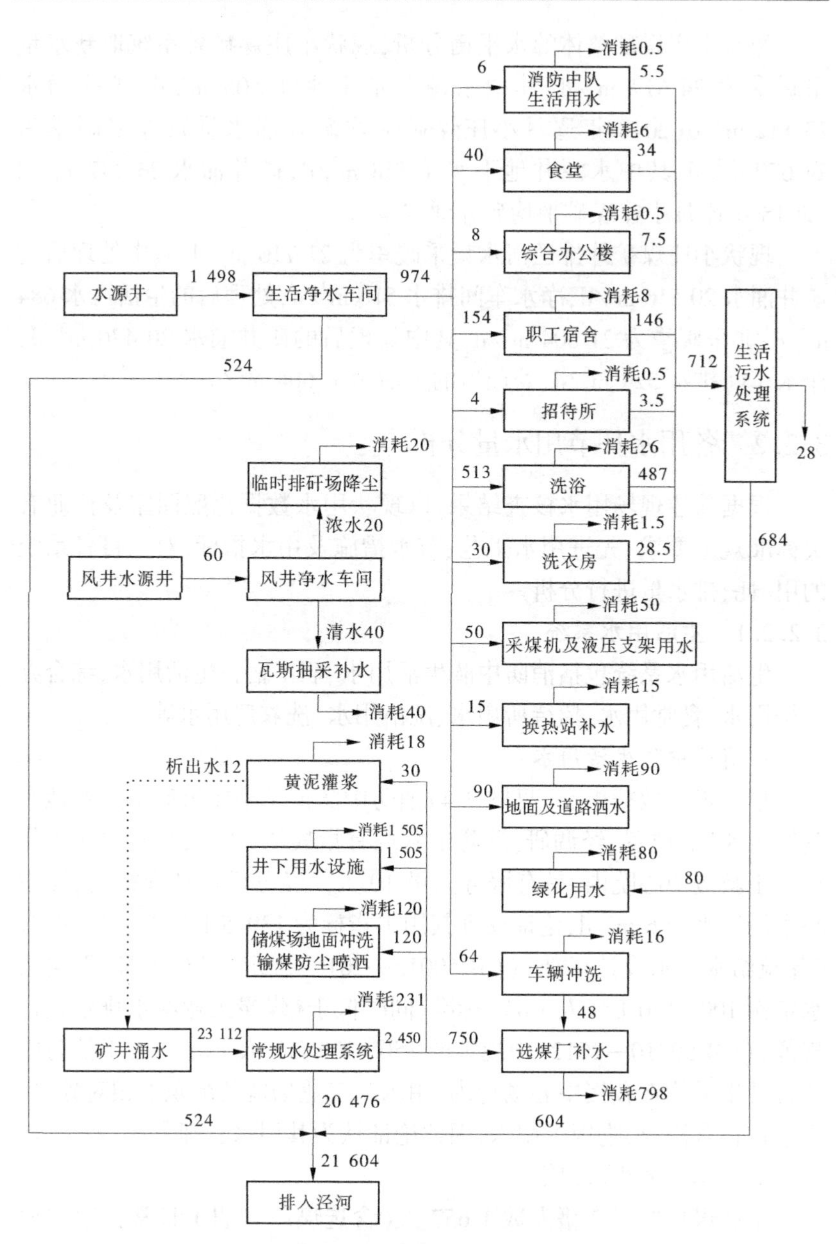

图 3-3　小庄煤矿现状非采暖季水量平衡图　(单位:m^3/d)

经对小庄煤矿整体的水平衡分析,现状小庄煤矿各系统取新水量采暖季为 24 617 m^3/d,其中水源井地下水 1 505 m^3/d,矿井涌水 23 112 m^3/d(2018 年逐月小庄煤矿平均矿井涌水量);非采暖季为 24 670 m^3/d,其中水源井地下水 1 558 m^3/d,矿井涌水 23 112 m^3/d(2018 年逐月小庄煤矿平均矿井涌水量)。

现状小庄煤矿外排泾河水量采暖季为 21 716 m^3/d,其中处理后的矿井涌水 20 516 m^3/d,净水车间排水 516 m^3/d,处理后的生活污水 684 m^3/d;非采暖季为 21 604 m^3/d,其中处理后的矿井涌水 20 476 m^3/d,净水车间排水 524 m^3/d,处理后的生活污水 604 m^3/d。

3.2.2 各用水环节用水量分析

根据前述现场用水核查结果,以现状用水数据比照国家及行业有关标准规范要求、先进用水工艺、节水措施及用水指标,对项目各系统的用、耗、排水量进行分析。

3.2.2.1 生活用水系统

生活用水系统包括消防中队生活用水、职工宿舍生活用水、综合办公楼用水、食堂用水、招待所用水、洗浴用水、洗衣房用水等。

1. 消防中队生活用水

小庄煤矿救援中心(见图 3-4)消防中队位于小庄煤矿工业场地东侧约 1.5 km 位置,经调研,消防中队现有指战员 33 人,日常食宿工作均位于救援中心院内,另有服务人员 10 人。经分析统计数据,救援中心生活用水为 6 m^3/d,论证反推其用水指标为 139.5 L/(人 · d),符合《建筑给水排水设计标准》(GB 50015—2019)规定的“宿舍Ⅲ、Ⅳ类用水定额 100~150 L/(人 · d)”标准,同时低于《煤炭工业给水排水设计规范》(GB 50810—2012)中规定的 150~200 L/(人 · d)。由于消防中队日常生活均在救援中心场地内,用水与工业场地其余职工相对独立,用水量包含洗衣、吃饭等用水,因此论证认为其用水合理。

2. 职工宿舍生活用水

小庄煤矿职工在籍人数 1 657 人(含选煤厂),职工日常住宿主要在工业场地内单身公寓(见图 3-5),小庄煤矿单身公寓共 2 栋,每栋

图 3-4　小庄煤矿救援中心实景图

800 间标准间,单身公寓内主要入住为本矿职工及部分家属。经分析统计数据,单身宿舍平均每日出入人数约 1 500 人,职工宿舍用水为 154 m^3/d,论证反推其用水指标为 102.7 L/(人·d),满足《建筑给水排水设计标准》(GB 50015—2019)规定的“宿舍Ⅲ、Ⅳ类用水定额 100~150 L/(人·d)”标准,同时低于《煤炭工业给水排水设计规范》(GB 50810—2012)中规定的 150~200 L/(人·d)。考虑到职工日常生活、个人衣物清洗、女职工洗浴等均在单身公寓内,论证认为用水合理。

图 3-5　小庄煤矿办公楼与单身公寓实景图

3. 综合办公楼用水

办公楼用水主要为管理和服务人员的冲厕、洗手、拖地等，经调研，小庄煤矿机关管理人员 95 人，服务人员 12 人。经分析统计数据，综合办公楼每日用水量为 8 m^3/d，反推其用水指标为 74.7 L/(人·d)，超过《煤炭工业矿井设计规范》(GB 50215—2015)中“职工日常生活用水为 30~50 L/(人·班)”及《建筑给水排水设计标准》(GB 50015—2019)中“办公楼用水为 30~50 L/(人·班)”的要求。

4. 食堂用水

经统计，小庄煤矿共有职工 1 657 人，职工食堂用水量为 40 m^3/d，考虑到每天有 10% 的职工未在矿内生活，反推用水指标为 13.4 L/(人·餐)(按两餐计)，低于《煤炭工业矿井设计规范》(GB 50215—2015)与《建筑给水排水设计标准》(GB 50015—2019)中“食堂生活用水为 20~25 L/(人·餐)”的要求。经调研，由于工业场地北邻鸭河湾村，职工食堂每日仅提供约 1 800 人·餐，小庄煤矿部分职工于工业场地北侧鸭河湾村吃饭，反推用水指标为 22.2 L/(人·餐)(按两餐计)，符合《煤炭工业矿井设计规范》(GB 50215—2015)与《建筑给水排水设计标准》(GB 50015—2019)中“食堂生活用水为 20~25 L/(人·餐)”的要求。

5. 招待所

矿区招待所主要任务为接待住宿和机关食堂(见图 3-6)，现有可用标间 37 间，经查阅近年台账，住宿人数折合每天约 10 人，每日提供餐食 150 人·餐。论证按照陕西省《行业用水定额》(DB 61/T 943—2020)中“关中地区一般旅馆用水定额为 90 L/(床·d)”和《煤炭工业矿井设计规范》(GB 50215—2015)、《建筑给水排水设计标准》(GB 50015—2019)中“食堂生活用水为 20~25 L/(人·餐)”的要求，经分析统计数据，招待所每日用水量为 4.0 m^3/d，根据用水指标反推其用水量为 3.9~4.65 m^3/d，满足陕西省《行业用水定额》(DB 61/T 943—2020)和《煤炭工业矿井设计规范》(GB 50215—2015)的要求，考虑到招待所主要负责接待任务，认为其用水合理。

(a)小庄煤矿职工餐厅

(b)小庄煤矿招待所

图 3-6　小庄煤矿职工餐厅与招待所实景图

6. 洗浴用水

经调研,小庄煤矿现有一个来宾浴室,一个职工男浴室,共有喷头 239 个(职工浴室 139 个,来宾浴室 100 个),浴池 2 个:干部浴池面积约 10 m^2,高度约 0.5 m,每天换水 2 次;职工浴池面积约 54 m^2,高度约 0.7 m,每天换水 3 次。经分析统计数据,洗浴每日用水量为 513 m^3。《煤炭工业矿井设计规范》(GB 50215—2015)规定,“淋浴器水量 540 L/(只 · h),每班 1 h;池浴面积×0.7 m,每日充水 3 次”。根据浴池面积计算,小庄煤矿每天浴池用水 123.4 m^3,符合定额标准,每日喷头用水为 389.6 m^3,反推淋浴器用水定额为 543 L/(只 · h),超过《煤炭工业矿井设计规范》(GB 50215—2015)规定的定额。小庄煤矿浴室实景见图 3-7。

7. 洗衣房用水

为方便井下工人清洗工作服,工业场地设有洗衣房(见图 3-8)一间,洗衣房现有洗衣机 4 台(经查阅资料,该机器额定容量为 50 kg(干衣)/车,额定用水量为 900 kg/车,额定用蒸汽量为 40 kg/车),经分析统计数据,洗浴每日用水量为 30 m^3/d。

本项目井下工人 1 019 人,但经实际调研发现,每日洗衣人数约 800 人,论证依据《煤炭工业给水排水设计规范》(GB 50810—2012)“洗衣用水 80 L/kg 干衣,按井下生产人员 1.5 kg/(人 · 天干衣)计,地面及选煤厂每人每次 1.2~1.5 kg 干衣,每人每周洗两次计算”的要

图 3-7　小庄煤矿浴室实景图

求，推算出洗衣用水为 94.8 m^3/d，高于现状用水量。

图 3-8　小庄煤矿洗衣房实景图

3.2.2.2　生产用水系统

生产系统用水主要包括井下洒水、采煤机及液压支架用水、黄泥灌浆用水、瓦斯抽采站补水、选煤厂补水和换热站补水等。

1. 井下洒水

本项目井下现有 MG500/1330-WD 型电牵引双滚筒采煤机 1 台，采用 ZF13000/21/40 型四柱支撑掩护式放顶煤支架支护顶板，ZFG13000/24/40H 型反四连杆过渡液压支架和 ZTZ26000/25/38 型端头液压支架进行联合支护，顺槽采用伸缩胶带进行原煤运输的综采工作面配套方式。井下洒水主要用于回采和综掘工作面的降尘喷雾，洒水量约为 1 505 m^3/d，用水参数及计算见表 3-7。

表 3-7　小庄煤矿井下各用水单元水量统计

序号	用水项目	设备数量	用水量定额		用水量		
			单位	数量	工作时间/h	最大小时/(m^3/h)	全日/(m^3/d)
(一)	综采工作面						
1	防尘用喷雾装置	8	L/(min · 个)	4.8	12	2.304	27.648
2	风流净化水幕	52	L/(min · 个)	2.4	16	7.488	119.808
3	喷雾泵站	2	L/(min · 个)	320	10	38.4	384
4	煤层注水泵	2	m^3/(h · 个)	2	8	4	32
5	冲洗巷道用给水栓 DN25	1	L/(min · 个)	18	6	1.08	6.48
6	装煤前洒水及冲洗煤壁	1	L/(min · 个)	18	2	1.08	2.16
小计							572.096
(二)	综掘工作面						
1	防尘用喷雾装置	8	L/(min · 个)	4.8	12	2.304	27.648
2	风流净化水幕	52	L/(min · 个)	2.4	16	7.488	119.808
3	掘进机	5	L/(min · 个)	80	10	24	240
4	煤电钻	2	L/(min · 个)	5	8	0.6	4.8
5	混凝土搅拌机	1	L/(min · 个)	25	10	1.5	15

续表 3-7

序号	用水项目	设备数量	用水量定额		用水量		
			单位	数量	工作时间/h	最大小时/(m^3/h)	全日/(m^3/d)
6	装岩前洒水及冲洗顶帮 DN25	1	L/(min·个)	18	6	1.08	6.48
7	锚喷前洒冲洗岩帮 DN25	1	L/(min·个)	18	2	1.08	2.16
	小计						415.896
(三)	冲洗巷道用水	60	L/(min·个)	20	3	72	216
(四)	富裕系数						1.25
(五)	合计						1 504.99

在实际运行中井下洒水量低于项目初设(1 878 m^3/d),但高于水资源论证的理论洒水量(1 035.3 m^3/d),防尘喷雾、风流净化水幕、喷雾泵站、煤层注水泵、煤电钻等分项用水定额、用水时间均不超过《煤炭工业矿井设计规范》(GB 50215—2015)、《煤炭工业给水排水设计规范》(GB 50810—2012)、《煤矿井下消防、洒水设计规范》(GB 50383—2016)的要求,同时本井田主采煤层为Ⅰ类自燃煤层,属于易自燃煤层,论证认可井下洒水量。

2. 采煤机及液压支架用水

经调研,采煤机冷却用水及液压支架乳化液配制需求水质较高,由生活净水车间供水,经估算,每日耗水量为 50 m^3。

3. 黄泥灌浆用水

本矿井煤层属易自燃煤层,本着预防为主的方针,对煤层自燃发火,采取灌浆、注氮等安全预防措施。灌浆设备为 2 台 LJ-120/180 型滤浆机和 2 台 TD-75 型胶体制备机。小庄煤矿实际运行过程中主要采取注氮等安全措施,辅助使用黄泥灌浆设备,平均灌浆水量约 30 m^3/d,按水土比 4∶1进行灌浆。

根据《煤炭矿井设计防火规范》(GB 51078—2015),矿井灌浆量可按下列公式计算：

$$Q_k = \sum_{i=1}^{n} Q_{Wi}$$

$$Q_W = \frac{GWh(\delta + 1)M}{\rho_c HLNt}$$

式中：Q_k 为矿井灌浆量，m^3/h；n 为同时灌浆工作面数；Q_W 为回采工作面灌浆量，m^3/h；G 为工作面日产量，t/d；W 为工作面灌浆宽度，m；h 为灌浆材料覆盖厚度，m；δ 为土水比倒数，可取 3~5；M 为浆液制成率，应取 0.9；ρ_c 为煤的密度，t/m^3；H 为工作面回采高度，综放工作面取割煤高度加放顶煤高度乘以顶煤回收率，m；L 为工作面长度，m；N 为灌浆添加剂防灭火效率因子；t 为灌注时间，h/d。

根据小庄煤矿实际情况，现状回采的 40309 工作面灌浆宽度 W 为 200 m；工作面日产量 G 为 15 969.7 t；灌浆材料覆盖厚度 h 指灌浆材料覆盖层厚度，其取值可根据煤层厚度、自燃倾向性适当调整取值，煤层厚度度厚的容易自燃煤层取大值，小庄煤矿为特厚煤层、易自燃煤层，经查表 h 应取 0.20~0.25 m，本次取 0.20 m；小庄煤矿现状土水比倒数 δ 为 4；浆液制成率 M 按规范取 0.9；小庄煤矿 4 号煤层密度 ρ_c 约 1.4 t/m^3；小庄煤矿工作面割煤高度为 3 m，放顶高度 7 m，顶煤回收率 95%，工作面回采高度 H 为 9.65 m；小庄煤矿工作面长度 L 为 220 m；《煤炭矿井设计防火规范》（GB 51078—2015）规定灌浆添加剂防灭火效率因子 N 一般取 1，每日灌浆量不超过 8 h。则小庄煤矿灌浆量为

$$Q_k = \frac{15\ 969.7 \times 200 \times 0.20 \times (4 + 1) \times 0.9}{1.4 \times 9.65 \times 220 \times 1 \times 8} = 120.9(m^3/h)$$

$$= 967.2\ m^3/d$$

按水土比 4:1计算，小庄煤矿每日灌浆用水量约为 773 m^3/d。小庄煤矿黄泥灌浆日用水量小于理论值，这主要由于小庄煤矿建设有黄泥灌浆站和空冷制氮站两套防火系统，日常使用过程中，以使用注氮防火为主，但不能排除日后运行过程中存在煤层起火的可能，因此论证认为需要加大黄泥灌浆用水量。根据发改办能源〔2019〕139 号文件核定，小庄煤矿建成后投产规模达到 6.0 Mt/a，日产煤量达到 18 181.8 t，

核定后的黄泥灌浆补水量理论值为 880 m^3/d。小庄煤矿黄泥灌浆设备见图 3-9。

图 3-9　小庄煤矿黄泥灌浆设备

4. 瓦斯抽采站补水

小庄矿井瓦斯等级为高瓦斯矿井，瓦斯具有爆炸性和可燃性，在抽放时不能产生高温高压现象，为避免火源和机械火花及高温，进行瓦斯抽放时，选用水环式真空瓦斯抽采泵，该泵在抽放瓦斯时，以水为介质，可避免燃烧和爆炸事故。

传统水环式瓦斯抽采泵采用一般工业用水供水、开式循环系统，水环式瓦斯抽采泵使用一段时间后容易结垢，水垢会堵塞孔道、间隙，粘牢零件结合面，影响泵的工作性能，同时排水量较大。

小庄煤矿瓦斯抽采泵选用带有冷却塔的闭式水环真空瓦斯抽采泵系统，其特点有：①降温效果明显；②冷却水循环利用，节约水资源。

小庄煤矿瓦斯抽采站设在白家宫风井场地，瓦斯抽采泵站设置 5 组瓦斯泵，每组 2 台，一备一用，共计 10 台，6 台 2BE3/720/2BY3 型水环式真空抽采泵和 4 台 2BE3/720/2BY4 型水环式真空抽采泵，配备 2 个冷却塔，3 个循环水池（200 m^3×3）和 1 个供水塔。经调研，在实际采煤过程中，仅需开启 2 组瓦斯抽采泵即可保障采煤安全，2 台冷却塔循环水量为2 880 m^3/d，经分析统计数据采暖季补水量为20 m^3/d，非采暖季为40 m^3/d，经论证推算，冷却塔补水量采暖季为循环水量的0.69%，非采暖季为1.4%，小于《煤炭工业给水排水设计规范》（GB 50810—2012）中“循环冷却补充水占循环水量10%”的规定。瓦斯抽采设备循环供水塔和冷却塔实景见图3-10。

图3-10　瓦斯抽采设备循环供水塔和冷却塔实景

5. 选煤厂补水

小庄煤矿2018年实际原煤产量为527.3万t，生产原煤全部入选，采用重介浅槽+重介旋流器+螺旋分选机分选工艺，煤泥水闭路循环。选煤厂生产补水为798 m^3/d，吨煤耗水量折算为0.050 m^3，小于项目初设值0.08 m^3，与原水资源论证理论值0.05 m^3接近。根据发改办能源〔2019〕139号文件核定，小庄煤矿建成后投产规模达到6.0 Mt/a，核定的选煤厂补水量为908 m^3/d。小庄煤矿选煤厂实景见图3-11。

6. 换热站补水

为响应国家《大气污染防治行动计划》和《陕西省“铁腕治霾·保卫蓝天”2017年工作方案》及相关专项行动方案，小庄煤矿于2018年4月拆除了2台14 MW和1台7 MW的燃煤锅炉，采暖季工业场地内供热由瑶池电厂提供，非采暖季工业场地内热负荷由小庄煤矿地源热泵提供，热网由小庄煤矿负责运行。根据小庄煤矿初设报告，小庄煤矿工业场地内冬季热负荷为21.269 MW，夏季热负荷为4.181 MW，热水系统的进出水量温度差约为15 ℃，则冬季参与热交换的总水量约为94 m^3/h，夏季参与热交换的总水量约为18 m^3/h。依据《锅炉房设计标

图 3-11　小庄煤矿选煤厂实景

准》(GB 50041—2020),热水系统的小时泄漏量应根据系统的规模和供水温度等条件确定,宜为系统循环水量的 1%,核定采暖季补水量约 22 m^3/d,非采暖季补水量约 4 m^3/d,现状采暖季补水量 40 m^3/d,非采暖季补水量 15 m^3/d 指标偏大,说明热网漏损率较高,小庄煤矿需加强热网维护,做好职工宣传工作,防止偷放热网水等情况发生。

3.2.2.3　其他杂用水系统

1. 绿化用水

本项目厂区绿化面积约 4.36 hm^2,主要为矿区工业场地绿化,非采暖季用水量约 80 m^3/d,论证反推其用水定额为 1.83 L/(m^2 · d),符合《煤炭工业给水排水设计规范》(GB 50810—2012)中“绿化用水量可采用 1.0~3.0 L/(m^2 · d)计算”的要求,采暖季不绿化。

2. 道路洒水

为减少扬尘,本项目以洒水车在工业场地内部道路及工业场地周边部分乡村道路等进行降尘洒水(见图 3-12),面积约 3.95 hm^2。经调研,非采暖季每日洒 6 车、采暖季每日洒 3 车半用于降尘,每车容积为 15 m^3,估算得非采暖季道路洒水 90 m^3/d,采暖季道路洒水 50 m^3/d,论证反推其用水定额约分别为 2.3 L/(m^2 · d)和 1.3 L/(m^2 · d),符合《煤炭工业给水排水设计规范》(GB 50810—2012)中“浇洒道路用水量可采用2.0~3.0 L/(m^2·d)计算”的要求。

图3-12　小庄煤矿绿化及道路喷洒实景

3. 储煤场地面冲洗及输煤防尘喷洒

1) 储煤场地面冲洗

为防止扬尘，每天用清扫车对储煤场地面进行打扫和冲洗，根据打扫频次，用水量估算非采暖季约20 m^3/d，采暖季约5.0 m^3/d。

2) 输煤防尘喷洒

输煤防尘喷洒主要为至铁路外运装车栈桥和至汽车装车点输煤栈桥防尘喷洒(见图3-13)。经统计，有防尘喷雾设施15处，每天喷洒约6 h，用水定额约18 L/min，用水量估算为100 m^3/d。冬季喷洒量约75 m^3/d。

综上所述，储煤场地面冲洗及输煤防尘喷洒用水非采暖季120 m^3/d，采暖季约80 m^3/d。

4. 车辆冲洗

为防止运煤车在运煤过程中出现扬尘等污染环境的情况，所有运

图 3-13 输煤栈桥防尘喷洒

煤车辆出厂前均需要冲洗干净,车辆冲洗后含煤废水回用至洗煤厂,车辆冲洗用水量为 64 m^3/d。经调研,煤矿每天约有 400 辆卡车向外运煤,反推出每车用水量为 160 L/(辆·次),低于《煤炭工业给水排水设计规范》(GB 50810—2012)规定的"洗车 其他载重车辆 400~500 L/(辆·次)"。小庄煤矿车辆冲洗台实景见图 3-14。

5. 排矸场降尘洒水

为防止排矸场出现扬尘等污染环境的情况,排矸场需要洒水降尘处理,用水量采暖季为 10 m^3/d,非采暖季为 20 m^3/d。

3.2.3 损耗水量分析

由于小庄煤矿耗水量统计难度较大,论证依据《煤炭工业给水排水设计规范》(GB 50810—2012),将换热站补水、道路洒水、绿化用水、排矸场降尘、储煤场地面冲洗及输煤栈桥防尘喷洒、选煤厂补水、井下洒水、采煤机及液压支架用水等环节耗水率定为 100%,黄泥灌浆耗水

图 3-14　小庄煤矿车辆冲洗台实景

率定为 60%。根据生活污水处理站收水情况，将食堂用水的损耗率定为 15%，消防中队生活用水、办公楼用水、招待所用水及洗衣房用水、职工宿舍用水及洗浴用水耗水率定为 5%。

综上所述，小庄煤矿采暖季损耗水量 2 889 m^3/d，非采暖季损耗水量 3 054 m^3/d，各用水单元损耗水量所占比例见表 3-8。

表 3-8　小庄煤矿损耗水量结构

序号	用水项目	采暖季		非采暖季	
		耗水量/(m^3/d)	所占比例/%	耗水量/(m^3/d)	所占比例/%
1	消防中队生活用水	0.5	0.02	0.5	0.02
2	食堂用水	6	0.21	6	0.20
3	综合办公楼用水	0.5	0.02	0.5	0.02
4	职工宿舍用水	8	0.28	8	0.26
5	招待所用水	0.5	0.02	0.5	0.02
6	洗浴用水	26	0.90	26	0.85

续表 3-8

序号	用水项目	采暖季		非采暖季	
		耗水量/(m^3/d)	所占比例/%	耗水量/(m^3/d)	所占比例/%
7	洗衣房用水	1.5	0.05	1.5	0.05
8	采煤机及液压支架用水	50	1.73	50	1.64
9	换热站补水	40	1.38	15	0.49
10	道路洒水	50	1.73	90	2.95
11	绿化用水	0	0	80	2.62
12	车辆冲洗	16	0.55	16	0.52
13	排矸场降尘喷洒	10	0.35	20	0.65
14	瓦斯抽采补水	20	0.69	40	1.31
15	选煤厂补水	798	27.62	798	26.13
16	储煤场地面冲洗及输煤防尘喷洒	80	2.77	120	3.93
17	井下洒水	1 505	52.09	1 505	49.28
18	黄泥灌浆用水	18	0.62	18	0.59
19	生活污水处理站	28	0.97	28	0.92
20	矿井涌水处理站	231	8.00	231	7.52
	合计	2 889	100.00	3 054	100.00

3.2.4 排放水量分析

根据核查用水与耗水结果，小庄煤矿各用水单元采暖季、非采暖季排水量为 772 m^3/d，见表 3-9。

表 3-9　小庄煤矿各用水系统排放水量结构

序号	用水项目	采暖季				非采暖季			
		用水量/(m^3/d)	排水量/(m^3/d)	占用水量比例/%	占排水量比例/%	用水量/(m^3/d)	排水量/(m^3/d)	占用水量比例/%	占排水量比例/%
1	消防中队生活用水	6	5.5	0.18	0.71	6	5.5	0.17	0.71
2	食堂用水	40	34	1.18	4.40	40	34	1.12	4.40
3	综合办公楼用水	8	7.5	0.24	0.97	8	7.5	0.22	0.97
4	职工宿舍用水	154	146	4.53	18.91	154	146	4.32	18.91
5	招待所用水	4	3.5	0.12	0.45	4	3.5	0.11	0.45
6	洗浴用水	513	487	15.08	63.08	513	487	14.38	63.08
7	洗衣房用水	30	28.5	0.88	3.69	30	28.5	0.84	3.69
8	采煤机及液压支架用水	50	0	1.47	0	50	0	1.40	0
9	换热站补水	40	0	1.18	0	15	0	0.42	0
10	道路洒水	50	0	1.47	0	90	0	2.52	0
11	绿化用水	0	0	0	0	80	0	2.24	0
12	车辆冲洗	64	48	1.88	6.22	64	48	1.79	6.22
13	排矸场降尘喷洒	10	0	0.29	0	20	0	0.56	0
14	瓦斯抽采补水	20	0	0.59	0	40	0	1.12	0
15	选煤厂补水	798	0	23.46	0	798	0	22.37	0
16	储煤场地面冲洗及输煤防尘喷洒	80	0	2.35	0	120	0	3.36	0
17	井下洒水	1 505	0	44.24	0	1 505	0	42.19	0
18	黄泥灌浆用水	30	12	0.88	1.55	30	12	0.84	1.55
合计		3 402	772	100.00	100.00	3 567	772	100.00	100.00

根据核查结果，小庄煤矿外排泾河水量采暖季为 21 716 m³/d，非采暖季 21 604 m³/d，外排水比例见表 3-10。

表 3-10 小庄煤矿外排泾河水量结构

名称	采暖季		非采暖季	
	外排水量/(m³/d)	所占比例/%	外排水量/(m³/d)	所占比例/%
矿井涌水处理站	20 516	94.47	20 476	94.78
净水车间	516	2.38	524	2.43
生活污水处理站	684	3.15	604	2.79
合计	21 716	100.00	21 604	100.00

从表 3-10 可看出，小庄煤矿外排泾河水量中，矿井涌水排水比例最大，净水车间排水和生活污水处理站排水所占比例甚微。

3.3 现状用水水平评价及节水潜力分析研究

3.3.1 现状用水水平评价

3.3.1.1 指标选取及计算公式

根据《节水型企业评价导则》(GB/T 7119—2018)、《企业水平衡测试通则》(GB/T 12452—2008)、《企业用水统计通则》(GB/T 26719—2011)、《用水指标评价导则》(SL/Z 552—2012)、《清洁生产标准 煤炭采选业》(HJ 446—2008)等的规定，本书选取原煤生产水耗、选煤补水量、矿井涌水利用率、生活污水回用率、综合生活用水定额等 5 个主要用水指标。计算公式见表 3-11。

表 3-11　小庄煤矿用水水平评价指标及公式一览

序号	评价指标	计算公式	参数概念
1	原煤生产水耗	$S_S=\frac{h}{R}$	S_S—单位产品原煤生产水耗，m^3/t；h—年原煤生产耗水量，m^3；R—年原煤产量，t；原煤生产水耗不包括生产办公区、生活区等用水
2	选煤补水量	$S_b=\frac{B}{M}$	S_b—单位产品选煤补水量，m^3/t；B—年选原煤补水量，m^3；M—年入选原煤量，t
3	矿井涌水利用率	$S_k=\frac{k}{K_Z}\times100\%$	S_k—矿井涌水利用率，%；k—年矿井涌水利用总量，m^3；K_Z—年矿井涌水产生总量，m^3
4	生活污水回用率	$K_W=\frac{V_W}{V_d}\times100\%$	K_W—污水回用率，%；V_W—年污水回用量，m^3；V_d—年污水排放量，m^3
5	综合生活用水定额	$V_{lf}=\frac{V_{ylf}}{n}$	V_{lf}—职工人均生活日用新水量，m^3；V_{ylf}—全矿生活日用新水量，m^3；n—全矿职工总人数，人

3.3.1.2　指标计算基本参数

项目初设、原水资源论证报告及本次企业用水核查的各指标计算参数见表 3-12。

3.3.1.3　指标比较与用水水平分析

论证根据《清洁生产标准 煤炭采选业》(HJ 446—2008)和《节水型企业评价导则》(GB/T 7119—2018)及相关行业用水定额，对小庄煤矿现状用水水平进行分析，主要用水指标对比分析见表 3-13。

表 3-12 小庄煤矿用水水平指标计算基本参数

序号	基本参数名称	项目初设	原水资源论证	本次现场用水核查
1	取新水量/(m^3/d)(不含外排水量)	9 982	采暖季 5 887.6 非采暖季 5 649.5	采暖季 4 101 非采暖季 4 194
2	矿井涌水产生量/(m^3/d)	8 400	5 099.2	23 112
3	矿井涌水利用量/(m^3/d)	8 400	5 099.2	采暖季 2 596 非采暖季 2 636
4	原煤生产耗水量/(m^3/d)	6 013	1 752.1	1 567
5	选煤厂生产补水/(m^3/d)	1 818	909	798
6	生活废污水产生量/(m^3/d)	1 153	采暖季 405.5 非采暖季 383.9	712
7	生活废污水回用量/(m^3/d)	1 153	采暖季 405.5 非采暖季 383.9	采暖季 28 非采暖季 108
8	生活用水量/(m^3/d)	1 167	450.5	包含外委洗浴用水 755 扣除外委洗浴用水 608
9	产品总量/(Mt/a)	6.0	6.0	5.273
10	年运行天数/d	330	330	330
11	统计用水人数/人	2 147	1 300	约 1 500 (不含外委人数)

注:小庄煤矿现有在籍人员 1 657 人,外委人员 1 114 人,实际每日在煤矿生活(用水)职工约 1 500 人,外委人员大多数用水不在本矿解决,但每日约有 400 人次在本矿洗浴,本矿在籍职工每日约有 1 200 人次洗浴。

表3-13 主要用水指标对比分析

序号	指标	单位	项目初设	原水资源论证	本次用水核查	标准要求
1	原煤生产水耗	m^3/t	0.331	0.096	0.098	清洁生产指标：一级≤0.1；陕西省用水定额:0.2
2	选煤补水量	m^3/t	0.100	0.050	0.050	清洁生产指标：一级≤0.1；陕西省用水定额:0.14
3	矿井涌水利用率	%	100	100	采暖季 11.2 非采暖季 11.4	清洁生产三级标准≥70%
4	生活污水回用率	%	100	100	采暖季 4.0 非采暖季 15.3	—
5	综合生活用水定额	m^3/(人·d)	0.544	0.347	0.374（扣除外委洗浴用水）	—

由表3-13可知：

(1)现状原煤生产水耗为0.098 m^3/t，低于项目初设理论值，但高于原水资源论证报告，满足《清洁生产标准 煤矿采选业》(HJ 446—2008)一级标准，属国际清洁生产先进水平。考虑到小庄煤矿尚未达产，但井下各类用水设施及喷头已正常运行，论证认可其原煤生产水耗。

(2)现状选煤补水量为 0.050 m^3/t,低于项目初设及水资源论证中的理论值,符合《清洁生产标准 煤矿采选业》(HJ 446—2008)一级标准的要求,属国际清洁生产先进水平。

(3)小庄煤矿经处理的生活污水,部分回用于厂区绿化,剩余外排,小庄煤矿应当提高自身生活污水回用率,做到生活污水不外排。

(4)参考其他矿井,矿区综合生活用水定额基本在 0.3 m^3/(人·d)以下,小庄煤矿综合生活用水定额为 0.374 m^3/(人·d),节水程度较低,从用水指标可以看出,办公楼用水、洗浴用水超标。

3.3.2　节水潜力分析

3.3.2.1　现状用水中存在的主要问题

论证通过本次取用水调查,认为小庄煤矿在取、供、用、耗、排水方面主要存在以下问题:

(1)黄水调〔2014〕340 号明确要求:项目生产用水以本矿井涌水和处理后的生活污水为供水水源,生活用水取泾河亭口水库地表水。

经现场调查,目前亭口水库供水管线尚未建设,无法向小庄煤矿供水,小庄煤矿生活用水取自地下水源井,矿地下水水源除供生活外,还供给换热站、瓦斯抽采和采煤机及液压支架用水、道路洒水、车辆冲洗等生产环节用水,与黄水调〔2014〕340 号文件要求不一致。

(2)黄水调〔2011〕4 号文件明确要求:项目生活废污水后全部回用。

经现场调查,小庄煤矿生活污水经处理达标后,部分用于绿化喷洒,剩余处理后生活污水均排至泾河。

(3)小庄煤矿水源井水经反渗透设备处理后供生活使用,根据反渗透设备运行记录,发现反渗透设备出水率仅能达到 65%,无法达到 75%的设计产水率,使水源井取水量增大。

(4)经调研,小庄煤矿净水车间反渗透设备过滤后的浓盐水直接排至泾河,与《泾河彬长(甘陕省界至彬县)河段水资源保护规划》要求不符。

(5)小庄煤矿办公楼用水量、洗浴用水指标分别超过《建筑给水排水设计标准》(GB 50015—2019)和《煤炭工业给水排水设计规范》(GB 50810—2012)的定额要求。

(6)小庄煤矿换热站热网补水率指标超过《锅炉房设计标准》(GB 50041—2020)要求的“热水系统的小时泄漏量宜为系统循环水量的1%”。

3.3.2.2 **节水潜力**

通过现场调查及各系统用水分析,在与小庄煤矿充分沟通后,按照“分质处理、分质回用”,最大化回用矿井涌水的原则,对小庄煤矿的节水减污潜力分析如下:

(1)鉴于亭口水库至小庄煤矿供水管线(需穿过福银高速和泾河)尚未修建,暂时无法向小庄煤矿供水,矿方承诺,生活用水如食堂、职工宿舍、消防中队生活用水、办公楼、招待所,生产用水如洗衣房、浴室、换热站、瓦斯抽采、采煤机及液压支架用水等,全部使用经反渗透深度处理后的矿井涌水。论证核定道路降尘喷洒、洗车等用水使用处理后的矿井涌水。

(2)论证认为,生活净水车间、矿井水净水车间反渗透设备运行应当达到设计产水率75%。

(3)生活净水车间与矿井水净水车间产生的浓盐水应回用至黄泥灌浆,不外排。

(4)经处理达标的生活污水(处理损耗按实际4%计)应全部回用至选煤厂、道路洒水等,不得外排。

(5)现状办公区用水量较高,其用水指标为74.7 L/(人·d),经现场调研与查勘发现,小庄煤矿综合办公楼每日访问人数较高,煤矿重要会议、访客等均需进出综合办公楼,根据《建筑给水排水设计标准》(GB 50015—2019)中“办公楼用水为30~50 L/(人·班)”的要求,论证取40 L/人来核定其水量,机关办公及服务人员共计107人,经计算,办公楼合理用水量为4 m^3/d,对于办公楼需进一步加强用水管理,使用节水洁具,减少新鲜水使用量。

(6)根据实际调研,周边煤矿例如胡家河煤矿(1 560人)洗浴用水

221 m^3/d,亭南煤矿(2 300 人)洗浴用水 260 m^3/d,论证认为小庄煤矿可以在淋浴头加装节水装置,减少淋浴头喷水量,同时加强浴室用水管理,减少跑、冒、滴、漏现象,论证按照淋浴器水量 300 L/(只 · h),同时考虑到干部浴室使用人数较少,实际使用过程中,按照每天一班,每班 0.5 h 计算,洗浴用水量核减为 264 m^3/d,相应的,在籍职工洗浴用水 189 m^3/d,外委职工洗浴用水 75 m^3/d。

(7)现状小庄煤矿 2018 年实际产能为 5.27 Mt/a,根据发改办能源〔2019〕139 号的批复,小庄煤矿的产能已核定为 6.0 Mt/a,同比例确定选煤厂用水量将达到 908 m^3/d。

(8)小庄井田煤层属于 I 类易自燃煤层,目前正常生产期间防灭火以注氮为主,基本不使用黄泥灌浆,《煤炭矿井设计防火规范》(GB 51078—2015)要求"开采容易自燃煤层的矿井或采用放顶煤开采自燃煤层的矿井,必须建立以灌浆为主的两种及以上综合防灭火系统",因此从安全角度考虑,论证认为有必要预留部分黄泥灌浆水量,依据核定后日产量理论计算小庄煤矿灌浆量约 880 m^3/d,考虑 0.4~0.5 的折减系数,为小庄煤矿黄泥灌浆水量预留 400 m^3/d,消耗 240 m^3/d,析出 160 m^3/d。

(9)为保护大气环境,减少运煤扬尘现象,小庄煤矿按照环保部门要求,仍需对及厂区至旬麟公路县道(5.1 km)进行降尘洒水,县道宽度以 8 m 计算,面积约 4.08 hm^2,《煤炭工业给水排水设计规范》(GB 50810—2012)"浇洒道路用水量可采用 2.0~3.0 L/(m^2 · d)计算",论证用水定额按非采暖季 2.3 L/(m^2 · d)和采暖季 1.3 L/(m^2 · d),则非采暖季和采暖季洒水量分别为 94 m^3/d 和 53 m^3/d,用常规处理后的矿井涌水。

(10)小庄煤矿应进一步加强热网维护,做好职工宣传工作,防止偷放热网水等情况发生,确保热网补水率降至 1%以下,将采暖季、非采暖季补水量分别降至 22 m^3/d 和 4 m^3/d。

经论证节水潜力分析后,本项目用水指标与其他同地区煤矿对照见表 3-14。

表3-14　节水潜力分析后本项目用水指标与其他同地区煤矿比较

煤矿名称	规模/(Mt/a)	原煤生产水耗/(m^3/t)	选煤补水量/(m^3/t)	生活用水/[m^3/(人·d)]
亭南煤矿	5.0	0.135	0.089	0.288
胡家河煤矿	4.0	0.163	0.038	0.375
小庄煤矿	6.0	0.099	0.050	0.285

3.4　项目用水量核定

3.4.1　用水量核定

节水潜力分析后，小庄煤矿不再保留水源井；根据后文5.2.5矿井涌水量预算确定，小庄煤矿年产量达到6.0 Mt后，最大矿井涌水量为49 700 m^3/d，矿井水处理损失按1%计，为497 m^3/d，采暖季共3 163 m^3/d回用于自身矿井，46 040 m^3/d外排泾河；非采暖季3 375 m^3/d回用于自身矿井，45 828 m^3/d外排泾河。生活污水、矿井涌水深度处理系统反渗透浓水全部回用于选煤厂、绿化、黄泥灌浆，不外排。

节水潜力分析后的水量平衡统计见表3-15、表3-16和图3-15、图3-16。

表3-15　小庄煤矿核定后采暖季水量平衡统计　　单位：m^3/d

序号	用水项目	取新水量	回用量		用水量(含复用水)	耗水量	排水量	备注
			脱盐水	复用水				
1	消防中队生活用水	0	6	0	6	0.5	5.5	至生活污水处理站
2	食堂用水	0	40	0	40	6	34	
3	办公楼用水	0	4	0	4	0.5	3.5	
4	职工宿舍用水	0	154	0	154	8	146	
5	招待所用水	0	4	0	4	0.5	3.5	
6	洗浴用水	0	264	0	264	13	251	
7	洗衣房用水	0	30	0	30	1.5	28.5	

续表 3-15

序号	用水项目	取新水量	回用量		用水量(含复用水)	耗水量	排水量	备注
			脱盐水	复用水				
8	采煤机及液压支架用水	0	50	0	50	50	0	—
9	换热站补水	0	22	0	22	22	0	—
10	排矸场降尘喷洒	0	0	10	10	10	0	—
11	瓦斯抽采补水	0	20	0	20	20	0	—
12	储煤场地面冲洗及输煤防尘喷洒	0	0	80	80	80	0	—
13	井下洒水	0	0	1 505	1 505	1 505	0	
14	黄泥灌浆用水	0	0	400	400	240	160	至矿井涌水处理站
15	车辆冲洗	0	0	64	64	16	48	至选煤厂
16	选煤厂补水	0	0	908	908	908	0	—
17	绿化用水	0	0	0	0	0	0	—
18	厂区道路洒水	0	0	50	50	50	0	—
19	厂外道路洒水	0	0	53	53	53	0	—
	小计	0	594	3 070	3 664	2 984	680	
20	生活净水车间	0	502	0	502	0	502	消毒后回用生活
21	矿井水净水车间	0	0	766	766	0	766	72 回用生产,502 至生活净水车间,192 浓水回用黄泥灌浆
22	风井净水车间	0	0	30	30	0	30	20 回用瓦斯抽采,10 浓水回用排矸场
23	生活污水处理站	0	0	472	472	19	453	至选煤厂
24	矿井涌水处理站	49 700	0	0	49 700	497	49 203	3 163 回用于生产,46 040 外排泾河
	合计	49 700	1 096	4 338	55 134	3 500	51 634	

表3-16　小庄煤矿核定后非采暖季水量平衡统计　单位：m^3/d

序号	用水项目	取新水量	回用量		用水量（含复用水）	耗水量	排水量	备注
			脱盐水	复用水				
1	消防中队生活用水	0	6	0	6	0.5	5.5	至生活污水处理站
2	食堂用水	0	40	0	40	6	34	
3	办公楼用水	0	4	0	4	0.5	3.5	
4	职工宿舍用水	0	154	0	154	8	146	
5	招待所用水	0	4	0	4	0.5	3.5	
6	洗浴用水	0	264	0	264	13	251	
7	洗衣房用水	0	30	0	30	1.5	28.5	
8	采煤机及液压支架用水	0	50	0	50	50	0	—
9	换热站补水	0	4	0	4	4	0	—
10	排矸场降尘喷洒	0	0	20	20	20	0	—
11	瓦斯抽采补水	0	40	0	40	40	0	—
12	储煤场地面冲洗及输煤防尘喷洒	0	0	120	120	120	0	—
13	井下洒水	0	0	1 505	1 505	1 505	0	
14	黄泥灌浆用水	0	0	400	400	240	160	至矿井涌水处理站
15	车辆冲洗	0	0	64	64	16	48	至选煤厂
16	选煤厂补水	0	0	908	908	908	0	—
17	绿化用水	0	0	80	80	80	0	—
18	厂区道路洒水	0	0	90	90	90	0	—
19	厂外道路洒水	0	0	94	94	94	0	—
	小计	0	596	3 281	3 877	3 197	680	—

续表 3-16

序号	用水项目	取新水量	回用量		用水量（含复用水）	耗水量	排水量	备注
			脱盐水	复用水				
20	生活净水车间	0	502	0	502	0	502	消毒后回用生活
21	矿井水净水车间	0	0	741	741	0	741	54 回用生产，502 至生活净水车间，185 浓水回用黄泥灌浆
22	风井净水车间	0	0	60	60	0	60	40 回用瓦斯抽采，20 回用排矸场
23	生活污水处理站	0	0	472	472	19	453	80 回用绿化，373 回用选煤
24	矿井涌水处理站	49 700	0	0	49 700	497	49 203	3 375 回用于生产，45 828 外排泾河
	合计	49 700	1 098	4 554	55 352	3 713	51 639	

3.4.2　检修期用水量

为保证矿井生产安全，小庄煤矿每月需全矿停产检修，一般停产检修时间为 2 d，另外还有不定时的单个系统停产检修，全年停产期按 35 d 计。矿井停产检修时，生活系统正常供水，生产系统的井下洒水、选煤厂等均不用水，为核算检修时最大排水量。经论证分析，检修期使用处理达标后的矿井涌水采暖季为 1 634 m^3/d，非采暖季为 1 646 m^3/d（包含处理损失）；外排泾河水量采暖季为 48 066 m^3/d；非采暖季为 48 054 m^3/d。

小庄煤矿检修期水量平衡见图 3-17、图 3-18。

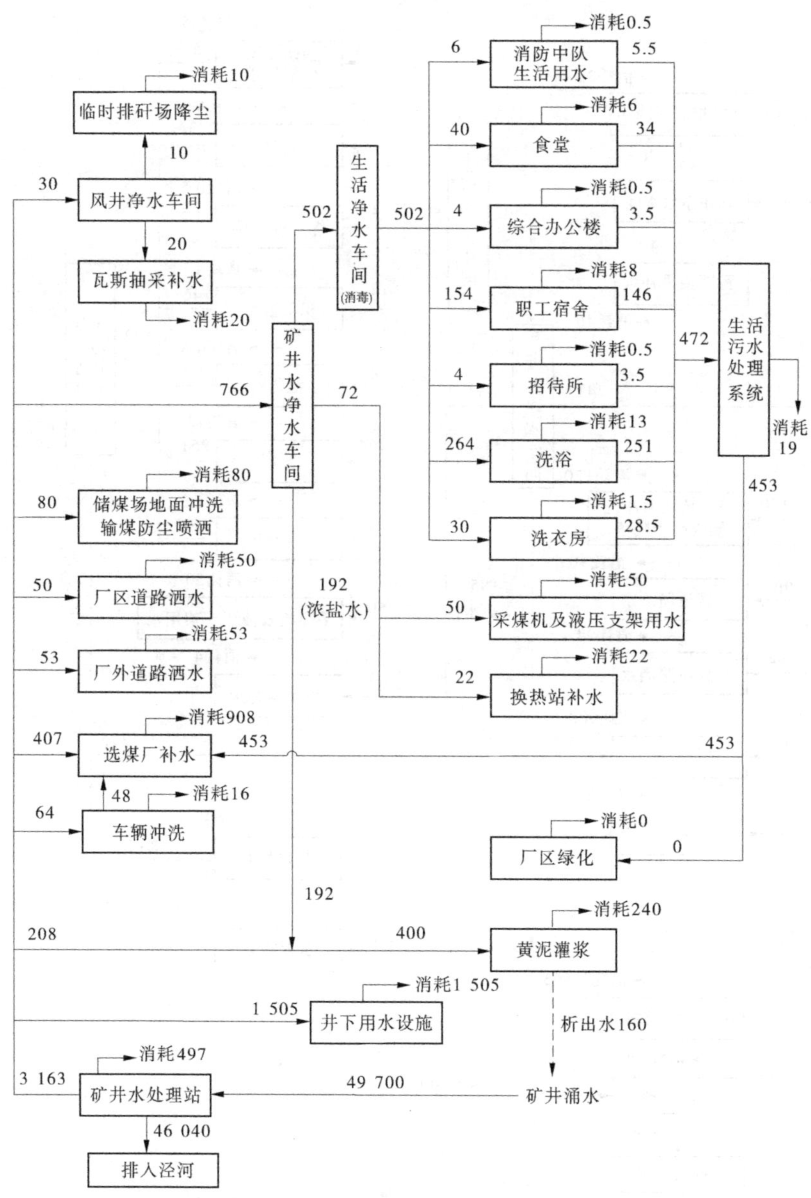

图3-15　节水潜力分析后采暖季水量平衡图　(单位:m^3/d)

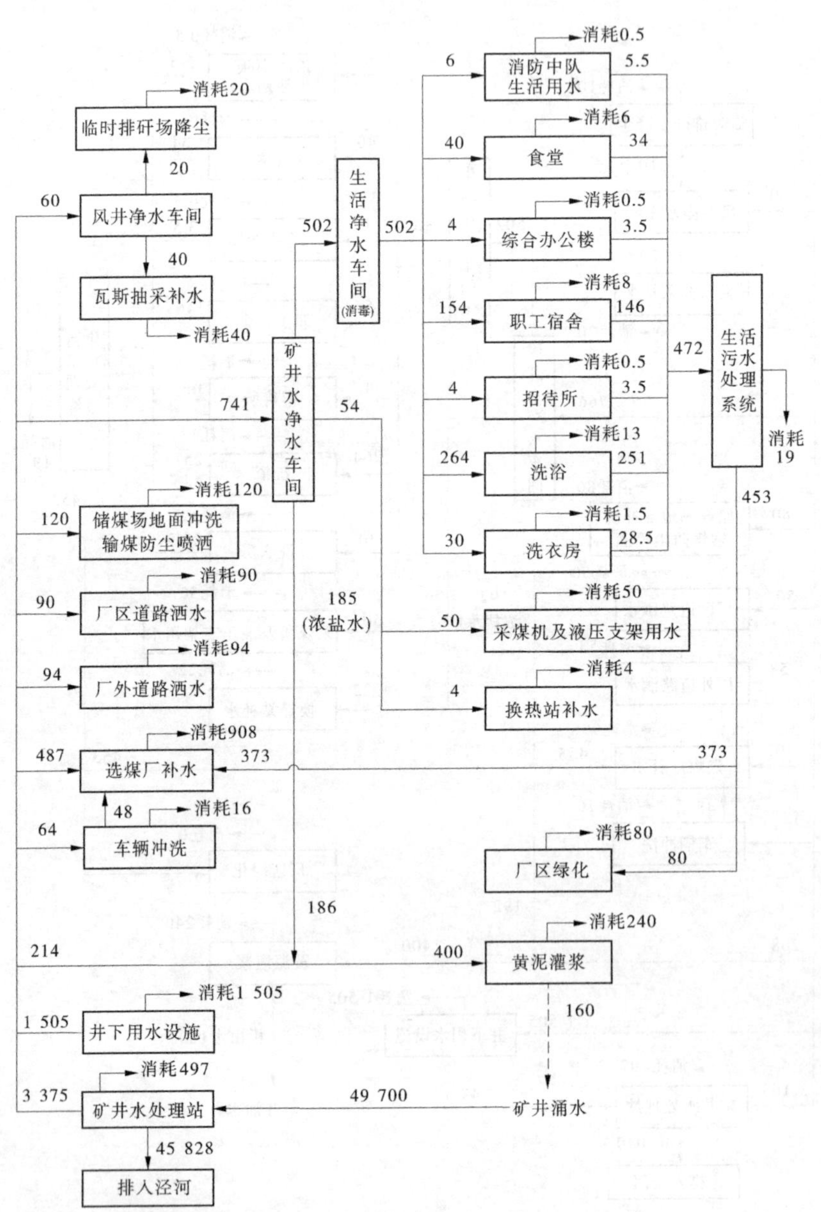

图 3-16 节水潜力分析后非采暖季水量平衡图 （单位:m³/d）

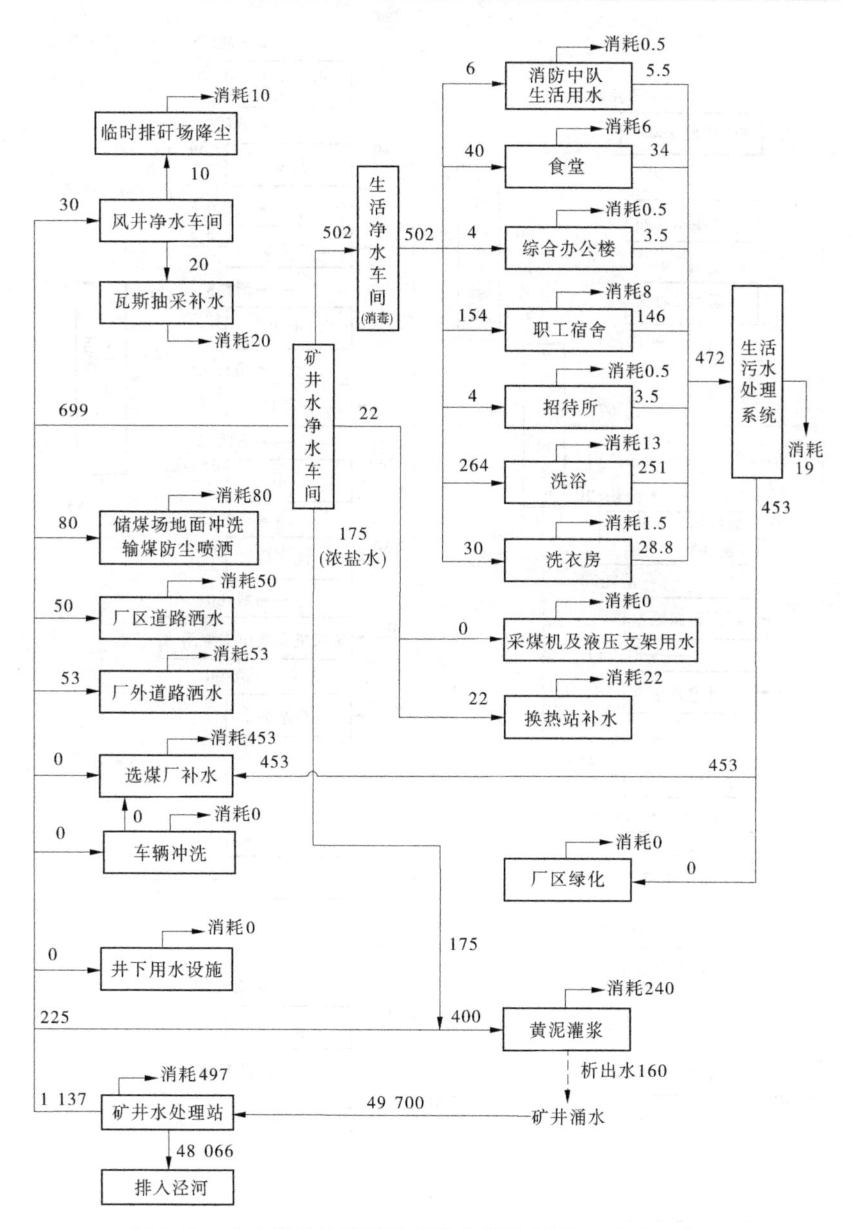

图 3-17　小庄煤矿检修期采暖季水量平衡图　(单位:m^3/d)

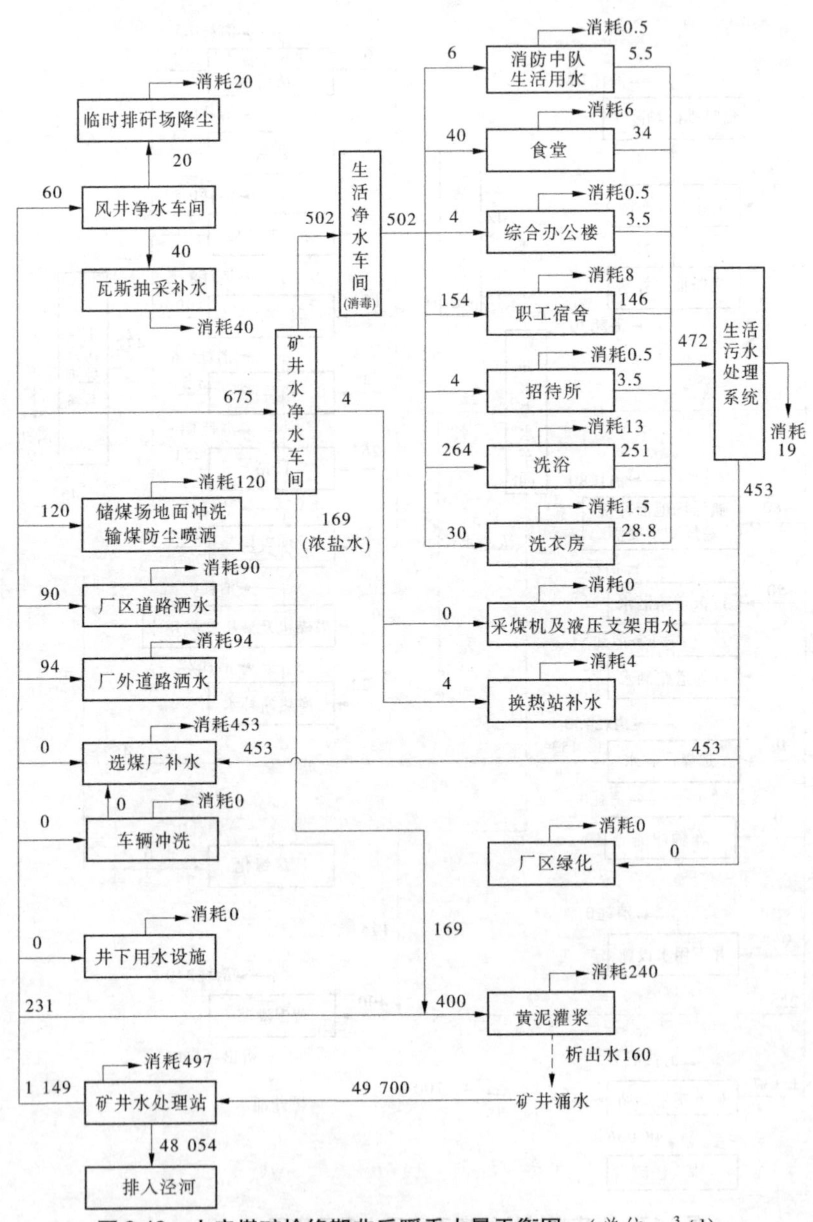

图 3-18 小庄煤矿检修期非采暖季水量平衡图 (单位:m^3/d)

3.4.3 年用水量

3.4.3.1 年用水量核定

小庄煤矿水源为自身矿井涌水,根据节水潜力分析后的采暖季、非采暖季水量平衡图、表,各系统采暖季用新水量为 3 163 m^3/d,非采暖季用新水量为 3 375 m^3/d,检修期使用处理达标后的矿井涌水采暖季为 1 137 m^3/d,非采暖季为 1 149 m^3/d,其中生活用水量为 502 m^3/d。

本项目采暖季供暖日期为每年 11 月 15 日至次年 3 月 15 日,共计 120 d,生活用水按 365 d 计(采暖季 120 d,非采暖季 245 d),生产用水按 330 d 计(采暖季 108 d,非采暖季 222 d,换热站、瓦斯抽采按 365 d 计)。节水潜力分析后小庄煤矿用新水量为 113.1 万 m^3/a,全部为矿井涌水,其中采暖季 35.5 万 m^3/a,非采暖季 77.6 万 m^3/a。

经第 5 章分析计算,最大矿井涌水量为 1 814.0 万 m^3/a,处理损耗为 18.1 万 m^3/a(按 1%计),则考虑矿井水处理损失和净化损失后,项目全年用新水量为 131.2 万 m^3/a,全部为矿井涌水,其中,生活用水量 18.3 万 m^3/a,生产用水量 112.9 万 m^3/a。

3.4.3.2 年用水量变化的说明

节水潜力分析后,小庄煤矿核定年用水量为 131.2 万 m^3/a,全部为矿井涌水,产量为 6 Mt/a;2018 年现状小庄煤矿年用水量为 152.0 万 m^3/a,其中水源井地下水 56.2 万 m^3/a,矿井涌水 95.8 万 m^3/a,产量为 5.27 Mt/a;2014 年原水资源论证批复的年用水量为 130.9 万 m^3/a,其中生活用水量 23 万 m^3/a,生产用水量 107.9 万 m^3/a。本次核定部分用水环节用水量较原水资源论证变大的情况说明:

(1)原水资源论证批复井下洒水量为 1 035.3 m^3/d,现状调研井下洒水量为 1 505 m^3/d,考虑到小庄煤矿开采煤层为Ⅰ类易自燃煤层,在节约用水的同时也应当兼顾井下生产安全,同时参照《煤炭工业矿井设计规范》(GB 50215—2015)、《煤炭工业给水排水设计规范》(GB 50810—2012)、《煤矿井下消防、洒水设计规范》(GB 50383—2016)等认为井下洒水时间、定额符合相关规范,因此论证认为其用水合理,本次论证后井下洒水量较原水资源论证批复增加了 15.5 万 m^3/a。

（2）随着环保意识的增强、环保要求的提高，本次论证考虑了厂区绿化、道路降尘、排矸场降尘、储煤场冲洗及皮带喷淋等水量，而原水资源论证未考虑该水量，因此本次论证后较原水资源论证批复增加了10.25 万 m^3/a。

（3）由于小庄煤矿为高瓦斯矿井，需要启用瓦斯抽采站，而原水资源论证未考虑瓦斯抽采冷却用水，因此本次论证后较原水资源论证批复增加了 1.22 万 m^3/a。

3.4.4 年排水量

经论证分析，小庄煤矿最大矿井涌水量为 49 700 m^3/d，经计算可用水量合计为 1 814.0 万 m^3/a，处理损耗为 18.1 万 m^3/a，则实际可用水量为 1 795.9 万 m^3/a。

经前分析，本项目回用处理后的矿井涌水 131.2 万 m^3/a（包含矿井水处理损失），剩余有 956.5 万 m^3/a 处理达标后的矿井涌水外排泾河。外排泾河最大水量为检修期采暖季 48 066 m^3/d，其次为检修期非采暖季 48 054 m^3/d。

3.5 小　结

（1）现状小庄煤矿各系统取新水量采暖季为 24 617 m^3/d（水源井地下水 1 505 m^3/d，矿井涌水 23 112 m^3/d）；非采暖季为 24 670 m^3/d（水源井地下水 1 558 m^3/d，矿井涌水 23 112 m^3/d）。

（2）现状小庄煤矿外排泾河水量采暖季为 21 716 m^3/d，其中处理后的矿井涌水 20 516 m^3/d，净水车间排水 516 m^3/d，处理后的生活污水 684 m^3/d；非采暖季为 21 604 m^3/d，其中处理后的矿井涌水 20 516 m^3/d，净水车间排水 524 m^3/d，处理后的生活污水 604 m^3/d。

（3）节水潜力分析后，最大矿井涌水量为 49 700 m^3/d，处理损失为 497 m^3/d，采暖季 3 163 m^3/d 回用自身矿井，46 040 m^3/d 外排泾河，非采暖季 3 375 m^3/d 回用自身矿井，45 828 m^3/d 外排泾河。

外排泾河最大水量为采暖季检修期 48 066 m^3/d，其次为非采暖季检修期 48 054 m^3/d。

(4)节水潜力分析后,小庄煤矿用新水量为 113.1 万 m^3/a,其中生产用水量为 94.8 万 m^3/a,生活用水量为 18.3 万 m^3/a,其水源均为矿井涌水。考虑输水及净化处理损失后,该项目用新水量为 131.2 万 m^3/a,其中生产用水量为 112.9 万 m^3/a,生活用水量为 18.3 万 m^3/a。

(5)小庄煤矿原煤生产水耗为 0.099 m^3/t,选煤补水量为 0.050 m^3/t。

(6)节水潜力分析后,小庄煤矿生活污水、净水车间及矿井涌水反渗透浓水全部回用,矿井涌水做到最大化回用;经第 5 章分析计算,矿井涌水量年均值为 1 080.4 万 m^3/a,最大值为 1 814.0 万 m^3/a,平均处理损耗为 10.8 万 m^3/a,最大处理损耗为 18.1 万 m^3/a,则最大矿井涌水量情况下可用水量为 1 795.9 万 m^3/a,有 131.2 万 m^3/a(包含矿井水处理损失)回用自身生产,剩余 1 682.8 万 m^3/a 外排泾河。

第 4 章　节水评价

本项目属于非水利建设项目,因此本章主要依据水利部《关于印发规划和建设项目节水评价技术要求的通知》(办节约〔2019〕206 号)中非水利建设项目节水评价章节编写提纲和要求进行编制,同时参照水利部黄河水利委员会《关于进一步加强规划和建设项目节水评价工作的通知》(黄节保〔2020〕325 号)的相关要求。节水评价重点分析区域节水水平与节水潜力、项目节水水平与节水潜力(包括现状节水水平与节水潜力、用水工艺与用水过程、取水规模节水符合性评价、节水措施方案与保障措施等)。

节水评价范围:根据办节约〔2019〕206 号文件要求,本次节水评价的区域分析范围确定为彬州市,项目分析范围为本项目厂区范围。

节水评价水平年:现状水平年为 2018 年,不涉及规划水平年。

节水评价分区:本项目所在地区为彬州市,根据办节约〔2019〕206 号的规定,本项目属于西北区。

4.1　区域节水水平评价与节水潜力分析

4.1.1　现状区域节水水平评价

2018 年彬州市主要用水指标统计分析见表 4-1。由表 4-1 可知,彬州市用水指标优于全国、西北地区平均水平和咸阳市。

4.1.2　彬州市最严格水资源管理控制指标及符合性

根据咸阳市下达的“十三五”水资源管理控制目标,2018 年度彬州市水资源管理控制目标主要是:用水总量在 5 000 万 m^3 以内,地下水利用量 854 万 m^3,万元 GDP 用水量比 2015 年降幅 6%以上,万元工业增加值用水量比2015年降幅6%以上,农田灌溉水有效利用系数提高到0.603以上。2018年彬州市的用水水平及用水效率与相应控制指标对照表见表4-2。

表4-1　2018年彬州市主要用水指标统计分析

用水指标	彬州市	咸阳市	西北区平均水平	全国
万元GDP用水量/(m^3/万元)	18.73	42.25	166	66.8
万元工业增加值用水量/(m^3/万元)	5.32	13.33	29.2	41.3
农田灌溉水有效利用系数	0.622	0.581	0.542	0.554
农田灌溉亩均用水量/(m^3/亩)	151.6	196.11	468	365

注:全国数据来自2018年《中国水资源公报》,咸阳市数据来自《2018陕西省水资源公报》。

表4-2　彬州市现状与控制指标对照

项目	取水量/万m^3	地下水利用量/万m^3	万元GDP用水量	万元工业增加值用水量	农田灌溉水有效利用系数	水功能区达标率/%
2018年现状	3 750	790	较2015年降幅8.9%	较2015年下降14.74%	0.622	83.33
"十三五"控制目标—按2018年计	5 000	854	较2015年降幅6%	较2015年下降6%	0.603	83.33

从表4-2中可以看出,彬州市能满足最严格水资源管理考核要求。

4.2　项目节水水平评价与节水潜力分析

4.2.1　现状节水潜力分析

通过现场调查及各系统用水分析,在与小庄煤矿充分沟通后,按照"分质处理、分质回用",最大化回用矿井涌水的原则,对小庄煤矿的节水减污潜力分析如下:

(1)鉴于亭口水库至小庄煤矿供水管线(需穿过福银高速和泾河)尚未修建,暂时无法向小庄煤矿供水,矿方承诺,生活用水如食堂、职工宿舍、消防中队生活用水、办公楼、招待所,生产用水如洗衣房、浴室、换热站、瓦斯抽采、采煤机及液压支架用水等,全部使用经反渗透深度处理后的矿井涌水。论证核定道路降尘喷洒、洗车等用水使用处理后的矿井涌水。

(2)论证认为,生活净水车间、矿井水净水车间反渗透设备运行应当达到设计产水率的75%。

(3)生活净水车间与矿井水净水车间产生的浓盐水应回用至黄泥灌浆,不外排。

(4)经处理达标的生活污水(处理损耗按实际4%计)应全部回用至选煤厂、道路洒水等,不得外排。

(5)现状办公区用水量较高,其用水指标为74.7 L/(人·d),经现场调研与查勘发现,小庄煤矿综合办公楼每日访问人数较高,煤矿重要会议、访客等均需进出综合办公楼,根据《建筑给水排水设计标准》(GB 50015—2019)中"办公楼用水为30~50 L/(人·班)"的要求,论证取40 L/人来核定其水量,机关办公及服务人员共计107人,经计算,办公楼合理用水量为4 m^3/d,对于办公楼需进一步加强用水管理,使用节水洁具,减少新鲜水使用量。

(6)根据实际调研,周边煤矿例如胡家河煤矿(1 560人)洗浴用水221 m^3/d,亭南煤矿(2 300人)洗浴用水260 m^3/d,论证认为小庄煤矿可以在淋浴头加装节水装置,减少淋浴头喷水量,同时加强浴室用水管理,减少跑、冒、滴、漏现象,论证按照淋浴器水量300 L/(只·h),同时考虑到干部浴室使用人数较少,实际使用过程中,按照每天一班,每班0.5 h计算,洗浴用水量核减为264 m^3/d,相应的,在籍职工洗浴用水189 m^3/d,外委职工洗浴用水75 m^3/d。

(7)现状小庄煤矿2018年实际产能为5.27 Mt,根据发改办能源〔2019〕139号的批复,小庄煤矿的产能已核定为6.0 Mt/a,同比例确定选煤厂用水量将达到908 m^3/d。

(8)小庄井田煤层属于Ⅰ类易自燃煤层,目前正常生产期间防灭火以注氮为主,基本不使用黄泥灌浆,《煤炭矿井设计防火规范》(GB 51078—2015)要求开采容易自燃煤层的矿井或采用放顶煤开采自燃煤层的矿井,必须建立以灌浆为主的两种及以上综合防灭火系统,因此从安全角度考虑,论证认为有必要预留部分黄泥灌浆水量,依据核定后日产量理论计算小庄煤矿灌浆量约 880 m^3/d,考虑 0.4~0.5 的折减系数,为小庄煤矿黄泥灌浆水量预留 400 m^3/d,消耗 240 m^3/d,析出 160 m^3/d。

(9)为保护大气环境,减少运煤扬尘现象,小庄煤矿按照环保部门要求,仍需对及厂区至旬麟公路县道(5.1 km)进行降尘洒水,县道宽度以 8 m 计算,面积约 4.08 hm^2,根据《煤炭工业给水排水设计规范》(GB 50810—2012)"浇洒道路用水量可采用 2.0~3.0 L/(m^2·d)计算",论证用水定额按非采暖季 2.3 L/(m^2·d)和采暖季 1.3 L/(m^2·d),则非采暖季和采暖季洒水量分别为 94 m^3/d 和 53 m^3/d,用常规处理后的矿井涌水。

(10)小庄煤矿应进一步加强热网维护,做好职工宣传工作,防止偷放热网水等情况发生,确保热网补水率降至 1%以下,将采暖季、非采暖季补水量分别降至 22 m^3/d 和 4 m^3/d。

4.2.1.1　用水环节与用水工艺分析

1. 项目用水环节

本项目用水环节主要为生活用水、生产用水、辅助生产用水系统。

本项目生活用水环节主要包括职工日常生活、食堂、洗浴、洗衣、办公楼用水等。生产用水系统包括井下防尘洒水、灌浆、选煤厂补水等。辅助生产用水系统包括换热站补水、煤场降尘洒水等。

2. 项目用水工艺分析

本项目用水工艺包括原煤生产用水工艺、选煤用水工艺、生活污水水处理工艺。

(1)原煤生产用水工艺:本项目原煤生产用水主要为井下降尘洒水、灌浆站用水、换热站用水、地面防尘绿化用水等。

(2)选煤用水工艺:本项目选煤用水工艺流程分为:脱泥系统、重介分选系统、粗煤泥分选系统、浮选系统、产品脱水系统、介质回收系统和煤泥水处理系统。

(3)生活污水处理工艺:

生活污水处理系统采用地埋式二级生化+MBR工艺,建设规模为1 440 m^3/d。生活污水首先经格栅去除较大悬浮物后,进入调节池内,调节水量和水质,然后进入集水池。集水池污水经提升泵提升至地埋式组合污水处理设备进行二级生化处理,污水经生化处理后,进入中间水池,中间水池出水经提升泵提升至MBR膜池,出水进入回用水池,经消毒后送至工业场地绿化管网、选煤厂浓缩车间循环水池和地面防尘洒水,不外排。目前,生活污水实际处理规模约700 m^3/d,实际运行负荷不足设计负荷的50%。

(4)矿井水水处理工艺:小庄煤矿矿井水处理车间有2台800 m^3/h的超磁分离处理设备和1台规模为600 m^3/h的高效全自动净水装置用于井下排水处理,处理后的水质分别达到《煤炭工业给水排水设计规范》(GB 50810—2012)中选煤厂用水水质标准、《煤矿井下消防、洒水设计规范》(GB 50383—2016)中井下消防洒水水质标准的要求,作为选煤厂生产补水、黄泥灌浆用水及井下消防洒水。

4.2.1.2 用水过程及水量平衡分析

节水潜力分析后,小庄煤矿不再保留水源井;小庄煤矿年产量达到6.0 Mt后,最大矿井涌水量为49 700 m^3/d,矿井水处理损失按1%计,为497 m^3/d,采暖季共3 163 m^3/d回用于自身矿井,46 040 m^3/d外排泾河;非采暖季3 375 m^3/d回用于自身矿井,45 828 m^3/d外排泾河。生活污水、矿井涌水深度处理系统反渗透浓水全部回用选煤厂、绿化、黄泥灌浆,不外排。

节水潜力分析后的水量平衡图表见图3-15、图3-16、表3-15、表3-16。

4.2.2 取用水规模节水符合性评价

4.2.2.1 节水指标先进性评价

小庄煤矿按照节水潜力分析所要求的关停水源井、深度处理设施正常运行、生活污水全部回用、降低办公楼与洗浴水耗等要求后,各项用水指标对比见表4-3。

节水潜力分析后，小庄煤矿原煤生产水耗及选煤补水量均达到《清洁生产标准 煤炭采选业》(HJ 446—2008)一级标准，属国际清洁生产先进水平；矿井涌水利用率、生活污水回用率大幅提高，综合生活用水定额与周边煤矿涌水水平相当。

表4-3　小庄煤矿各用水指标对比

序号	指标	单位	项目初设	原水资源论证	本次用水核查	节水潜力分析后
1	原煤生产水耗	m^3/t	0.331	0.096	0.098	0.099
2	选煤补水量	m^3/t	0.100	0.050	0.050	0.050
3	矿井涌水利用率	%	100	100	采暖季11.2 非采暖季11.4	11.5
4	生活污水回用率	%	100	100	采暖季4.0 非采暖季15.3	100
5	综合生活用水定额	m^3/(人·d)	0.544	0.347	0.374(扣除外委洗浴用水)	0.285(扣除外委洗浴用水)

4.2.2.2　取用水规模合理性评价

小庄煤矿现状水源井用地下水量为56.2万m^3/a，矿井涌水用水量为95.8万m^3/a，总用水量为152.0万m^3/a，产量为5.27 Mt/a；2014年原水资源论证批复的年用水量为130.9万m^3/a，其中生活用水量23万m^3/a，生产用水量107.9万m^3/a；论证提出关闭水源井、采用节水器具、生活污水再利用、提高反渗透设备脱盐水得率等措施，使节水潜力分析后用新水量变为131.2万m^3/a，产量为6.0 Mt/a。本次论证部分环节用水量较原水资源论证变大的原因主要有以下几个方面：

(1)原水资源论证批复井下洒水量为1 035.3 m^3/d，现状调研井下洒水量为1 505 m^3/d，考虑到小庄煤矿开采煤层为Ⅰ类易自燃煤层，在节约用水的同时也应当兼顾井下生产安全，同时参照《煤炭工业矿井设计规范》(GB 50215—2015)、《煤炭工业给水排水设计规范》(GB 50810—2012)、《煤矿井下消防、洒水设计规范》(GB 50383—2016)等认为井下洒水时间、定额符合相关规范，因此论证认为其用水合理，本次论证后井下洒水量较原水资源论证批复增加了 15.5 万 m^3/a。

(2)随着环保意识的增强、环保要求的提高,本次论证考虑了厂区绿化、道路降尘、排矸场降尘、储煤场冲洗及皮带喷淋等水量,而原水资源论证未考虑该水量,因此本次论证后较原水资源论证批复增加了 10.25 万 m^3/a。

(3)由于小庄煤矿为高瓦斯矿井,需要启用瓦斯抽采站,而原水资源论证未考虑瓦斯抽采冷却用水,因此本次论证后较原水资源论证批复增加了 1.22 万 m^3/a。

(4)小庄煤矿通过回用矿井涌水置换地下水、采用节水器具、生活污水再利用等措施,核定后用水量较现状节约了水源井地下水 56.2 万 m^3/a。小庄煤矿现状单位产品水耗为 0.288 m^3/t,节水潜力分析后单位产品水耗为 0.219 m^3/t,小庄煤矿节水潜力分析后用水量较现状节约了 20.8 万 m^3/a。

4.2.2.3 取用水规模核定

节水潜力分析后,小庄煤矿关闭水源井,生活污水、净水车间及矿井涌水反渗透浓水全部回用,矿井涌水做到最大化回用。

经分析计算,小庄煤矿年均取水量为 1 814.0 万 m^3/a,平均处理损失量为 18.1 万 m^3/a,小庄煤矿全年用新水量为 131.2 万 m^3/a(包含处理损失),全部为矿井涌水,其中生活用水量 18.3 万 m^3/a,生产用水量 112.9 万 m^3/a。

论证核定后小庄煤矿通过回用矿井涌水置换地下水、采用节水器具、生活污水再利用等措施,节约了总水量 20.8 万 m^3/a,其中水源井地下水 56.2 万 m^3/a。

4.3 节水措施方案与保障措施

4.3.1 节水措施方案

4.3.1.1 已采取的节水方案

本项目采取的主要节水与管理措施如下。

1. 供水系统节水措施

(1)供水系统采用分质供水,矿井水经处理达标后作为矿区生产用水。

(2)选煤厂生产用水采取闭路循环,废污水不外排。

(3)生活污废水经处理后回用于工业场地的绿化用水等。

2. 设备选型节水措施

(1)生产设备采用低耗水或不耗水设备。

(2)供水系统采用变频调速节能、节水设备。

3. 节水日常管理

小庄煤矿部分用水环节已安装水计量装置,并且计量装置已通过物联网直接连接至用水节水管理系统,通过系统能够查询各水计量装置数据,并自动分析用水是否超过指标要求,若存在超标风险,可自动发出预警,用水计量系统见图4-1。

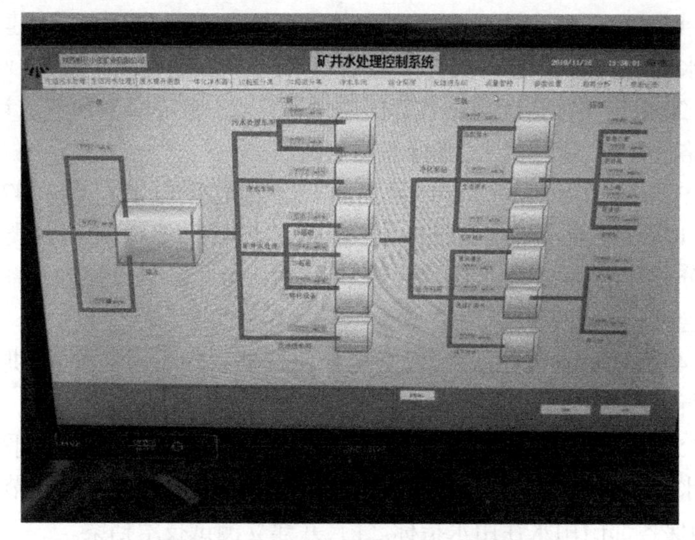

图4-1　目前小庄煤矿取用水计量系统

4.3.1.2　论证提出的节水方案

经论证合理分析后,本项目为进一步加强水资源利用,保护矿区水资源,停用地下水源井,生活用水由深度处理系统出水脱盐水提供,浓水及处理后生活废污水全部回用，处理达标的自身矿坑涌水最大化回用自身生产，本项目原则性用水方案示意见图 4-2。

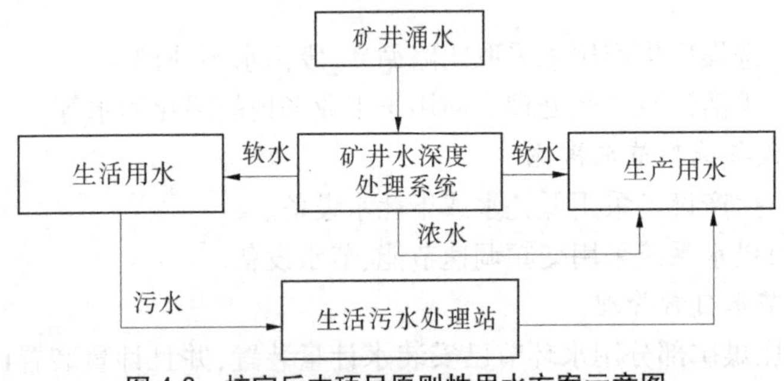

图 4-2　核定后本项目原则性用水方案示意图

为有效贯彻国家的产业政策规定和节水管理要求，提高本项目的用水效率，论证认为小庄煤矿应做到以下几点：

（1）抓紧时间完成矿井水深度处理车间的完善调试工作，建设相应供水管道，确保水源井关停后生活用水能够保质保量供应。

（2）根据实际情况规定各部门的用水定额，制定用水和节水计划，并严格按计划、定额供水，实行节奖超罚。

（3）依据《用水单位水计量器具配备和管理通则》（GB 24789—2009）以及《企业水平衡测试通则》（GB/T 12452—2008），对各类供水进行分质计量，并建立水计量管理体系，对水计量器具数据进行系统采集及管理。

（4）开发节水监控系统，以实现合理控制和分配水资源，对供用水点运行情况实时在线监测。

（5）在生产期间根据实际情况，定期对全矿用水系统做水平衡测试及水质分析测试，找出薄弱环节和节水潜力，及时调整和改进节水方案，确保各部门用水在用水指标之内，并建立测试技术档案。

（6）提高全矿节水意识，加强节水知识教育。

4.3.2　节水保障措施

（1）为落实最严格水资源管理制度，加强监督考核依据，目前小庄煤矿正在委托有关单位按照论证提出的要求安装水表,并建立物联网系统,该系统能够对供用水点运行情况实时在线监测。

(2)为规范节水过程管理、目标管理等,小庄煤矿应建立节水制度与节水管理措施。做到灵活制定管理目标,用水情况逐月考核。

(3)为确保节水措施落实到位,小庄煤矿需落实节水设施与主体工程同时设计、同时施工、同时投产的“三同时”制度。

4.4　节水评价结论与建议

4.4.1　结　论

(1)论证后小庄煤矿关闭地下水源井,全部采用矿井水供水,充分利用矿井涌水和生产生活废污水,体现了现代化煤矿节能减排的发展目标,符合国家相关节水政策的要求。

(2)论证结合项目建设区域水资源条件,在保障工程经济技术可行、合理的用水要求前提下,对主要用水系统的合理性进行全面分析,尽可能优化用水流程,挖掘节水潜力。

(3)就目前生产工艺而言,项目工业用水水平已属清洁生产国际先进水平,但生活用水水平较低,论证后项目生活用水达到了较高的节水水平。

(4)论证核定后小庄煤矿用新水量较现状节约了 20.8 万 m^3/a,并且通过回用矿井涌水置换水源井地下水,节约了地下水 56.2 万 m^3/a。

4.4.2　建议

建议小庄煤矿积极开展清洁生产审核工作,加强生产用水和非生产用水的计量与管理,每隔三年进行一次全厂水平衡测试及各水系统水质分析测试,找出薄弱环节和节水潜力,及时调整和改进节水方案,不断研究开发新的节水、减污清洁生产技术,提高水的重复利用率。

第5章　取水水源论证研究

5.1　水源方案比选与合理性

按照《水利部关于非常规水源纳入水资源统一配置的指导意见》(水资源〔2017〕274号),大力鼓励工业用水优先使用非常规水源。缺水地区、地下水超采区和京津冀地区,具备使用再生水条件的高耗水行业应优先配置再生水。大力推动城市杂用水优先使用非常规水源。缺水地区、地下水超采区和京津冀地区,城市绿化、冲厕、道路清扫、车辆冲洗、建筑施工、消防等用水应优先配置再生水和集蓄雨水。规划或建设项目水资源论证中,应首先分析非常规水源利用的可行性,并结合技术经济合理性分析,确定非常规水源利用方向和方式,提出非常规水源配置方案或利用方案。缺水地区、地下水超采区和京津冀地区,未充分使用非常规水源的,不得批准新增取水许可。

根据用水核查结果,小庄煤矿现状水源为自身矿井涌水和地下水,其中地下水主供生活,还向换热站、瓦斯抽采、采煤机及液压支架用水等生产环节供水,在矿井涌水回用方面还有一定改进空间,尚未完全做到优水优用、分质回用。经与矿方沟通,按照“分质处理、分质回用”,最大化回用矿井涌水的原则,例如食堂、职工宿舍、消防中队生活用水、办公楼、招待所、洗衣房、浴室、换热站、瓦斯抽采、采煤机及液压支架用水等,全部使用经反渗透深度处理后的矿井涌水,使小庄煤矿再生水资源得到充分利用。在此前提下,论证认为小庄煤矿现有水源方案符合《水利部关于非常规水源纳入水资源统一配置的指导意见》(水资源〔2017〕274号)的有关要求,水源保障方案是合理的。

5.2　矿井涌水水源论证研究

5.2.1　区域地质构造

5.2.1.1　地层

井田地层属于华北地层区鄂尔多斯分区焦坪—华亭小区[《鄂尔多斯盆地聚煤规律及煤炭资源评价》(中国煤田地质总局著)]。区域内发育地层自老到新有:三叠系上统胡家村组,侏罗系下统富县组,中统延安组、直罗组、安定组,白垩系下统宜君组、洛河组、华池组,新近系,第四系。地层发育特征见表 5-1。

表 5-1　地层发育特征简表

地层系统				地层厚度/m	岩性特征
界	系	统	组		
新生界 Kz	第四系 Q	全新统 Q_4		20.00	主要为冲积、洪积、坡积层及河床堆积形成的砂层、砂砾石层
		上更新统 Q_{1+2+3}		161.00	浅灰色黄土、砂质黄土,具孔隙性,垂直节理发育,含灰白色钙质结核,夹古土壤层,与下伏地层呈不整合接触
	新近系 R	上新统 N_2		168.00	浅褐色砂质黏土、亚黏土,底部为砂砾层夹砂质黏土的河湖相沉积。与下伏地层呈不整合接触
中生界 Mz	白垩系 K	下统 K_1	环河华池组 K_1hn+h	250.00	紫红色、紫灰色及灰绿色泥岩、砂质泥岩夹粉砂岩、细粒砂岩。地层厚度变化趋势为东南薄、西北厚
			洛河组 K_1l	417.00	南部主要为棕红色砾岩、砂砾岩夹粗粒砂岩;中部为粗粒砂岩夹 5~7 层砾岩;北部及西部为粗粒砂岩。西北厚,东南薄

续表 5-1

地层系统				地层厚度/m	岩性特征
界	系	统	组		
中生界 Mz	白垩系 K	下统 K_1	宜君组 K_1y	65.00	浅紫色、紫灰色块状砾岩,砾石成分在南部为花岗岩、石英岩、燧石、灰岩;北部则为石英岩、燧石。砾径南粗北细,沙泥质充填,钙、铁质胶结。横向变化大,与下伏安定组呈假整合接触
	侏罗系 J	中统 J_2	安定组 J_2a	123.00	紫红色、灰褐色泥岩、砂质泥岩夹浅紫色兰灰色中粗粒砂岩、砂砾岩,底部为巨厚层状浅灰紫色砂砾岩。东南厚,向北变薄
			直罗组 J_2z	20.00	浅灰绿色中—粗粒长石砂岩,夹灰绿色泥岩、砂质泥岩,含星散状黄铁矿结核。底部为浅灰绿色粗粒砂岩,含砾粗砂岩,顶部泥质岩增多,夹紫灰色泥岩。下与延安组呈假整合或超覆于三叠系延长群之上
			延安组 J_2y	115.00	灰—深灰色泥岩、砂质泥岩、粉砂岩、细粒砂岩与灰白色中粗粒砂岩互层,中夹炭质泥岩及煤层,该地层为本区含煤地层,共含煤 8 层。与下伏地层呈假整合接触
		下统 J_1	富县组 J_1f	20.00	以紫红色铝、铁质泥岩为主,局部夹有角砾岩,在古隆起区一般无沉积。与下伏地层呈假整合接触
	三叠系 T	上统 T_3	胡家村组 T_3h	210.00	灰—灰绿色泥岩夹灰绿色中粒长石砂岩

5.2.1.2 构造

井田位于鄂尔多斯盆地渭北断隆区彬县—黄陵坳褶带[《鄂尔多斯盆地聚煤规律及煤炭资源评价》(中国煤田地质总局著)],见图 5-1。

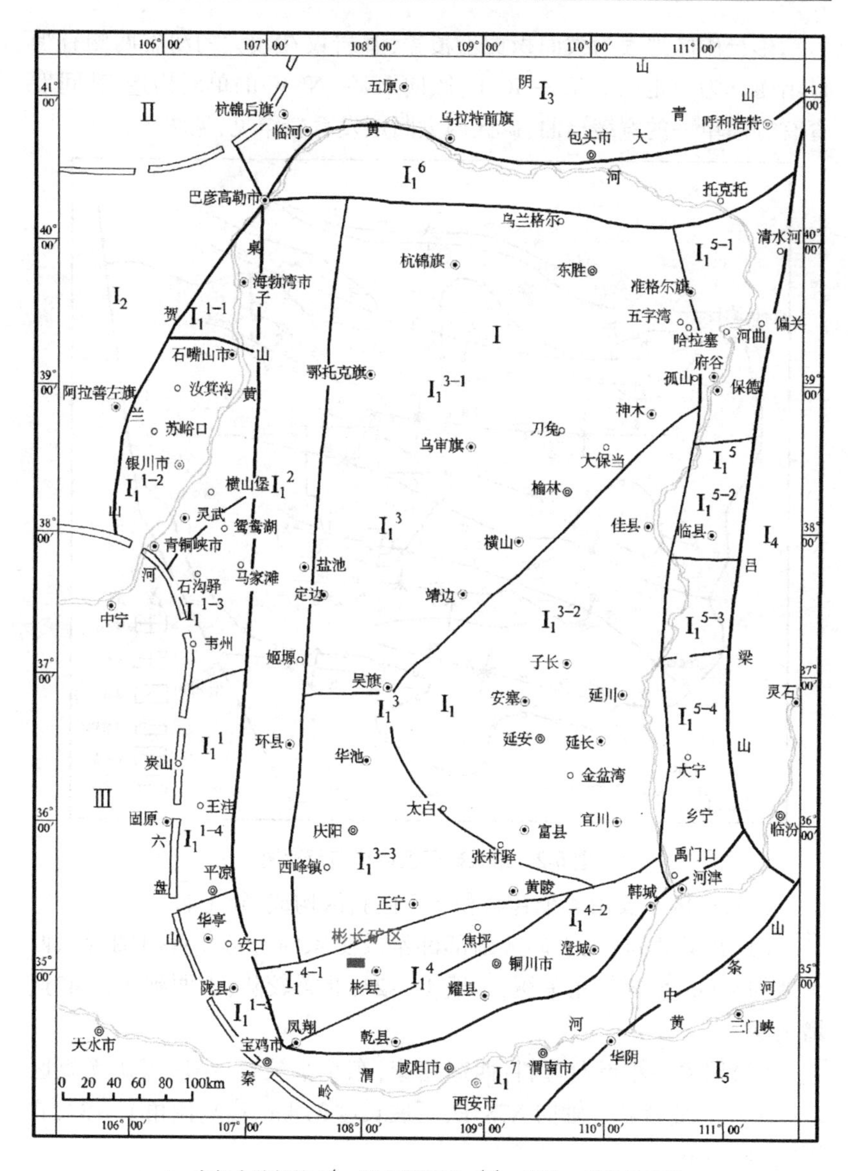

I—中朝大陆板块；I_1^4—渭北断隆区；I_1^{4-1}—彬县—黄陵坳褶带

图 5-1　彬长矿区大地构造位置图

彬长矿区地表为大面积黄土覆盖,基岩仅在较大的河谷两侧有少量出露。为一走向 N50°—70°E,倾向 NW—NNW 的单斜构造,其间发育有方向单一的宽缓褶曲,矿区内大断层发育较罕见,见图 5-2。

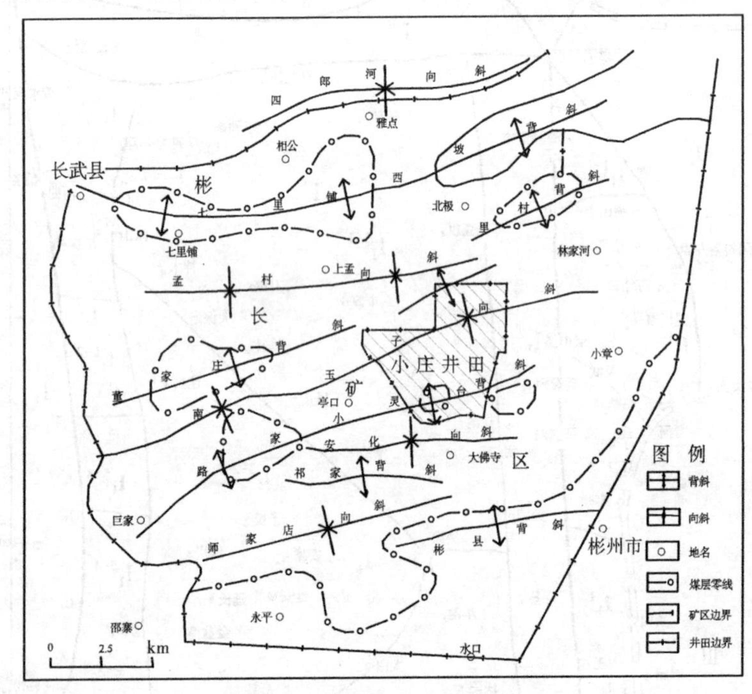

图 5-2　彬长矿区区域构造示意图

彬长矿区主要由 4 个背斜和 2 个向斜区构成,分述如下:

(1)彬县背斜:位于矿区南部邵寨及史家河一带。背斜轴近东西延展约 9 km,南翼倾角平缓,一般 1°~2°,北翼较陡,由西到东由 4°速增至 9°。

(2)路家—小灵台背斜:西起路家,东至小灵台,小庄煤矿无煤区范围即位于此背斜。轴向 N78°E,延展长度 21 km,南翼倾角 1°~3°,北翼倾角 4°~6°。

(3)董家庄背斜:位于矿区中西部董家庄,轴向 N75°E,延展长度 9 km。

(4)七里铺—西坡背斜,位于矿区北部,轴向西部 N85°E,东部 N68°E,轴向延展长度 33 km,南翼倾角 1°~3°,北翼倾角一般为 5°~8°。

(5)大佛寺向斜区:位于彬县背斜及路家—小灵台背斜之间,轴向呈 NEE,长约 30 km,南翼倾角 4°~9°,北翼倾角 1°~3°。

(6)孟村向斜区:位于路家—小灵台背斜与七里铺—西坡背斜之间及董家庄背斜东端。向斜轴向呈 NEE 向,长约 32 km,南翼倾角 4°~6°,北翼倾角 1°~3°。

与矿区煤系地层有关的主要构造运动有三期,即印支运动、燕山早期运动及燕山晚期运动。印支运动使矿区西部在三叠纪末上升,三叠系地层遭受深度剥蚀。侏罗纪初期,在剥蚀丘陵上主要为一些河道沉积、残积坡积物,随着河谷充填及高地的风化、夷平,逐渐形成一些湖洼区,在其边部则发育了一系列小型聚煤盆地。矿区东部的下沉使这些小型聚煤盆地内的煤层的分布特征又受着次一级构造的控制。例如,在隆起区煤层沉积较薄或无煤沉积,而在凹陷区煤层沉积相对较厚。燕山早晚期构造运动分别在印支运动形成的波状起伏运动的雏形上发展演化而来,对煤层的控制影响较小。根据本次实际勘探成果和以往的地质资料,矿区内无岩浆岩活动。

彬长矿区各矿构造以宽缓的褶曲为主,除边缘地层倾角较大外,地层倾角均较小。区内大断层不发育,各矿断层构造以小断层为主,大断层少见。

5.2.2　井田地质构造

5.2.2.1　地层

井田内大部分地区被第四系黄土及第三系红土所覆盖,在泾河沿岸及红岩河等较大沟谷内出露有白垩系下统洛河组,红岩河沟内出露华池组。依据钻孔揭露及地质填图资料,井田内地层由老至新依次有:三叠系上统胡家村组(T_3h)、侏罗系下统富县组(J_1f)、中统延安组(J_2y)、直罗组(J_2z)、安定组(J_2a),白垩系下统宜君组(K_1y)、洛河组(K_1l)、华池组(K_1h),新近系(N)及第四系中更新统(Q_2)、上更新统(Q_3)、全新统(Q_4),井田地层见表5-2,现将各地层特征分述如下:

表 5-2 井田地层一览

界	地层系统			厚度/m	岩性描述	分布范围
	系	统	组			
新生界	第四系Q	全新统Q_4		一般8	砂层,砂砾石层	分布于泾河及其支沟沟谷
		上更新统Q_3		一般7	浅灰黄色粉砂质黄土	分布于塬面
		中更新统Q_2		一般厚度94.30	浅棕黄色黄土,夹10多层古土壤,下部古土壤层密集,上部古土壤层稀疏	全井田分布
		下更新统Q_1		一般厚40	浅棕色—浅棕灰色粉砂质黏土,下部夹5~7层古土壤层,并夹钙质结核层	井田未见出露
	第三系N	上新统N		一般厚100	为棕褐色黏土,砂质黏土,底部常见浅棕灰色砂砾石层	井田大部分布
中生界	白垩系K	下统K_1	华池组K_1h	10.44~36.37,平均21.58	紫红色、紫灰色、灰绿色泥岩为主,夹紫红色粉砂岩—细砂岩	井田局部分布
			洛河组K_1l	157.20~330.59,平均268.30	紫红色中—细粒砂岩夹泥岩及砂砾岩,巨厚层状,具大型斜层理及交错层理	地表出露
			宜君组K_1y	36.20~75.95,平均52.28	棕红色块状砾岩,成分主要为石英岩、花岗岩及少量的变质岩块	地表无出露
	侏罗系J	中统J_2	安定组J_2a	11.40~99.68,平均72.90	紫红、灰绿色杂砂岩夹杂砂泥岩及泥灰岩透镜体	无出露
			直罗组J_2z	11.30~44.51,平均29.51	上部紫红色、灰绿色、紫灰色泥岩及砂质泥岩,夹灰绿色、灰紫色中粗粒砂岩,含黄铁矿结核;下部以灰绿色,灰白色砂岩为主,底部为灰白色含砾粗砂岩	无出露
			延安组J_2y	0~100.83	下部灰色泥岩夹厚煤层,底部发育不稳定厚砂岩;中部中—粗细砂岩夹泥岩及薄煤;上部砂泥岩互层夹煤线。含丰富的植物化石	无出露
		下统J_1	富县组J_1f	0~38.48,平均12.48	下部中粗砂岩角砾岩,上部紫红色铝土质泥岩	无出露
	三叠系T	上统T_3	胡家村组T_3h	10~66	灰绿色中细砂岩夹泥岩,含灰质结核。泥岩为黑色、黑灰色质细、致密,水平层理极其发育,稍微风化即成“镜片”	无出露

5.2.2.2　构造

小庄煤矿位于彬长矿区东部，路家—小灵台背斜及七里铺—西坡背斜之间、董家庄短轴背斜轴的东端，构造总体为走向 NEE，向斜两翼宽缓倾角 1～8°，构造简单，见图 5-2。小庄煤矿及周边从南至北发育三条褶皱构造，依次为小灵台背斜、南玉子向斜及董家庄背斜，均属区域构造。煤矿地表及钻探过程中未见断层。2011 年小庄煤矿在一、二盘区开展三维地震勘探工作，共解释断层 10 条，均为正断层，按断层落差划分：10 m≤落差<50 m 的断层 7 条；5 m≤落差<10 m 的断层 2 条；落差<5 m 的断层 1 条。按控制程度划分：其中可靠断层 6 条，较可靠断层 2 条，控制程度较差断层 2 条。2015 年小庄煤矿在三盘区开展三维地震勘探工作，共解释断层 7 条，其中正断层 6 条，逆断层 1 条，按照落差分类：10 m≤落差的 2 条，5 m≤落差<10 m 的 4 条，3 m≤落差<5 m 的 1 条。按控制程度划分：所有断层均为较可靠断层。

5.2.2.3　岩浆岩

根据目前的资料显示，本井田内未见岩浆岩侵入。

5.2.3　区域水文地质概况

5.2.3.1　条件分析

区域地下水以白垩系基岩裂隙承压水为主，第四系潜水及新近系甘肃群、侏罗系承压裂隙水次之。深部环河组、洛河组、直罗组、延安组普遍具有承压水分布，其中洛河组富水性相对较好，其他含水层的富水性差。

根据区域水文地质条件，彬长矿区属鄂尔多斯中生代承压水范畴，属于鄂尔多斯盆地内泾河—马莲河（II_5 区）二级地下水系统，见图 5-3。该地下水系统分布于鄂尔多斯盆地南部（白于山以南）子午岭西侧，其北部以白于山地表分水岭为界，东到子午岭，西与平凉—泾阳和太阳山岩溶子系统相接，南为侏罗系隔水边界，面积 3.45 万 km^2。

区域白垩系地下水系统与泾河流域分布范围基本一致，受地表水系影响较大，地下水补径排条件受地表水系统补径排控制。该系统四周中低山环绕，为典型的高原盆地。总的地势特点为西北高东南低，发

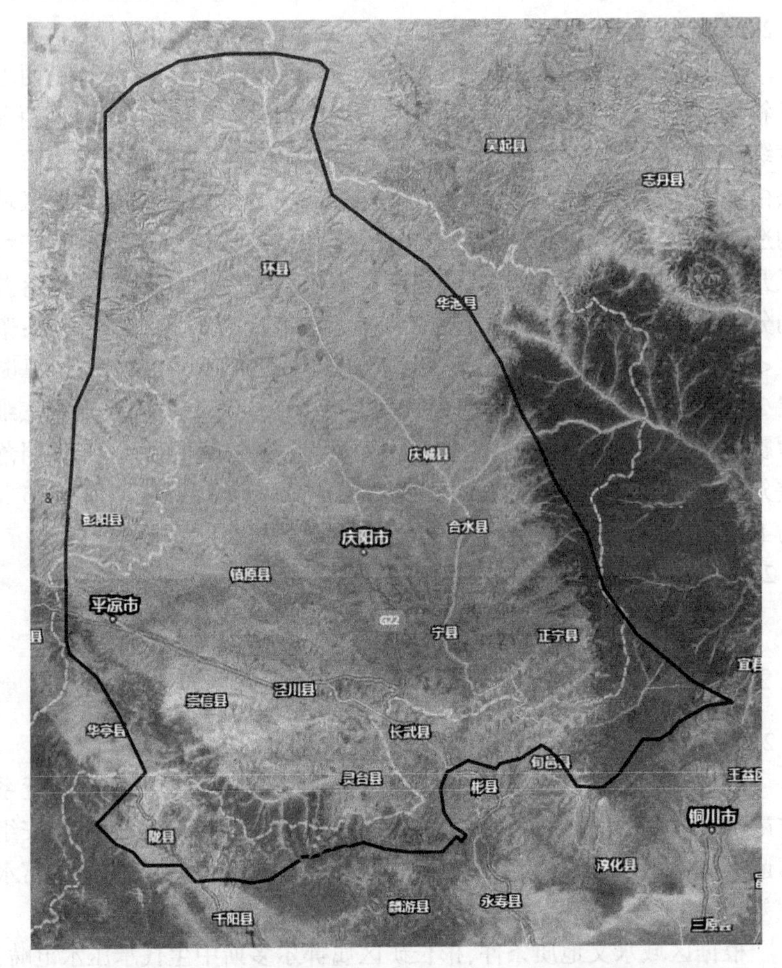

图 5-3 小庄井田在泾河—马莲河二级地下水系统位置示意图

育有泾河扇状水系,地下水从东、北、西三侧向马莲河下游一带汇集,长庆桥至彬州市亭口一带的泾河河谷是排泄边界。

水文地质单元西侧与平凉—泾阳和太阳山岩溶子系统对接,受外侧地下水补给,形成为透水边界,地层对接关系图见图 5-4;北侧、东侧为白于山地表分水岭、子午岭分水岭,构成隔水边界;南部为隔水边界。边界示意见图 5-5。

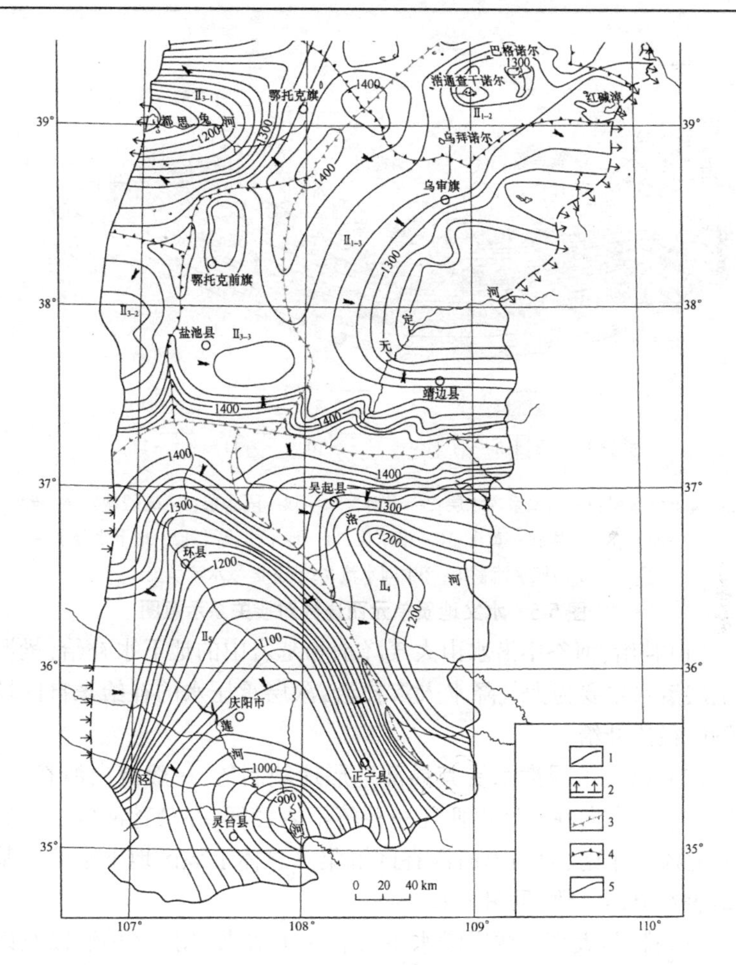

1—隔水边界;2—透水边界;3——一级地下水分水岭;4—二级地下水分水岭;5—等水位线

图5-4 泾河—马莲河二级地下水单元地下水流向示意图

5.2.3.2 地下水的补给、径流和排泄

区域地下水的补给、径流和排泄主要受地形地貌和大气降水控制。上层潜水主要接受大气降水入渗补给,其径流方向由塬面向沟谷或河谷运移,在局部区域以泉的形式排泄;深层承压含水层的补给来源以区域性地下水流系统中的断面径流补给为主,其径流方向东部地区由西北流向东南,西部地区由西往东径流,泾河河谷为区域最低排泄地带。

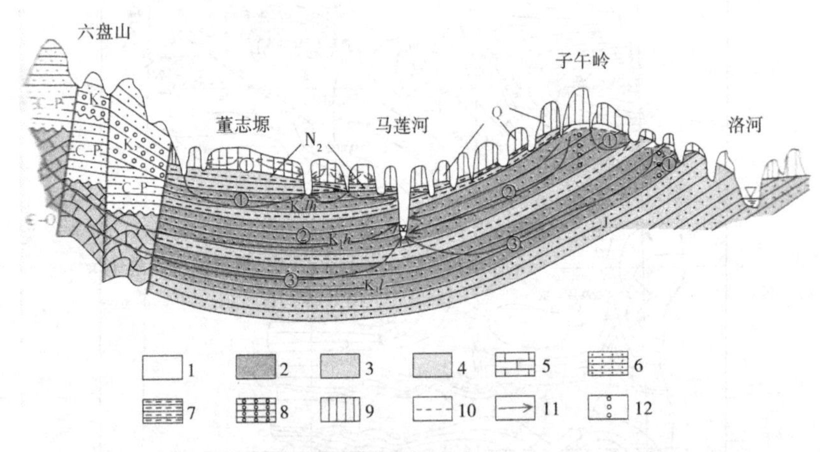

1—黄土含水层；2—白垩系含水层；3—岩溶含水层；4—隔水层；5—碳酸盐岩；6—砂岩；
7—泥岩；8—砾岩；9—黄土；10—潜水位；11—地下水流线；12—地下水分水岭
①局域水流系统；②中间水流系统；③区域水流系统。

图 5-5 水文地质单元西边界对接关系示意图

(1)补给：河谷中潜水由大气降水和基岩中的地下水补给，梁塬区黄土层潜水主要为大气降水入渗补给，深层承压水的补给来自区域性的侧向径流补给。

(2)径流：上层潜水受其局部地形地貌制约，一般流向河谷，深层承压水径流方向在矿区由西往东径流汇入泾河，在马莲河以东区域则由西北流向东南，向马莲河沟谷区汇集。总体上该区地下水流向基本与地表水流向一致，见图 5-4。

(3)排泄：大部分塬区潜水主要有人工取水(用水)排泄以及以泉或渗出形式排泄至沟谷或河谷。深部承压水由于受泾河的切割，在泾河的长庆桥—亭口一带为深层承压水的排泄区。

随彬长矿区各矿井的逐步投产、各用水大户用水量的逐渐增加，目前彬长矿区的地下水补径排条件已较自然条件下发生较大改变。矿井排水、工业用水已成为地下水主要排泄形式，白垩系地下水流场在局部已发生较大变化，以矿井为中心出现了多处降落漏斗，如火石嘴、亭南、大佛寺、胡家河、小庄等，地下水位已较自然状态下降 30~50 m。

对于小庄煤矿首采区范围，四周均与区域含水层相连接，无较大断层等隔水构造发育，边界均人为划定，无隔水边界发育。

5.2.4　井田水文地质条件

小庄井田含水层、隔水层与主采煤层上下位置关系见图 5-6。

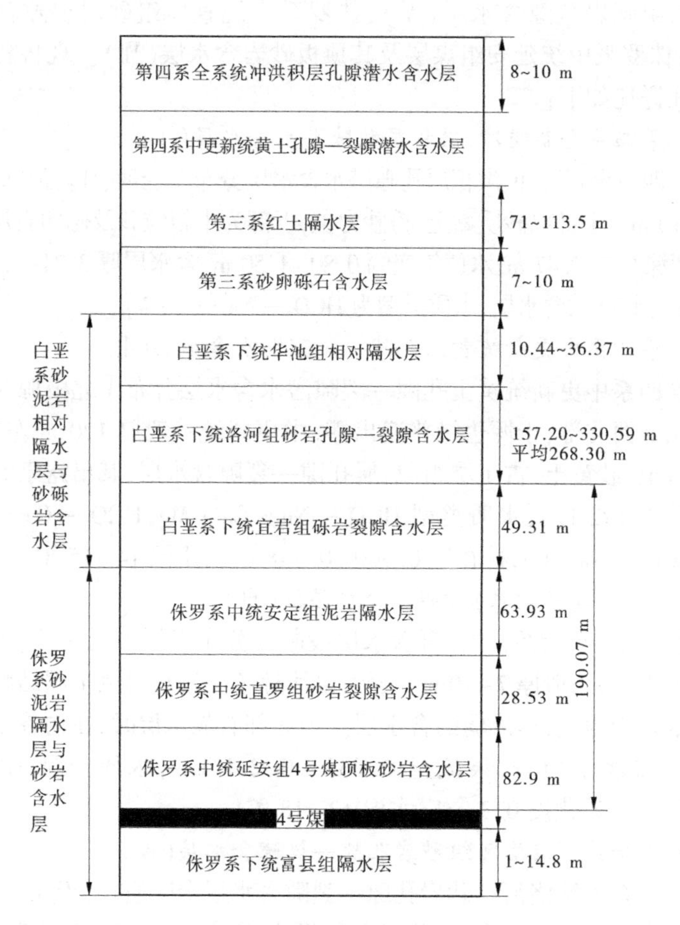

图 5-6　小庄井田含水层、隔水层与主采煤层上下位置关系

5.2.4.1　含水层

根据小庄井田勘探资料，按岩性组合、岩石裂隙发育程度、富水性

大小、含水层的含水介质及其埋藏条件等，由上而下划分为以下七个主要含水层组：第四系全新统冲、洪积层孔隙潜水含水层（Ⅰ）；第四系中更新统黄土孔隙—裂隙潜水含水层（Ⅱ）；第三系（新近系）砂卵砾含水层段（Ⅲ）；白垩系下统洛河组砂岩孔隙—裂隙含水层（Ⅳ）；白垩系下统宜君组砾岩裂隙含水层（Ⅴ）；侏罗系中统直罗组砂岩裂隙含水层（Ⅵ）；侏罗系中统延安组煤层及其顶板砂岩含水层（Ⅶ）。现将各含水层特征详述如下：

1. 第四系全新统冲、洪积层孔隙潜水含水层（Ⅰ）

第四系全新统冲、洪积层孔隙潜水含水层分布于泾河、红岩河河谷中，厚8~10 m。上部以砂质黏土、粉砂为主，下部为中粗粒砂及砾卵石层。地下水埋深0.3~2.47 m，水位年变幅0.80~1.50 m，含水层厚3.24~6.66 m，属富水性较强的含水层，水质类型为HCO_3—Na · Ca · Mg。

2. 第四系中更新统黄土孔隙—裂隙潜水含水层（Ⅱ）

第四系中更新统黄土孔隙—裂隙潜水含水层分布于北极塬西南部及新民塬西北部，于塬边缘普遍出露，中更新统一般厚120 m左右，主要由黄土、砂黄土、古土壤组成，属孔隙—裂隙含水层，其出露泉流量为0.007~1.192 L/s，水质类型HCO_3—Na · Ca · Mg，HCO_3—Ca · Na · Mg，HCO_3—Na · Ca，矿化度0.300~0.348 g/L，水温14~15 ℃。

3. 第三系（新近系）砂卵砾含水层段（Ⅲ）

第三系（新近系）砂卵砾含水层段断续分布于红土层底部，于沟谷中零星出露，一般厚7~10 m。岩性以浅棕色—浅灰褐色半固结状中粗碎屑堆积物为主，形成弱的含水层。当底部有隔水层时，在沟谷中以泉的形式排泄于地表，泉流量0.033~0.221 L/s，水质类型HCO_3—Na · Mg型，矿化度0.3 g/L，水温12~18 ℃。

4. 白垩系下统洛河组砂岩孔隙—裂隙含水层（Ⅳ）

白垩系下统洛河组砂岩孔隙—裂隙含水层全区遍布，于泾河、红岩河等较大河谷中广泛出露，井田南部薄，厚度为160~190 m；中部较厚，为190~290 m，北部厚度大于290 m。由于矿井内洛河组地层广泛分布，并延展至矿井外无限远，其抽水孔远离补给及隔水边界，所以洛河组含水层可视为无界承压含水层。含水层由各粒级砂岩、砂砾岩组成，以中—粗粒砂岩为主要含水层段。泉流量 0.05~0.644 L/s,泉水水质类型 $HCO_3 \cdot SO_4$—$Na \cdot Mg$,$SO_4 \cdot Cl$—Na,矿化度 0.496~1.822 g/L。彬长矿区内 20 个钻孔曾进行过抽水试验,试验结果表明渗透系数在 0.095 9~2.331 8 m/d;根据小庄勘探地质报告的 2 个水文孔(2-5、2-6)数据,洛河组渗透系数在 0.037 8~0.809 6 m/d。

根据中煤科工集团西安研究院有限公司提交的《小庄煤矿煤层综放开采对地下含水层影响评价报告》,小庄井田范围内洛河组含水层垂向非均质特征:小庄井田洛河组含水层上段和下段岩性发育有一定差异,同时水化学特征和抽水试验成果表明其上下段水动力条件差异较大,水力联系不密切,可作为 2 个含水层进行考虑。洛河组下段含水层为弱富水含水层,补给条件差,充水强度有限。洛河组上段含水层富水性中等,补给条件较好,一旦受到导水裂缝带波及将对矿井造成较大影响。洛河组上段和下段之间水力联系弱,水力交替以缓慢垂向入渗为主。

根据一、二盘区补勘报告 1 个水文孔(DG3)数据显示,洛河组上段(K_1l_2)渗透系数 0.135 055~0.195 227 m/d,水位标高+846.03 m;洛河组下段(K_1l_1)渗透系数 0.020 246~0.024 612 m/d,水位标高+832.08 m,属富水性中等含水层。2017 年补勘的 2 个钻孔(XZ1、XZ3)数据显示,洛河组上段(K_1l_2)渗透系数 0.023 821~0.046 216 m/d,水位标高+828.581 m 和+787.818 m,洛河组下段(K_1l_1)渗透系数 0.025 111~0.068 782 m/d,水位标高+763.058 m 和+777.381 m,属富水性中等含水层。

5. 白垩系下统宜君组砾岩裂隙含水层(Ⅴ)

白垩系下统宜君组砾岩裂隙含水层在井田内未出露,据钻探资料,厚度平均 49.31 m,岩性为紫杂色块状砾岩,砾石成分以石英、燧石为主,砾径 3~7 cm。砾石多为浑圆状,砂泥质充填,钙、铁质胶结。据一、二盘区补勘报告一个钻孔(DG3)抽水试验结果:宜君组渗透系数 0.032 176~0.036 995 m/d,水位标高+791.25 m,水质类型 $Cl \cdot SO_4$—Na,SO_4—Na,矿化度 5 627 mg/L;根据 2017 年补勘报告 2 个钻孔(XZ1、XZ3)抽水试验结果:宜君组渗透系数 0.004 651~0.012 133

m/d,水位标高分别为+620.948 m和+646.481 m。属富水性不均一的弱含水层。

6.侏罗系中统直罗组砂岩裂隙含水层(Ⅵ)

侏罗系中统直罗组砂岩裂隙含水层在井田内无出露,钻探揭露厚度平均28.53 m。岩性为浅灰绿色中—粗粒长石石英砂岩,夹灰绿色泥岩、砂质泥岩;底部常为浅灰绿色粗砂岩、含砾粗砂岩;顶部泥质增多,夹紫灰色泥岩。砾石成分为石英燧石,浑圆状,砾径1~3 cm,分选差。砂岩以长石石英砂岩为主,含少量石膏。据彬长矿区普查钻孔(162号孔)抽水试验结果,单位涌水量0.002 6 L/(s·m),渗透系数0.0164 m/d,而根据一、二盘区补勘钻孔(DG4)的抽水试验结果,单位涌水量0.000 45 L/(s·m),渗透系数0.000 38 m/d,水位标高+844.73 m,属富水性微弱的含水层。水质类型SO_4—Na,矿化度20.45 g/L。

7.侏罗系中统延安组煤层及其顶板砂岩含水层(Ⅶ)

侏罗系中统延安组煤层及其顶板砂岩含水层在井田内无出露,井田钻探揭露厚度平均60 m,一、二盘区揭露厚度平均38.64 m。含水层为4号煤及其老顶中粗粒砂岩、砂砾岩。根据水文地质勘探报告2个钻孔(2-5、2-6)抽水试验结果,含水层水位标高+910.435~+792.73 m,单位涌水量0.000 770 9~0.000 097 L/(s·m),渗透系数0.000 424 74~0.001 739 m/d;据一、二盘区补勘钻孔(DG4)抽水试验数据,含水层水位标高+776.49 m,单位涌水量0.000 1 L/(s·m),渗透系数0.000 19 m/d,水质类型Cl·HCO_3—Na型,矿化度8 267 mg/L。属富水性极弱含水层。

统计各含水层的主要水文地质参数见表5-3。

5.2.4.2　隔水层

根据地层资料,井田内由上往下发育的隔水层和相对隔水层如下:第三系(新近系)红土隔水层段(Ⅰ),白垩系下统华池组相对隔水层(Ⅱ),侏罗系中统安定组泥岩隔水层(Ⅲ),侏罗系下统富县组隔水层(Ⅳ),现详述如下:

表5-3 小庄煤矿各含水层水文地质参数一览

含水层	厚度/m	单位涌水量/[L/(s·m)]	渗透系数/(m/d)	水质类型
第四系全新统冲、洪积层孔隙潜水含水层组(Ⅰ)	8~10	—	—	HCO_3—Na·Ca·Mg
第四系中更新统黄土孔隙—裂隙潜水含水层(Ⅱ)	—	0.077 95~0.082 99(北极塬区),0.042 85(新民塬区)	—	HCO_3—Na·Ca·Mg,HCO_3—Ca·Na·Mg,HCO_3—Na·Ca
第三系(新近系)砂卵砾含水层段(Ⅲ)	7~10	—	—	HCO_3—Na·Mg
白垩系下统洛河组砂岩孔隙—裂隙含水层(Ⅳ)	160~290	上段:0.036 32~0.279 75 下段:0.020 13~0.114 20	上段:0.023 821~0.195 227 下段:0.023 821~0.068 782	SO_4·Cl—Na
白垩系下统宜君组砾岩裂隙含水层(Ⅴ)	平均49.31	0.002 91~0.024 92	0.004 651~0.036 995	Cl·SO_4—Na,SO_4—Na
侏罗系中统直罗组砂岩裂隙含水层(Ⅵ)	平均28.53	0.000 45(DG4)	0.000 38(DG4)	SO_4—Na
侏罗系中统延安组煤层及其顶板砂岩含水层(Ⅶ)	平均60	0.000 1~0.000 097	0.000 19~0.001 739	Cl·HCO_3—Na

1. 第三系(新近系)红土隔水层段(Ⅰ)

第三系(新近系)红土隔水层段分布于黄土塬区,于塬边缘沟谷中连续出露。厚71~113.5 m。上部为浅棕红色、棕红色黏土、亚黏土,致密,具团块状结构,并为Fe、Mn质所浸染,富含零散钙质结核,下部为棕红色黏土,钙质成分高,并含数层钙质结核层。总体而言,本层段岩性稳定,隔水性强,为井田松散岩类与基岩含水层之间的稳定隔水层。

2. 白垩系下统华池组相对隔水层(Ⅱ)

白垩系下统华池组相对隔水层于红岩河、泾河支沟中零星出露。先期开采地段北部厚20~30 m,井田东北部边界附近30~40 m。岩性以紫红色、灰紫色、灰绿色泥岩为主,夹砂质泥岩及粉—细砂岩薄层。砂岩夹层在裂隙发育地段可形成局部含水层段,但富水性极其微弱。野外调查中见有泉点3处,流量甚微,故视为相对隔水层。

3. 侏罗系中统安定组泥岩隔水层(Ⅲ)

侏罗系中统安定组泥岩隔水层在井田内无出露,地层厚度平均63.93 m,岩性为紫红色、灰褐色泥岩,砂质泥岩夹浅兰灰色砂岩,底部为1~3 m厚的浅灰紫色砂砾岩。泥岩、砂质泥岩含量:先期开采地段50%~70%,井田东部40%~60%。泥岩、砂质泥岩隔水层厚度:先期开采的二盘区40201工作面附近厚度较薄,为15~45 m;中部和北部最厚,为50~85 m;井田东部较薄,为20~30 m,东北部最薄,为10~20 m。含水甚微,为煤系与上覆白垩系之间的稳定隔水层。

4. 侏罗系下统富县组隔水层(Ⅳ)

侏罗系下统富县组隔水层在井田内无出露,厚度1.0~14.18 m。以泥岩、砂质泥岩等隔水性岩石为主,加之埋藏深,裂隙不发育,故视为隔水层。

5.2.4.3 地下水补给径流排泄条件

矿区各类地下水,因所处地形地貌、含水层岩性等水文地质条件的差异,其补给、径流及排泄条件明显有别。

1. 松散岩类地下水

河谷川道松散层潜水,主要由大气降水和下伏基岩地下水补给,近河地段与河流地表水有互补关系,即洪水期河水补给地下水,枯水期地下水补给河水。黄土塬、梁、峁地区,以大气降水的垂直入渗补给。塬区地形开阔平缓,黄土透水性能好,降水入渗补给量大;梁峁区地形破碎,坡降大,降水多由地表流失,渗入补给量甚微。

地下水流向基本与地形坡向一致,即由分水岭地段流向沟谷,最终汇入泾河。由于自然地理条件差异,地下水局部流向变化较大。塬边部沟谷发育,含水层被切穿而形成各塬块相对独立的水文地质单元,地下水流向除遵循总的径流趋势外,还具有由塬中部向周边沟谷呈放射状流动。总体而言,由于地形破碎,地势高低悬殊,松散层地下水具有径流途径短、水循环交替较强烈、矿化作用弱的特点。

除河漫滩及阶地区地下水以补给地表水的方式排泄外,塬梁峁区地下水,均以泉的形式排泄于沟谷为主要排泄途径。

2. 白垩系砂砾岩地下水

矿区白垩系砂砾岩地下水,赋存于走向NE、倾向NW的平缓单斜之中,系区域性白垩系承压水盆地南翼边部,呈现为一开启型含水构造。地下水补给来源以区域侧向径流为主,大气降水次之。矿区北部为地下水径流区,中南部地段因泾河、黑河切割含水层而为排泄区,泾河河谷地带排泄标高821.10~855.17 m,黑河河谷地带排泄标高为845.66~851.94 m。地下水由分水岭向泾河、黑河集中排泄。

3. 侏罗系煤系地下水

侏罗系煤系地下水,赋存于走向NE,倾向NW而略有起伏的单斜构造之中,系区域性承压水斜地之南翼组成部分。浅循环带以补给区与排泄区均在浅部为特征,补给区位于地形较高的露头地带,排泄区位于低洼地段,高处地段获得降水及地表水入渗后,向低洼处运移,低洼处则以盈溢形式向外排泄。深循环带地下水则通过裂隙向承压水斜地深部运移,随埋深加大而径流趋于滞缓。

5.2.4.4 矿井充水因素分析

1. 以往的矿井充水因素分析成果

根据掌握的资料,以往开展的矿井涌水充水因素分析成果见表5-4。

表5-4　以往开展的矿井涌水充水因素分析成果

序号	成果名称	矿井充水层组	分析结论
1	小庄煤矿勘探地质报告	延安组、直罗组	矿井直接充水含水层为直罗组、延安组煤层及其顶板,各直接充水含水层埋藏深,裂隙不甚发育,补给来源单一,导水性差,径流滞缓,富水性微弱,对矿井开采影响不大。白垩系洛河组为本矿主要含水层,局部地段洛河砂岩含水层有可能与4号煤层导水裂隙带贯通,虽为矿井间接充水含水层,但对矿井开采可能构成一定威胁
2	小庄煤矿一、二盘区补充勘探地质报告	延安组、直罗组、宜君组和洛河组	认为宜君组砾岩、直罗组砂岩、延安组煤层及其顶板砂岩裂隙含水层的水可通过导水裂隙进入井底巷道,为矿井直接充水含水层;而洛河组含水层则为矿井间接充水含水层,但是随着以后矿井的开拓,该含水层中的水亦可能在局部地段通过透水裂隙进入井底巷道
3	小庄煤矿生产地质报告	延安组、直罗组、宜君组	煤层回采形成的导水裂缝带将直接发育至直罗组和宜君组砂岩含水层,洛河组砂岩含水层也可被直接波及。本矿未出现自身采空区积水的危害
4	小庄煤矿水文地质类型划分报告	延安组、直罗组、宜君组和洛河组	根据周边矿井“两带”实测的计算数据及工作面涌水量变化、长观孔洛河组水位变化资料,认为白垩系洛河组含水层可通过导水裂缝带进入矿井,成为矿井涌水的重要组成部分。顶板延安组、直罗组、宜君组和洛河组含水层均为矿井的直接充水含水层,其中洛河组含水层厚度大、富水性中等,对矿井水害威胁最大
5	小庄煤矿煤层综放开采对地下含水层影响评价	直罗组、延安组、宜君组和洛河组	通过对煤层顶板覆岩破坏发育规律综合分析,4号煤综放开采条件下顶板导水裂缝带可波及洛河组含水层下段,难以直接波及洛河组上段。煤层综放开采条件下将直接影响到洛河组含水层下段、侏罗系直罗组和延安组含水层3个含水层,洛河组上段含水层不会受到煤层开采直接影响

2. 本次矿井涌水充水因素分析

1) 老窨积水

与小庄井田毗邻的生产矿井有彬州市下沟煤矿、大佛寺煤矿、亭南煤矿、胡家河煤矿、火石嘴煤矿和文家坡煤矿等，其中大佛寺煤矿、亭南煤矿和下沟煤矿与小庄煤矿相隔泾河，而胡家河、火石嘴和文家坡煤矿紧邻小庄煤矿。根据小庄煤矿未来三年的采掘规划，以及相邻各矿的采掘情况，胡家河煤矿和火石嘴煤矿已有多个工作面与小庄井田相连，火石嘴煤矿靠近小庄煤矿的一盘区东部，但今后3年内小庄煤矿主要回采二、三盘区的几个工作面，不涉及东部边界部分资源的开采，因此火石嘴煤矿暂时不对小庄矿构成老窑积水的威胁。矿井西翼北部目前正在开采的40309工作面邻近胡家河煤矿401101、401012工作面采空区，小庄煤矿40309工作面采掘过程中需及时了解胡家河煤矿相邻采空区的积水情况，确保安全生产。

周边其他矿井生产区域距离小庄煤矿生产工作面较远，采空区积水对矿井生产活动影响较小。

2) 地表水对矿井开采的影响

勘查区西部常年性地表水主要为泾河干流。由于地表水与煤层顶界的最小垂距都在415 m(2-5孔)，平均达642 m，基岩地层近水平状，夹有多层泥岩类隔水层，基本隔断了地表水与煤层开采巷道的水力联系，判断地表水对矿井开采不造成影响。临近的亭南、胡家河等煤矿矿井涌水不随季节变化即为佐证。

3) 地下水对矿井开采的影响

地下水对未来矿井开采的影响程度，取决于煤层开采后其上覆岩层所形成导水裂隙带的穿透程度，需要对井田内各钻孔导水裂隙带高度进行分析。

论证以小庄煤矿可回收煤柱区与可采区的41个钻孔裂隙带高度计算值和17个永久煤柱区钻孔限定值(0 m)为基础，采用《建筑物水体、铁路及主要井巷煤柱留设与压煤开采规范》(简称“三下”规范)“地勘规范”推荐方法“实测裂采比”比拟法等方法分别计算了小庄煤矿各钻孔导水裂隙带的发育高度，详细的分析计算成果见论证第6章相关内容。

钻孔分布图见图 6-1，根据裂隙发育高度预测结果，井田内除去 2 个无煤孔（4-6、224）之外的 39 个钻孔中，有 28 个钻孔处的裂隙进入洛河组，占比 72%，但仅有 2-5 一个钻孔裂隙进入洛河组上段；裂隙带未进入洛河组的 11 个见煤钻孔中有 6 个钻孔裂隙进入宜君组，占总数的 15.4%；所有钻孔裂隙高度均达到直罗组。采矿过程中安定组、直罗组、延安组 3 个地层中的裂隙水将得到疏排，但由于这 3 个地层含水微弱，且补给不足，因此小庄煤矿开采的主要充水含水层为白垩系洛河组下段含水层。

根据本次覆岩导水裂缝带发育高度的预测成果可知，小庄煤矿采煤过程中的充水水源为侏罗系延安组、直罗组、宜君组及白垩系洛河组下段含水层。

5.2.5　矿井涌水量预算

5.2.5.1　计算方法的选择

根据《煤矿床水文地质、工程地质及环境地质勘查评价标准》（MT/T 1091—2008）附录，常用的矿井涌水量计算方法主要有：水文地质比拟法（富水系数法、单位用水量比拟法）、解析法（大井法、水平廊道法）等。本书采用解析法和水文地质比拟法分别对小庄煤矿首采区的涌水量进行预算，再对各预算成果进行分析，以确定合理的矿井涌水水量。

5.2.5.2　解析法预测矿井涌水量

1. 预算原则

（1）预算范围：根据小庄煤矿水文地质研究程度与小庄煤矿开采计划，本次矿井涌水量的计算范围为二、三盘区西翼（见图 5-7 阴影部分），小庄煤矿初设批复中的首采区为二盘区。经调研，根据实际开采情况，小庄煤矿实际开采计划已与初设存在较大出入，现阶段实际开采工作面为 40309 工作面，未来 5 年的开采区域均在二、三盘区西翼，因此将该区域作为本次矿井涌水量的计算范围。二盘区和三盘区西翼形状基本为直角梯形，两个直角梯形底边相交，直角边共线，其中二盘区西翼面积为 3.95 km^2，三盘区西翼面积为 3.90 km^2，二盘区梯形高度为1 914 m,三盘区梯形高度为1 316 m,二盘区梯形底边长度在1 333~2 999 m,三盘区梯形底边长度在2 848~2 999 m,矿井涌水计算范围见图5-7。综上,矿井涌水预算范围南北长为3 250 m,东西宽约2 415 m,面积为7.85 km^2。

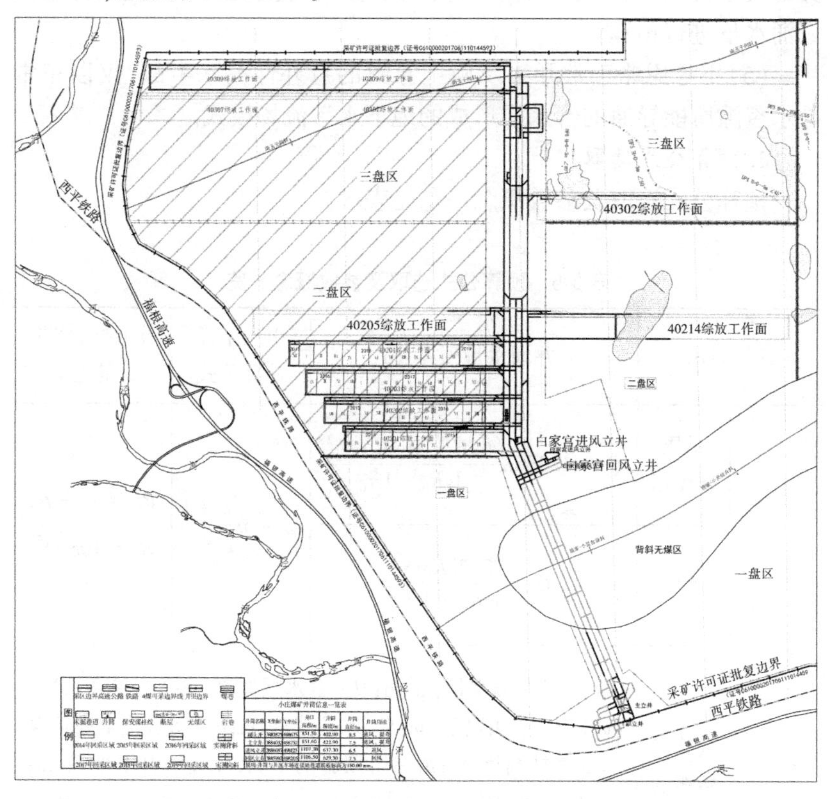

图5-7 首采区预算范围示意图

(2)预算方法:《基坑工程手册》(第2版)解释了解析法中大井法和水平廊道法等两种方法适用范围:长宽比值小于10的视为辐射流,即可将巷道系统假设为一个理想大井,采用大井法进行预算;比值大于10的视为平行流,即将其概化为水平廊道,采用水平廊道法进行预算。小庄井田首采区长宽比1.35,矿井涌水量预算采用大井法。

(3)考虑到导水裂隙带已延伸至白垩系洛河组含水层上段,所以分别计算洛河组、宜君组、直罗组、延安组等 4 个含水层的矿井涌水水量。

(4)利用现有抽水钻孔资料,结合井田地形地貌及井田含水层水文地质条件及特征,不考虑大气降水及枯水期、丰水期,对先期开采区域涌水量进行预算。

(5)不考虑非正常开采及施工导致的意外性突水事故,仅以正常导水裂隙所能导通的含水层形成的地下水渗流场模式。

2. 预算公式选取

预算公式选取及参数概念一览见表 5-5。

表 5-5　预算公式选取及参数概念一览

<table>
<tr><th colspan="2">计算方法</th><th>矿井涌水量预算公式</th><th>引用半径计算公式</th><th>引用影响半径计算公式</th></tr>
<tr><td rowspan="3">大井法</td><td>承压转无压</td><td>$Q = 1.366K\frac{(2H - M)M - h^2}{\lg R_0 - \lg r_0}$</td><td rowspan="2">$r_0 = \eta\frac{a + b}{4}$</td><td rowspan="2">$R_0 = r_0 + R$;
$R = 10S\sqrt{K}$</td></tr>
<tr><td>承压</td><td>$Q = \frac{2.73KMS}{\lg R_0 - \lg r_0}$</td></tr>
<tr><td>公式参数概念</td><td colspan="3">Q—矿井涌水量,m^3/d;M—含水层厚度,m;K—渗透系数,m/d;H—水头高度,m;S—水位降深,m;h—动水位至底板含水层水柱高度,m;R_0—引用影响半径,m;r_0—引用半径,m;R—影响半径,m;a—基坑长度,m;b—基坑宽度,m;η—概化系数,查表取 1.18</td></tr>
</table>

3. 预算参数选取和预算结果

根据不同含水层的矿井涌水预算参数,分别选取各水文孔渗透系数、含水层厚度的平均值、最大值计算矿井涌水量,见表 5-6~表 5-9。

表 5-6 小庄煤矿延安组矿井涌水量计算参数

参数	参数值	说明
K	0.000 916 m/d	据勘探地质报告 2-5,2-6 孔一、二盘区补勘 DG4 孔平均值
r_0	1 671 m	b/a=2 415/3 250=0.74,η=1.18
M	60 m	据水文地质报告,预算区范围内此含水层 25~80 m
S	428.84 m	近水平煤层,煤层底板标高约为+418.46 m,延安组含水层的静止水位标高为 200 孔:+843.31 m,2-5:+889.74 m,2-6:808.86,平均为+847.30 m
R	122.2 m	$R=10S\sqrt{K}$
R_0	1 793.4 m	$R_0=R+r_0$
Q	1 732 m^3/d	72.2 m^3/h,采用承压转无压公式计算

表 5-7 小庄煤矿直罗组矿井涌水量计算参数

参数	参数值	说明
K	0.000 383 m/d	据一、二盘区补勘资料 DG4 钻孔抽水试验平均值
r_0	1 671 m	b/a=2 415/3 250=0.74,η=1.18
M	28.53 m	据水文地质划分报告
S	360 m	据一、二盘区补勘资料 DG4 钻孔,水位标高+844.73 m,直罗组底板标高+484.4
R	70.45 m	$R=10S\sqrt{K}$
R_0	1 741.45 m	$R_0=R+r_0$
Q	582 m^3/d	24.2 m^3/h,采用承压转无压公式计算

表 5-8 小庄煤矿宜君组矿井涌水量计算参数

参数	参数值	说明
K	0.014 358 m/d	据一、二盘区补勘 DG3 钻孔、2017 年补勘 XZ1、XZ3 钻孔抽水试验平均值
r_0	1 671 m	$b/a=2\ 415/3\ 250=0.74$, $\eta=1.18$
M	49.46 m	据水文地质划分报告
S	131.7 m	据一、二盘区补勘 DG3 底板标高+579.0 m，水位标高+791.0 m；2017 年补勘 XZ1 底板标高+533.6 m，水位标高+621.0；XZ3 底板标高 550.9 m，水位标高 646.5 m，取 3 个水文钻孔的平均值
R	157.8 m	$R=10S\sqrt{K}$
R_0	1 829.0 m	$R_0=R+r_0$
Q	5 283 m³/d	220.1 m³/h，采用承压转无压公式计算

表 5-9 小庄煤矿洛河组下段矿井涌水量计算参数

参数	参数值	说明
K	0.081 364 m/d	据一、二盘区补勘 DG3 钻孔、2017 年补勘 XZ1、XZ3 钻孔抽水试验平均值
r_0	1 671 m	$b/a=2\ 415/3\ 250=0.74$, $\eta=1.18$
M	136 m	据 2017 年补勘 XZ1、XZ3 钻孔数据平均值
S	40 m	据水文地质划分报告，洛河组含水层水位在 40201 工作面在回采过程中实测下降约 40 m
R	114.1 m	$R=10S\sqrt{K}$
R_0	1 785.3 m	$R_0=R+r_0$
Q	42 128 m³/d	1 755.3 m³/h，根据实际数据，洛河组含水层水位在煤层回采过程中大约下降 40 m，因此还属于承压水范畴，采用承压水公式进行计算

根据表 5-5 所列公式,对表 5-6~表 5-9 的参数进行计算,大井法计算的小庄煤矿首采区的涌水量平均值、最大值见表 5-10。

表 5-10　大井法计算的小庄煤矿首采区涌水量预算结果

序号	含水层组	正常矿井涌水量/(m^3/d)
1	侏罗系延安组	1 732
2	侏罗系直罗组	582
3	白垩系宜君组	5 283
4	白垩系洛河组	42 128
5	合计	49 725

按照《数值修约规则与极限数值的表示和判定》(GB/T 8170—2008)将大井法计算的正常矿井涌水量修约为 49 700 m^3/d。

5.2.5.3　富水系数法计算矿井涌水量

1. 计算公式

(1)富水系数的计算公式为

$$K_p = \frac{Q_0}{P_0} \tag{5-1}$$

式中:K_p 为富水系数,m^3/t;Q_0 为比拟煤矿的涌水量,m^3/d;P_0 为比拟煤矿的产量,t/d。

(2)矿井涌水量的计算公式为:

$$Q = K_p P \tag{5-2}$$

式中:Q 为本矿的涌水量,m^3/d;P 为本矿的产量,t/d。

2. 比拟对象

考虑到小庄煤矿已经建成投产 4 年,矿井涌水量记录和产量记录较为完备,近年来矿井涌水量较为稳定,故采用小庄煤矿自身作为比拟对象。

根据小庄煤矿提供的运行后 2015 年 1 月至 2018 年 12 月的矿井涌水量、煤炭实际产量计算的富水系数见表 5-11 和图 5-8。

表 5-11 小庄煤矿矿井涌水量产量统计和富水系数计算

时间	矿井涌水量/(m^3/d)	月矿井涌水量/m^3	月产量/t	K_p/(m^3/t)
2015 年 1 月	7 728	239 568	327 481.57	0.73
2015 年 2 月	8 544	239 232	278 538.78	0.86
2015 年 3 月	9 960	308 760	294 105.36	1.05
2015 年 4 月	11 088	332 640	306 490.04	1.09
2015 年 5 月	13 368	414 408	381 789.50	1.09
2015 年 6 月	14 112	423 360	378 548.08	1.12
~~2015 年 7 月~~	~~14 832~~	~~459 792~~	~~246 706.38~~	~~1.86~~
~~2015 年 8 月~~	~~16 416~~	~~508 896~~	~~264 001.12~~	~~1.93~~
2015 年 9 月	15 768	473 040	349 809.14	1.35
2015 年 10 月	14 904	462 024	362 251.38	1.28
2015 年 11 月	16 248	487 440	369 355.06	1.32
2015 年 12 月	20 088	622 728	383 413.64	1.62
2016 年 1 月	21 048	652 488	380 883.28	1.71
2016 年 2 月	20 112	583 248	352 292.80	1.66
2016 年 3 月	19 968	619 008	407 759.32	1.52
2016 年 4 月	19 872	596 160	357 173.54	1.67
2016 年 5 月	18 912	586 272	393 696.36	1.49
2016 年 6 月	19 536	586 080	372 044.12	1.58
~~2016 年 7 月~~	~~18 192~~	~~563 952~~	~~267 165.50~~	~~2.11~~
~~2016 年 8 月~~	~~18 912~~	~~586 272~~	~~253 205.12~~	~~2.32~~
2016 年 9 月	19 056	571 680	310 038.34	1.84

注:表中删除线划去月份为产量异常月份。

续表 5-11

时间	矿井涌水量/(m^3/d)	月矿井涌水量/m^3	月产量/t	K_p/(m^3/t)
2016年10月	19 416	601 896	484 319.20	1.24
2016年11月	18 792	563 760	431 469.80	1.31
2016年12月	21 264	659 184	422 958.54	1.56
2017年1月	23 016	713 496	393 770.86	1.81
2017年2月	22 080	618 240	357 775.44	1.73
2017年3月	21 696	672 576	420 927.74	1.60
2017年4月	22 680	680 400	388 859.96	1.75
2017年5月	23 568	730 608	429 129.58	1.70
2017年6月	23 112	693 360	339 132.88	2.04
~~2017年7月~~	~~22 368~~	~~693 408~~	~~256 957.70~~	~~2.70~~
~~2017年8月~~	~~21 912~~	~~679 272~~	~~233 747.46~~	~~2.91~~
2017年9月	20 520	615 600	330 211.64	1.86
~~2017年10月~~	~~20 616~~	~~639 096~~	~~279 848.47~~	~~2.28~~
2017年11月	21 672	650 160	372 387.32	1.75
~~2017年12月~~	~~21 576~~	~~668 856~~	~~315 428.62~~	~~2.12~~
2018年1月	20 136	624 216	411 184.30	1.52
2018年2月	22 008	616 224	376 357.13	1.64
2018年3月	23 856	739 536	457 192.40	1.62
2018年4月	24 168	725 040	439 586.49	1.65
2018年5月	24 552	761 112	399 431.29	1.91
2018年6月	20 784	623 520	474 911.19	1.31
2018年7月	24 744	767 064	403 475.50	1.90

续表 5-11

时间	矿井涌水量/(m^3/d)	月矿井涌水量/m^3	月产量/t	K_p/(m^3/t)
2018 年 8 月	22 056	683 736	445 873.41	1.53
2018 年 9 月	24 240	727 200	481 889.17	1.51
2018 年 10 月	22 400	694 400	380 844.32	1.82
2018 年 11 月	24 240	751 440	413 925.92	1.76
~~2018 年 12 月~~	~~24 120~~	~~747 720~~	~~587 918.75~~	~~1.27~~

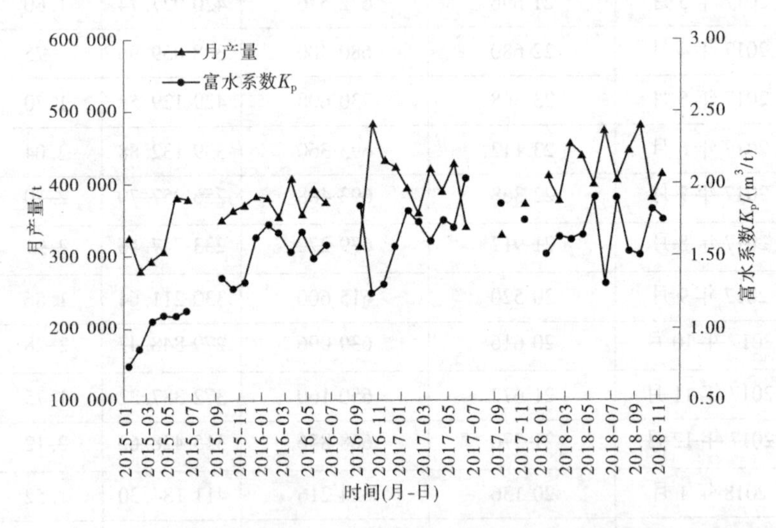

图 5-8　小庄煤矿近年来产量与富水系数关系示意图

由表 5-11 和图 5-8 可知，自小庄煤矿投产运行以来，产煤量稳步上升，年产煤量从接近 400 万 t 升至 500 万 t，富水系数有随着采煤活动的进行在波动中变大的趋势，这可能是由导水裂隙带逐渐发育导通上层含水层导致的，自 2018 年 1 月以来，富水系数趋于稳定，在 1.50~1.90 m^3/t 波动。

与小庄煤矿相邻的有 8 对矿井，与小庄煤矿泾河同侧的从上游到下游分别为胡家河、文家坡、官牌、泾河对岸,从上游到下游有孟村、亭南、大佛寺、水帘洞,本井田与煤矿已投运多年,产量水量稳定。胡家河矿产量为5.0 Mt/a,富水系数为3.5 m^3/t;文家坡矿产量为4 Mt/a,富水系数为1 m^3/t;官牌矿产量为3 Mt/a,富水系数为3.5 m^3/t;孟村矿产量为4 Mt/a,富水系数为0.8 m^3/t;亭南矿产量为5.0 Mt/a,富水系数为3.72 m^3/t;大佛寺矿产量为6.0 Mt/a,富水系数为0.53 m^3/t;下沟矿产量为2.1 Mt/a,富水系数为0.37 m^3/t;水帘洞矿产量为7万t/a,富水系数为0.43 m^3/t。

综上可知,对于彬长矿区内的井田,采煤是否导通洛河组含水层对采煤富水系数有巨大影响,富水系数可能达到3.5m^3/t,亦可能小至0.37 m^3/t,小庄周边几座煤矿,如胡家河煤矿、亭南煤矿等均导通了白垩系洛河组全段含水层,富水系数较高,对于孟村井田、文家坡井田、大佛寺井田,受煤层埋深、开采厚度、开采时间等影响,目前采煤尚未导通白垩系洛河组含水层,因此其富水系数较小。

小庄煤矿由于采煤导通了洛河组下段含水层,因此富水系数与周边各矿不具有可比性,小庄煤矿富水系数的确定应当比拟自身确定,考虑到小庄煤矿2015~2018年富水系数始终保持轻微增长的情况,自2018年1月以来,富水系数开始趋于稳定,在1.50~1.90 m^3/t,同时结合矿井实际生产情况,小庄煤矿正常生产情况下富水系数按照K_p = 1.8 m^3/t确定。

3.富水系数法预算涌水量结果

小庄煤矿设计产能6.0 Mt/a,经国家发改委核准实际生产产能为6.0 Mt/a,本次按6.0 Mt/a规模进行预测,按365 d计算,平均日产出煤炭16 438.3 t,正常矿井涌水量按照K_p = 1.8 m^3/t确定,可知小庄煤矿开采后正常涌水量为29 589.0 m^3/d。

按照《数值修约规则与极限数值的表示和判定》(GB/T 8170—2008)将正常矿井涌水量修约为29 600 m^3/d。

5.2.5.4 矿井涌水量预算结果评述及推荐值

论证采用不同方法预算得出的小庄煤矿矿井涌水量见表5-12。

表 5-12　三种方法预算得出的小庄煤矿矿井涌水量对比　单位：m^3/d

计算方法	矿井涌水可供水量
大井法计算平均矿井涌水量	49 700
吨煤富水系数法计算平均涌水量	29 600

1. 大井法预算结果评述

(1)在矿井开采条件确定的情况下，涌水量大小主要取决于补给条件。在补给条件不利的情况下，含水层涌水量随水位降深的增大而增大到一定程度后，就不会随降深增大而再增大。但在矿井涌水量的计算中，合适的降深值 S 是无法确定的。考虑到该矿井的主要补给含水层为洛河组含水层，广泛分布并延展至矿井外无限远，在导水裂缝带波及洛河含水层后，洛河组含水层地下水位并未出现疏降至底板的情况，含水层水仅部分参与矿井涌水。由于含水层静储量及补给量丰富，矿井充水强度较高，随采空区面积的增加，矿井涌水量很可能持续增加，对矿井井下排水系统可靠性、经济性提出较高要求，并给矿井永久排水系统带来较大压力。

(2)根据《地下水资源储量分类分级》(GB 15218—2021)，本次大井法的计算结果精度相当于 D 级，误差大体在 70%以内。预算值误差较大的原因主要有：①抽水孔布置较少，计算结果有一定的误差。②大井法是基于稳定流理论推导的地下水动力学计算公式，它要求地下水有比较充分的补给条件，要求在该水平开采的几年到几十年内，矿井排水计算的地下水影响半径边界上的水头高度，永远稳定在计算采用的高度上，实际情况中则会有较大的出入。③本次采用的计算影响半径的公式为吉哈尔特经验公式，会对矿井涌水预算精度造成影响。对于裂隙水来说，其计算的 R 值一般偏小；而影响半径 R，处在大井法矿井涌水量计算公式分母的位置，因此计算的影响半径 R 偏小，就会导致计算的矿井涌水量可能偏大。

2. 水文地质比拟法预算结果评述

根据《煤矿床水文地质、工程地质及环境地质勘查评价标准》(MT/T 1091—2008)，水文地质比拟法是一种应用相当广泛的传统方法,它是当新矿井与生产矿井的水文地质条件相类似时,用生产矿井的资料来预测新矿井涌水量的方法,虽属一种近似预测方法,但往往可以获得满意的效果,特别是对于那些水文地质条件简单或者中等的矿井。

综上分析后,论证从偏安全角度考虑,论证采用吨煤富水系数法计算的29 600 m^3/d 作为正常矿井涌水量推荐值,将大井法计算的49 700 m^3/d 作为矿井涌水量的理论最大值。

5.2.6 矿井涌水水质分析

5.2.6.1 水处理方案及水质保证分析

小庄煤矿能够做到矿井水分质处理、分质回用,目前针对矿井水的处理设备有常规处理工艺和深度处理工艺,常规处理工艺共有三套设备,分别为两套超磁设备和一套全自动一体化高效净水设备,小庄煤矿矿井水复用处理工艺流程图见图5-9。超磁设备的处理能力为800 m^3/h,高效净水设备的处理能力为600 m^3/h。超磁分离采用微磁絮凝技术,可以通过短时间的混凝反应,迅速的吸附打捞,去除污水中的大部分悬浮物、总磷等物质,特别适合去除难沉降的细小悬浮物、总磷等轻质杂质,占地面积小,处理效率高。全自动一体化高效净水设备主要采用混凝→沉淀→过滤→消毒处理工艺。根据设计报告,两种设备出水水质均能达到《煤矿井下消防、洒水设计规范》(MT 50383—2016)的水质标准,即出水水质 $S_S \leq 30$ mg/L,悬浮物颗粒不大于0.3 mm,pH为6.0~9.0,COD≤50 mg/L,大肠菌群不超过3个/L,经本工艺处理后,可直接外排或符合井下消防洒水、选煤补水水质要求。

小庄煤矿矿井水深度处理系统主要由盘式过滤器、活性炭过滤器、保安过滤器、反渗透装置组成,设计出水量为2×100 m^3/h,因小庄煤矿矿井涌水中存在溶解性总固体、硫酸盐、铁、砷等因子超标现象,因此采用反渗透工艺除盐,反渗透水处理原理示意图见图5-10,设计出水水质符合《生活饮用水卫生标准》(GB 5749—2006),能够满足小庄煤矿生活 用水、瓦斯抽采冷却、换热站补水、采煤机及液压支架用水的水质需

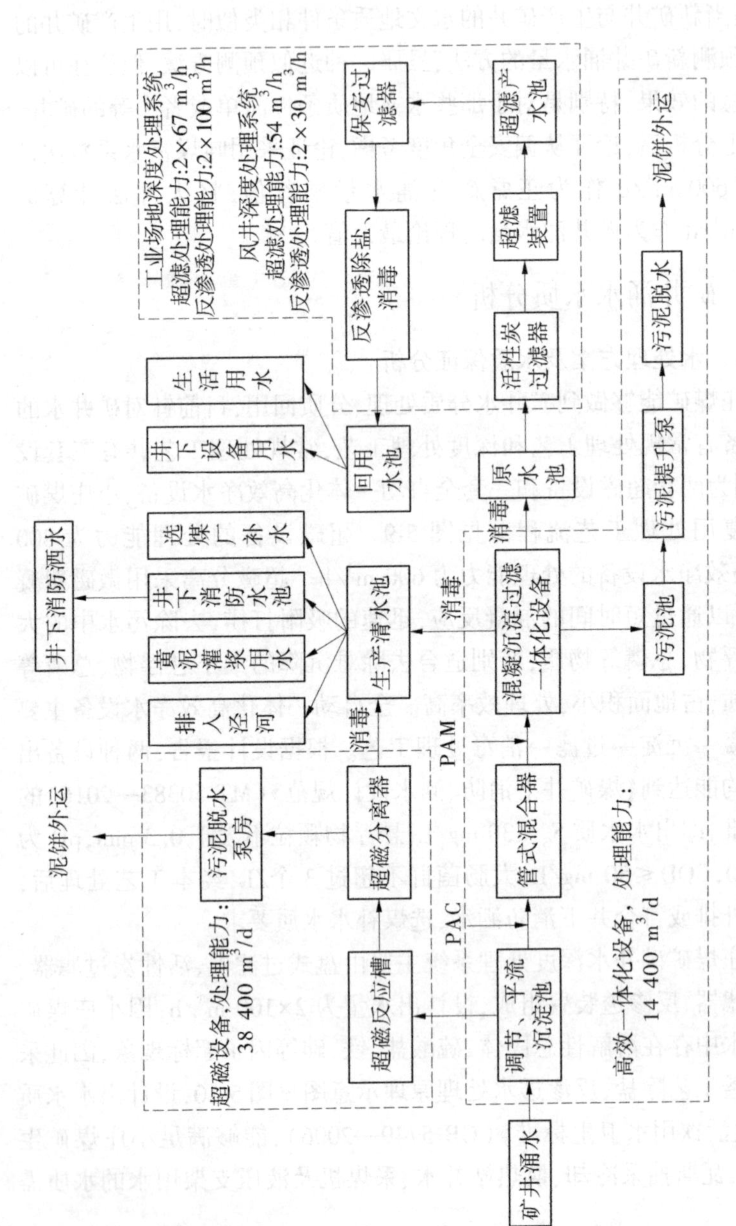

图 5-9 小庄煤矿矿井水复用处理工艺流程

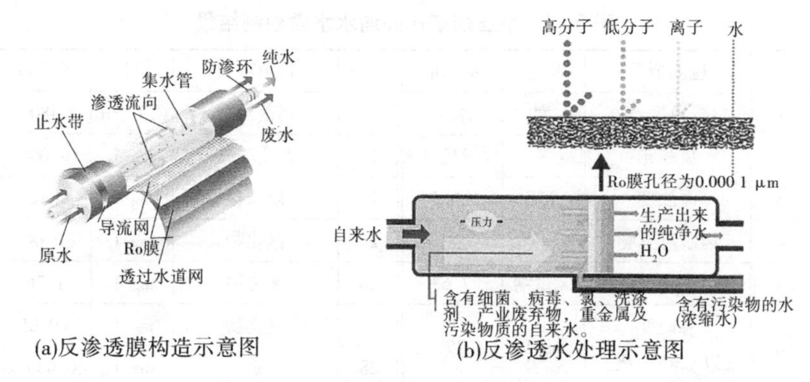

(a)反渗透膜构造示意图　　(b)反渗透水处理示意图

图5-10　反渗透水处理原理示意图

求,现状生活净水车间能够将同为洛河组的地下水处理达到《生活饮用水卫生标准》(GB 5749—2006)即为佐证。由于设计阶段缺乏矿井水水质数据,仅活性炭过滤器、保安过滤器等无法使水质达到反渗透设备进水水质要求,为此,小庄煤矿已正在进行矿井水深度处理系统的整改工作,小庄煤矿将工业场地反渗透设备与风井场地反渗透设备前加装超滤装置,工业场地增加处理能力为150 m^3/h的超滤装置,风井场地增加处理能力为54 m^3/h的超滤装置,超滤装置设计进水水质为浊度(NTU)<50、COD<100 mg/L、S_S<50 mg/L,设计出水水质为SDI≤1、浊度(NTU)≤0.2、S_S≤0.2 mg/L,以此出水水质进行评价,可以满足反渗透设备进水水质要求。矿井水深度处理系统改造完成后,矿井水深度处理系统出水水质可以满足各项用水的水质需求。

5.2.6.2　矿井涌水水质检测结果

2018年11月28日,黄河水资源保护科学研究院工作人员在小庄煤矿采空区积水和矿井涌水处理站出口等2处地点取水样送检,井下采空区积水的检测因子为《地下水质量标准》(GB/T 14848—2017)中表1~表4规定的93项指标,矿井涌水处理站出口水检测因子为《地表水环境质量标准》(GB 3838—2002)中表1规定的24项指标。煤矿矿井涌水与矿井涌水处理站出口检测结果见表5-13和表5-14。

表 5-13　小庄煤矿矿井涌水水质检测结果

序号	检测项目	单位	检测值	序号	检测项目	单位	检测值
1	色度	度	<5	22	菌落总数	CFU/mL	480
2	臭和味	—	无异臭异味	23	亚硝酸盐	mg/L	0.006
3	浑浊度	NTU	10.5	24	硝酸盐	mg/L	0.09
4	肉眼可见物	—	无	25	氰化物	mg/L	<0.001
5	pH	无量纲	7.63	26	氟化物	mg/L	1.76
6	总硬度（以 $CaCO_3$ 级）	mg/L	250	27	碘化物	mg/L	<0.05
				28	汞	mg/L	<0.000 04
7	溶解性总固体	mg/L	4.75×10^3	29	砷	mg/L	0.002 2
8	硫酸盐	mg/L	2.58×10^3	30	硒	mg/L	<0.000 4
9	氯化物	mg/L	1.11×10^3	31	镉	mg/L	0.000 2
10	铁	mg/L	0.26	32	铬(六价)	mg/L	<0.004
11	锰	mg/L	0.161	33	铅	mg/L	<0.001
12	铜	mg/L	<0.009	34	三氯甲烷	μg/L	0.14
13	锌	mg/L	0.002	35	四氯化碳	μg/L	<0.21
14	铝	mg/L	<0.040	36	苯	μg/L	<0.04
15	挥发性酚类（以苯酚计）	mg/L	<0.000 3	37	甲苯	μg/L	<0.11
				38	总 α 放射性	Bq/L	0.410
16	阴离子表面活性剂	mg/L	<0.05	39	总 β 放射性	Bq/L	0.270
				40	铍	mg/L	<0.000 2
17	耗氧量（COD_{Mn} 法，以 O_2 计）	mg/L	1.58	41	硼	mg/L	1.48
				42	锑	mg/L	<0.000 2
				43	钡	mg/L	0.014
18	氨氮	mg/L	1.49	44	镍	mg/L	<0.006
19	硫化物	mg/L	<0.02	45	钴	mg/L	<0.002 5
20	钠	mg/L	2.00×10^3	46	钼	mg/L	0.148
21	总大肠菌群	MPN/100 mL	5	47	银	mg/L	<0.013
				48	铊	mg/L	0.000 03

续表 5-13

序号	检测项目	单位	检测值	序号	检测项目	单位	检测值
49	二氯甲烷	μg/L	4.83	72	苯并[b]荧蒽	μg/L	<0.004
50	1,2—二氯乙烷	μg/L	0.11	73	苯并[a]芘	μg/L	<0.000 4
51	1,1,1—三氯乙烷	μg/L	<0.08	74	多氯联苯	μg/L	<0.002 2
52	1,1,2—三氯乙烷	μg/L	<0.10	75	邻苯二甲酸二(2—乙基己基)酯	μg/L	<2
53	1,2—二氯丙烷	μg/L	<0.04				
54	三溴甲烷	μg/L	<0.12	76	2,4,6—三氯酚	μg/L	<0.04
55	氯乙烯	μg/L	<0.17	77	五氯酚	μg/L	<0.03
56	1,1—二氯乙烯	μg/L	<0.12	78	六六六	μg/L	<0.01
57	1,2—二氯乙烯	μg/L	<0.12	79	γ—六六六	μg/L	<0.01
58	三氯乙烯	μg/L	<0.19	80	滴滴涕	μg/L	<0.02
59	四氯乙烯	μg/L	<0.14	81	六氯苯	μg/L	<0.02
60	氯苯	μg/L	<0.04	82	七氯	μg/L	<0.20
61	邻—二氯苯	μg/L	0.03	83	2,4—滴	μg/L	<0.05
62	对—二氯苯	μg/L	0.03	84	克百威	μg/L	<0.125
63	三氯苯	μg/L	<0.04	85	敌敌畏	μg/L	<0.05
64	乙苯	μg/L	<0.06	86	甲基对硫磷	μg/L	<0.1
65	二甲苯	μg/L	<0.13	87	马拉硫磷	μg/L	<0.1
66	苯乙烯	μg/L	<0.04	88	乐果	μg/L	<0.1
67	2,4—二硝基甲苯	μg/L	<0.018	89	毒死蜱	μg/L	<2
68	2,6—二硝基甲苯	μg/L	<0.017	90	百菌清	μg/L	<0.4
69	萘	μg/L	<0.012	91	莠去津	μg/L	<0.5
70	蒽	μg/L	<0.004	92	涕灭威	μg/L	<0.04
71	荧蒽	μg/L	<0.005	93	草甘膦	μg/L	<25

表 5-14　矿井水处理站出口水检测结果

序号	检测项目	单位	检测值	序号	检测项目	单位	检测值
1	水温	℃	25.6	13	阴离子表面活性剂	mg/L	<0.05
2	pH	无量纲	7.85	14	挥发酚	mg/L	<0.000 3
3	溶解氧	mg/L	7.11	15	石油类	mg/L	0.11
4	高锰酸盐指数	mg/L	4	16	六价铬	mg/L	<0.004
5	五日生化需氧量 BOD_5	mg/L	5.8	17	铜	mg/L	<0.009
6	化学需氧量 COD	mg/L	20	18	锌	mg/L	<0.001
7	氨氮(NH_3—N)	mg/L	1.29	19	铅	mg/L	<0.001
8	总磷(以 P 计)	mg/L	0.05	20	镉	mg/L	0.000 2
9	总氮(湖、库，以 N 计)	mg/L	1.83	21	汞	mg/L	<0.000 04
10	硫化物	mg/L	<0.005	22	砷	mg/L	0.004 4
11	氰化物	mg/L	<0.004	23	硒	mg/L	<0.000 4
12	氟化物(以 F^- 计)	mg/L	1.15	24	粪大肠菌群	个/L	3 500

5.2.6.3　矿井涌水水质评价标准方法选取和结果分析

分别选取《地下水质量标准》(GB/T 14848—2017)、《煤炭工业污染物排放标准》(GB 20426—2006)、《陕西省黄河流域污水综合排放标准》(DB 61/224—2018)和《地表水环境质量标准》(GB 3838—2002)对前述检测因子的检测值进行评价；评价方法均采用单因子法。

5.2.6.4　评价结果及分析

(1)采用《地下水质量标准》(GB/T 14848—2017)对小庄煤矿矿井涌水进行评价，单因子评价矿井水水质为Ⅴ类，主要超标因子有浑浊度、溶解性总固体、硫酸盐、氯化物、锰、氨氮、钠、总大肠菌群、菌落总数、氟化物、硼和钼，详细评价结果见表 5-15。

表 5-15　《地下水质量标准》(GB/T 14848—2017)对小庄煤矿矿井涌水的评价结果

序号	检测项目	检测值	序号	检测项目	检测值
1	色度	Ⅰ	24	硝酸盐	Ⅰ
2	臭和味	Ⅰ	25	氰化物	Ⅰ
3	浑浊度	Ⅴ	26	氟化物	Ⅳ
4	肉眼可见物	Ⅰ	27	碘化物	Ⅲ
5	pH	Ⅰ	28	汞	Ⅰ
6	总硬度(以 $CaCO_3$ 级)	Ⅱ	29	砷	Ⅲ
7	溶解性总固体	Ⅴ	30	硒	Ⅰ
8	硫酸盐	Ⅴ	31	镉	Ⅱ
9	氯化物	Ⅴ	32	铬(六价)	Ⅰ
10	铁	Ⅲ	33	铅	Ⅰ
11	锰	Ⅴ	34	三氯甲烷	Ⅰ
12	铜	Ⅰ	35	四氯化碳	Ⅰ
13	锌	Ⅰ	36	苯	Ⅰ
14	铝	Ⅰ	37	甲苯	Ⅰ
15	挥发性酚类(以苯酚计)	Ⅰ	38	总 α 放射性	Ⅲ
16	阴离子表面活性剂	Ⅰ	39	总 β 放射性	Ⅱ
17	耗氧量(COD_{Mn} 法,以 O_2 计)	Ⅱ	40	铍	Ⅲ
			41	硼	Ⅳ
18	氨氮	Ⅳ	42	锑	Ⅱ
19	硫化物	Ⅲ	43	钡	Ⅲ
20	钠	Ⅴ	44	镍	Ⅲ
21	总大肠菌群	Ⅳ	45	钴	Ⅰ
22	菌落总数	Ⅳ	46	钼	Ⅳ
23	亚硝酸盐	Ⅰ	47	银	Ⅲ

续表 5-15

序号	检测项目	检测值	序号	检测项目	检测值
48	铊	Ⅰ	72	苯并[b]荧蒽	Ⅰ
49	二氯甲烷	Ⅲ	73	苯并[a]芘	Ⅰ
50	1,2—二氯乙烷	Ⅰ	74	多氯联苯	Ⅰ
51	1,1,1—三氯乙烷	Ⅰ	75	邻苯二甲酸二(2—乙基己基)酯	Ⅰ
52	1,1,2—三氯乙烷	Ⅰ			
53	1,2—二氯丙烷	Ⅰ	76	2,4,6—三氯酚	Ⅰ
54	三溴甲烷	Ⅰ	77	五氯酚	Ⅰ
55	氯乙烯	Ⅰ	78	六六六	Ⅰ
56	1,1—二氯乙烯	Ⅰ	79	γ—六六六	Ⅰ
57	1,2—二氯乙烯	Ⅰ	80	滴滴涕	Ⅱ
58	三氯乙烯	Ⅰ	81	六氯苯	Ⅱ
59	四氯乙烯	Ⅰ	82	七氯	Ⅲ
60	氯苯	Ⅰ	83	2,4—滴	Ⅰ
61	邻—二氯苯	Ⅰ	84	克百威	Ⅱ
62	对—二氯苯	Ⅰ	85	敌敌畏	Ⅰ
63	三氯苯	Ⅰ	86	甲基对硫磷	Ⅱ
64	乙苯	Ⅰ	87	马拉硫磷	Ⅱ
65	二甲苯	Ⅰ	88	乐果	Ⅱ
66	苯乙烯	Ⅰ	89	毒死蜱	Ⅱ
67	2,4—二硝基甲苯	Ⅰ	90	百菌清	Ⅱ
68	2,6—二硝基甲苯	Ⅰ	91	莠去津	Ⅲ
69	萘	Ⅰ	92	涕灭威	Ⅰ
70	蒽	Ⅰ	93	草甘膦	Ⅱ
71	荧蒽	Ⅰ	—	—	—

(2)采用《煤炭工业污染物排放标准》(GB 20426—2006)对小庄煤矿矿井涌水进行评价,井下采空区水和矿井涌水处理站出口水符合《煤炭工业污染物排放标准》(GB 20426—2006),具体评价结果见表5-16。

表5-16　《煤炭工业污染物排放标准》(GB 20426—2006)对小庄煤矿矿井涌水的评价结果

序号	污染物	最高允许排放浓度	评价结果	
			井下采空区	矿井涌水处理站出口
1	总汞	0.05 mg/L	合格	合格
2	总镉	0.1 mg/L	合格	合格
3	六价铬	0.5 mg/L	合格	合格
4	总砷	0.5 mg/L	合格	合格
5	总铅	0.5 mg/L	合格	合格
6	总锌	2.0 mg/L	合格	合格
7	总铁	6 mg/L	合格	未检测
8	总锰	4 mg/L	合格	未检测
9	氟化物	10 mg/L	合格	合格
10	pH	6~9	合格	合格
11	总悬浮物	50 mg/L	合格	未检测
12	COD_{Cr}(滤后)	50 mg/L	未检测	合格
13	石油类	5 mg/L	未检测	合格
14	总α放射性	1 Bq/L	合格	未检测
15	总β放射性	10 Bq/L	合格	未检测
评价结果			全部合格	

(3)采用《陕西省黄河流域污水综合排放标准》(DB 61/224—2018)对小庄煤矿采空区水和矿井涌水处理站出口水进行评价,评价

结果为合格,具体评价结果见表5-17。

表5-17 《陕西省黄河流域污水综合排放标准》(DB 61/224—2018)对小庄煤矿矿井涌水的评价结果

序号	污染物	最高允许排放浓度/(mg/L)	评价结果	
			井下采空区	矿井涌水处理站出口
1	总汞	0.04	合格	合格
2	总镉	0.08	合格	合格
3	六价铬	0.4	合格	合格
4	总砷	0.4	合格	合格
5	总铅	0.8	合格	合格
6	氟化物	8.0	合格	合格
7	氨氮	12	合格	合格
8	挥发酚	0.3	合格	合格
9	五日生化需氧量(BOD_5)	20	未检测	合格
10	化学需氧量(COD)	50	合格	合格
11	总氮	20	未检测	合格
12	氨氮	12	合格	合格
13	磷酸盐(以P计)	0.5	未检测	合格
14	石油类	5.0	未检测	合格
15	硫化物	0.5	合格	合格
16	总氰化合物	0.2	合格	合格
评价结果			全部合格	

(4)采用《地表水环境质量标准》(GB 3838—2002)对小庄煤矿矿井涌水处理站出口水进行评价,矿井涌水处理站出口水质为Ⅳ类,主要超标因子有BOD_5、氨氮、氟化物、石油类,总氮(湖、库)不评价,具体评价结果见表5-18。

表5-18 《地表水环境质量标准》(GB 3838—2002)对小庄煤矿矿井涌水处理站出口水的评价结果

检测项目	单位	GB 3838—2002 Ⅲ类标准限值	小庄	
			矿井涌水处理站出口水	
水温	℃	—	25.6	合格
pH	—	6~9	7.85	合格
溶解氧	mg/L	5	7.11	合格
高锰酸盐指数	mg/L	6	4	合格
BOD_5	mg/L	4	5.8	不合格,1.45倍,Ⅳ类
COD	mg/L	20	20	合格
氨氮	mg/L	1	1.29	不合格,1.29倍,Ⅳ类
总磷	mg/L	0.2	0.05	合格
总氮(湖、库)	mg/L	1	1.83	不合格,1.83倍,Ⅴ类
硫化物	mg/L	0.2	<0.005	合格
氰化物	mg/L	0.2	<0.004	合格
氟化物	mg/L	1	1.15	不合格,1.15倍,Ⅳ类
阴离子表面活性剂	mg/L	0.2	<0.05	合格
挥发酚	mg/L	0.005	<0.000 3	合格
石油类	mg/L	0.05	0.11	不合格,2.2倍,Ⅳ类
六价铬	mg/L	0.05	<0.004	合格
铜	mg/L	1	<0.009	合格
锌	mg/L	1	<0.001	合格

续表 5-18

检测项目	单位	GB 3838—2002 Ⅲ类标准限值	小庄 矿井涌水处理站出口水	
铅	mg/L	0.05	<0.001	合格
镉	mg/L	0.005	0.000 2	合格
汞	mg/L	0.000 1	<0.000 04	合格
砷	mg/L	0.05	0.004 4	合格
硒	mg/L	0.01	<0.000 4	合格
粪大肠菌群	个/L	10 000	3 500	合格
评价结果及污染物因子			Ⅳ类水质，超标因子有 BOD_5、氨氮、氟化物、石油类	

(5)对前述各种评价结果进行分析，可知：

①本项目经处理后的矿井涌水中有毒有机物、重金属、放射性或持久性化学污染物等指标全部合格。

②本项目的矿井涌水为高矿化度、高硬度苦咸水，盐分极高，因本矿矿井涌水处理站对盐分没有去除效果，因此经处理后的矿井涌水在煤矿中只能用于对水质要求不高的工序，如黄泥灌浆、选煤用水、消防洒水等，其余各种用水均需将矿井涌水进一步深度处理除盐后方可使用，小庄煤矿应结合论证核定后的水量平衡图，实施深度处理系统的扩建工作，小庄煤矿在现有深度处理系统基础上，已经在建一套 200 t/h 的深度处理装置，以满足矿井涌水的深度处理和回用要求。

③从本次检测情况来看，矿井涌水中 NH_3—N 含量较高。按照《陕西彬长矿业集团有限公司废污水入河排放水环境综合整治方案》的相关要求，小庄煤矿外排矿井涌水须执行《地表水环境质量标准》(GB 3838—2002)Ⅲ类水质标准，建议业主对 NH_3—N 因子进行持续观测，摸清 NH_3—N 因子含量较高的机制，是来自地层天然本底状况还是井下人工污染，以便有针对性地采取处理措施，确保矿井涌水稳定达标

排放。

④从本次检测情况看,矿井涌水中氟化物含量较高,同时《陕西彬长矿业集团有限公司废污水入河排放水环境综合整治方案》中检测结果显示,小庄煤矿矿井涌水氟化物也存在超地表水Ⅲ类标准情况,根据检测结果可以看出,虽然小庄煤矿的污水处理设备对氟化物有一定去除能力,但依然不能达到地表水Ⅲ类标准,小庄煤矿应按照整治方案中的要求限期整改,使排水满足地表水Ⅲ类标准。

由于小庄煤矿矿井水深度处理系统尚未改造完成,本次论证以水源井水深度处理系统进行佐证,小庄煤矿自备水源井取水含水层位白垩系洛河组含水层,与矿井涌水主要充水含水层一致,且生活水深度处理系统与矿井水深度处理系统使用设备型号均相同,因此能够代表矿井涌水经深度处理后的出水水质。2019 年 2 月 8 日,项目业主在生活净水车间出口取净水送检,根据谱尼公司出具的水质检测报告(编号 VMBXAZDQ05987505),按照《生活饮用水卫生标准》(GB 5749—2006)对各检测因子的检测结果进行评价可知,所检测各项指标均符合《生活饮用水卫生标准》(GB 5749—2006),检测及评价结果见表 5-19。

表 5-19　小庄煤矿水源井水质检测结果一览

序号	检测因子	单位	检测结果	限值	评价结果
1	总大肠杆菌	MPN/100 mL	未检出	不得检出	合格
2	耐热大肠杆菌	MPN/100 mL	未检出	不得检出	合格
3	大肠埃希氏	MPN/100 mL	未检出	不得检出	合格
4	菌落总数	CFU/mL	36	100	合格
5	砷	mg/L	0.001ND	0.01	合格
6	镉	mg/L	0.000 5ND	0.005	合格
7	铬(六价)	mg/L	0.004ND	0.05	合格
8	铅	mg/L	0.002 5ND	0.01	合格
9	硒	mg/L	0.000 4ND	0.01	合格

续表 5-19

序号	检测因子	单位	检测结果	限值	评价结果
10	氟化物	mg/L	0.22	1.0	合格
11	硝酸盐(以 N 计)	mg/L	1.19	20	合格
12	色度	度	5ND	15	合格
13	浑浊度	NTU	0.5ND	1	合格
14	臭和味	—	无异臭异味	无异臭异味	合格
15	肉眼可见物	—	无	无	合格
16	pH(25 ℃)	无量纲	7.33	6.5~8.5	合格
17	铝	mg/L	0.036	0.2	合格
18	铁	mg/L	0.01ND	0.3	合格
19	锰	mg/L	0.008ND	0.1	合格
20	铜	mg/L	0.005ND	1.0	合格
21	锌	mg/L	0.05ND	1.0	合格
22	氯化物	mg/L	2.84	250	合格
23	硫酸盐	mg/L	2.58	250	合格
24	总硬度(以 $CaCO_3$ 计)	mg/L	5.3	450	合格
25	溶解性总固体	mg/L	92	1 000	合格
26	耗氧量(COD_{Mn} 法,以 O_2 计)	mg/L	0.54	3	合格
27	挥发酚类(以苯酚计)	mg/L	0.002ND	0.002	合格
28	阴离子合成洗涤剂	mg/L	0.05ND	0.3	合格
29	氰化物	mg/L	0.002ND	0.05	合格
30	三氯甲烷	mg/L	0.000 2ND	0.06	合格
31	四氯化碳	mg/L	0.000 1ND	0.002	合格

注:0.1ND 表示检出限为 0.1,未检出。

5.2.6.5　矿井涌水处理站规模论证

小庄煤矿的矿井涌水处理站现有两套规模为 800 m³/h 的超磁水处理设备和一套 600 m³/h 的一体化处理设备，总设计规模 52 800 m³/d。工业场地另有深度处理系统 2 处，分别为水源井净水车间和矿井水净水车间，两个净水车间分别由两套反渗透装置组成，每个净水车间脱盐水出水量为 200 m³/h，共计 400 m³/h。此外，风井场地还有一处净水车间供瓦斯抽采冷却用水，设计脱盐水出水量为 60 m³/h。

1. 矿井涌水处理站处理规模论证

根据矿方资料，从 2016 年 12 月开始，小庄煤矿矿井水涌水量达到 900 m³/h(21 600 m³/d)，根据论证测算，小庄煤矿正常矿井涌水量约 29 600 m³/d，大井法计算的正常矿井涌水量约为 49 700 m³/d，现有污水处理能力能够满足小庄煤矿矿井水排放能力，因矿井开采和井下疏排是一个长期渐变的过程，随着矿井开拓、导水裂缝带的形成与发展，上覆的白垩系洛河组上段含水层砂岩孔隙—裂隙水有可能通过局部透水“天窗”进入井下巷道系统，因此建议矿方加强对“三带”(垮落带、裂隙带、弯曲下沉带)的观测，持续研究其对矿井开采及矿井涌水量的影响，若出现矿井涌水量持续增加，小庄煤矿需增加矿井水处理设施。

2. 矿井涌水深度处理系统规模论证

目前小庄煤矿建设有矿井涌水深度处理系统 2 处，由 4 套反渗透装置组成，总处理能力为 260(2×100+2×30) m³/h，能够满足小庄煤矿生活用水、生产用水需求(近 600 m³/d)。经业主承诺，随着矿井水深度处理系统升级改造完成，小庄煤矿生产、生活用水全部改为矿井水。

5.2.7　矿井涌水取水可靠性分析

5.2.7.1　政策与经济技术可行性分析

小庄煤矿使用自身矿井涌水作为供水水源，符合国家产业政策要求，有利于水资源利用效率的提高，对于缓解当地水资源矛盾和促进经济发展具有重要意义。从经济技术角度来看，矿井涌水再生利用技术成熟，目前在国内已得到广泛使用，项目回用自身矿井涌水在经济技术上是可行的。

5.2.7.2 水量可靠性分析

经前述分析,论证分别采用大井法和比拟法对小庄煤矿的矿井涌水量进行了预算,选取了偏安全的比拟法预算结果作为本项目的矿井涌水可供水量,水量较为可靠且远大于自身需回用的矿井涌水水量,能够满足煤矿用水需求。

5.2.7.3 水质可靠性分析

小庄煤矿所采用的矿井涌水常规处理工艺和深度处理工艺均很成熟,应用广泛,矿井涌水经分质处理后,可以满足项目各装置、生活的用水水质要求。

综上分析,小庄煤矿以自身矿井涌水作为主水源,在水量和水质上是可靠的,对区域水资源的优化配置起着积极的作用。

第6章 取水影响论证研究

6.1 矿井涌水取水影响论证

6.1.1 对区域水资源配置的影响分析

根据《陕西省彬长矿区总体规划(修改)》(中煤西安设计工程有限责任公司,2009.3),为了节约水资源、减少排污,矿区内各建设项目所产生的矿井涌水实行分散处理方式,即矿区各项目分别设矿井涌水处理站对各自产生的矿井涌水进行处理并回用。

小庄煤矿通过建设矿井涌水处理站和矿井涌水深度处理系统,将自身水质较差的矿井涌水处理后最大化利用于生产和生活,在此基础上多余矿井涌水经处理后满足《地表水环境质量标准》(GB 3838—2002)Ⅲ类水质标准后排入泾河干流,一方面节约了新水资源,提高了水资源的利用效率;另一方面也避免了矿井涌水中污染物对区域水环境的影响,对区域水资源的优化配置有积极的作用。

6.1.2 对地下水的影响分析

煤层开采后形成采空区,破坏了原有的地应力平衡,采区周围岩体的应力失去原来的平衡状态,将重新调整直至达到新的平衡,从而致使覆岩发生破坏与移动,这类运动具有显著的个性与随机性,因此采空区上覆岩层的变化形式是极其复杂的。在采用综放法开采的工作面,只要采深达到一定的深度,覆岩的破坏和移动变形就会形成从下到上三个具有代表性的分带,即冒落带、裂隙带和下沉弯曲带,冒落带和裂隙带合称导水裂隙带。煤矿开采对地下水的影响程度(矿井充水因素),取决于煤层开采后其上覆岩层所形成导水裂隙带的穿透程度,需要对井田内各钻孔导水裂隙带高度进行分析。导水裂隙带高度与煤层厚度、煤层倾斜度、采煤方法和岩石力学性质等有关。

6.1.2.1 导水裂隙带发育高度预测

1. 可采煤层特征

根据《陕西省黄陇侏罗纪煤田彬长矿区小庄煤矿勘探地质报告》,该矿井可采煤层共4层:全区大部可采煤层为4号煤层,局部可采煤层为1号、3号、4^{-1}号煤层。

1号煤层位于延安组第三段最上部,距下部的3号煤层22.39 m,1个见煤点且可采(23号孔),煤厚3.24 m,可采厚度1.47 m。底板标高470~500 m,埋深525~620 m,属局部可采的较稳定煤层(为文家坡勘探区1号煤层的西延部分)。直接顶板为砂质泥岩、泥岩和粉砂岩。

3号煤层赋存于延安组第三段。采用厚度0.80~2.19 m,平均1.22 m;大部不含夹矸,结构简单。煤层底板标高430~470 m,埋深530 m左右。下距4号煤层80 m左右。属局部可采的较稳定煤层(为文家坡勘探区3号煤层的西延部分)。

4^{-1}号煤层分布于延安组第一段,为4号煤层的上分岔煤层。采用厚度0.90~5.16 m,平均1.87 m;一般含1层夹矸,结构简单。煤层底板标高360~540 m,埋深600~700 m。下距4号煤层0.82~2.55 m,属局部可采的较稳定煤层。4^{-1}煤层结构简单,一般只有一层加矸,局部见4层夹矸。夹矸岩性主要为泥岩。顶板岩性绝大多数是泥岩。

4号煤层赋存于延安组第一段,采用厚度0.80~35.02 m,平均18.01 m;煤层底板标高310~550 m,埋深380~800 m。属基本全区可采的稳定煤层。煤层夹矸为泥岩和炭质泥岩,煤层的伪顶为小于0.5 m的炭质泥岩,零星分布。直接顶类型较多,有泥岩、粉砂岩、细砂岩、粗砂岩及砾岩。

2. 目标层的确定

根据《陕西省黄陇侏罗纪煤田彬长矿区小庄井田勘探地质报告》和《矿井一二盘区补充勘探报告》,本井田主要含水层和隔水层由上至下分别为第四系全新统冲洪积层孔隙潜水含水层、第四系中更新统黄土孔隙裂隙含水层、第三系红土隔水层、第三系砂卵砾石含水层、白垩系下统华池组隔水层、洛河组砂岩孔隙裂隙含水层、宜君组砾岩裂隙含水层、侏罗系中统安定组泥岩隔水层、直罗组砂岩裂隙含水层、延安组 4 号煤顶板砂岩含水层、下统富县组隔水层。

勘探资料显示，本井田潜水含水层富水性中等，其主要水源为大气降水，且距煤层较远，其底部又有新近系上新统隔水层，该隔水层以黏土为主，厚约 80 m，隔水性能良好，煤层开采对其影响较小。环河-华池组为相对隔水层。洛河组分为上、下两段，上段为巨厚含水层，井田内广泛分布，富水性中等；下段为弱含水层，但全井田分布，且井田周边无水文边界，静储量丰富；上、下两段被厚 40~50 m 的良好隔水层隔开，水力联系不密切。宜君组为胶结致密的砾岩岩组，为相对隔水层。安定组顶部为稳定隔水层，下部为微弱含水层。直罗组和安定组一样，上部为稳定隔水层，下部为微弱含水层。延安组上部为含水层，但含水微弱，下部为稳定隔水层。富县组为相对隔水层。

综上可知，小庄井田煤层之上最主要可能充水含水层为洛河组含水层，煤矿开采中需要重点关注导水裂隙发育高度是否导通洛河组含水层，一旦开采裂隙进入洛河组含水层，特别是其上段含水层，该层将会成为矿井的主要充水水源。因此，将洛河组含水层作为本次的主要研究对象。

3. 导水裂隙带分析基本条件

(1)煤层倾角一般在 3°~8°，属缓倾斜煤层，结构较简单。

(2)井田内主要可采煤层为 4 号煤层，4 号煤直接顶板类型较多，主要有泥岩、粉砂岩、细砂岩、粗砂岩及砾岩；其他局部可采煤层顶板主要为泥岩。

(3)根据《小庄煤矿煤层综放开采对地下水含水层的影响评价》，就 4 号煤层来说，对于煤厚小于 3.5 m 的区域按 3.5 m 采高；介于 3.5~12 m 的，按实际煤厚；煤厚大于 12 m 的，采厚统一按 12 m。其他煤层按照实际厚度开采。根据《陕西彬长矿业集团有限公司小庄矿井及选煤厂初步设计说明书》，4 号煤层采用倾斜分层走向长壁综采放顶煤采煤方法，其他煤层采用走向长壁一次采全高采煤方法。

4. 导水裂隙带计算方法及适用性评述

本书以搜集到的井田内 41 个钻孔资料和井田边界外 17 个钻孔为基础,进行开采裂隙发育高度预测。可采区域、钻孔及剖面位置图见图 6-1。

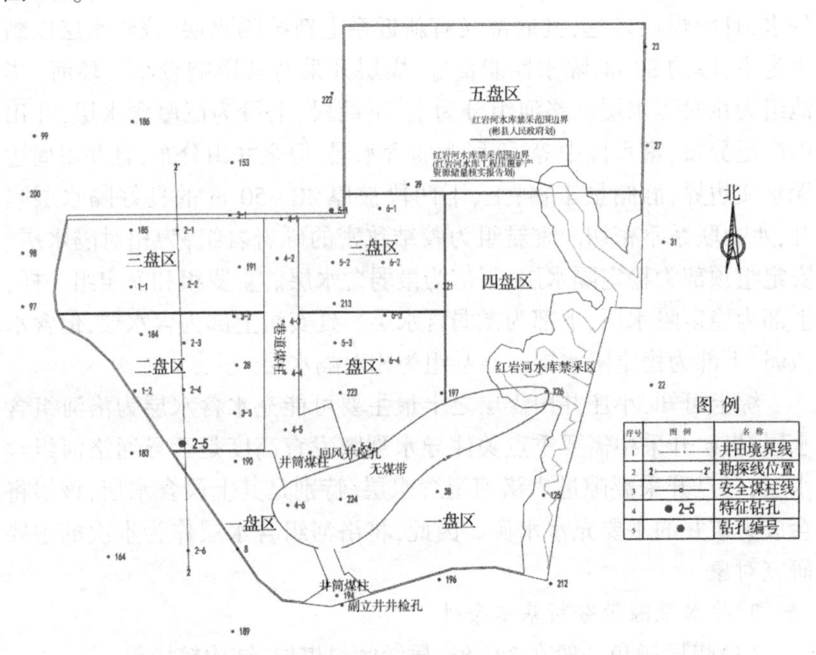

图 6-1　可采区域、钻孔及剖面位置图

根据以往生产实践与理论研究,影响导水裂缝带发育及导水性的因素有许多,这些因素包括覆岩力学性质和结构特征、采煤方法和顶板管理方法、煤层倾角、开采面积与厚度、地质构造、时间因素以及重复采动等。国内外众多学者对上述因素对导水裂隙带发育高度的影响已有不同程度的研究,然而具体对“两带”高度如何影响,影响多大,目前没有成熟的量化研究结果。国内煤矿顶板导水裂隙带最大高度的计算主要依据是简称“三下”规范。但“三下”规范中的公式适用于单层采厚 1~3 m、累计采厚不超过 15 m 的情况。在公式总结时,尚未大面积推广出现综放采煤开采方法,故所列计算公式存在一定局限性,不适用综放采煤覆岩顶板导水裂隙带高度的预计,对于综放开采计算结果仅供参考。

关于综放采煤条件下覆岩破坏规律的研究,在国外未见报道。国内在兖州、淮南、铁法、铜川、潞安、彬长等矿区开展了一些工作,研究结果显示覆岩破坏规律发育具有如下特点:

(1)综放采煤条件下导水裂隙带发育高度,要比普采条件下、分层综采条件下大得多。如潞安矿区在同样采厚的条件下,综放采煤条件下导水裂隙带最大高度比分层综采增大 1.37 倍,比普采增大 2.31 倍。在综放采煤条件下导水裂隙带最大高度与采厚的关系不是线性关系,而是呈分式函数关系,但其关系曲线的上升速度却明显高于分层开采情况,即随采厚增加,综放条件导水裂隙带最大高度增加较快。

(2)综采放顶煤条件下裂采比与分层开采初次采动的裂采比基本相同,即导水裂隙带最大高度与采厚成正比,但在风化软弱岩层条件下,导水裂隙带的发育受到一定的抑制。

(3)综采放顶煤条件下,垮落带、导水裂隙带的发育形态仍呈马鞍形。

基于上述分析,论证认为:对于综放采煤条件下导水裂隙带的预计,目前采用相似地质条件比拟法计算比较合理。

5. 彬长矿区导水裂隙带高度研究工作情况

由于综放开采导水裂缝带高度计算没有成熟的经验公式,因此本次预计根据收集到的与小庄煤矿以及毗邻并且已经投产的亭南、下沟、大佛寺及胡家河煤矿导水裂隙带高度实测资料,通过类比分析法,进行小庄煤矿 4 号煤综放开采导水裂隙带高度预测计算。相关矿井综放采煤条件下部分裂高采厚比统计见表 6-1。

2018 年 10 月至 2019 年 3 月,徐州中国矿大岩土工程新技术发展有限公司受小庄煤矿委托,采用地质钻探、钻孔冲洗液漏失量观测、井下电视测井及工程地质编录等多种勘查手段,综合确定小庄煤矿正在回采的 40204 工作面导水裂隙带及冒落带最大高度,测得平均裂采比为 13,2 个探查孔均表明导水裂隙带发育高度已突破洛河组底界,洛河组含水层成为矿井采空区主要补给水源。但考虑到工作面回采后时间较短(约 60 d),导水裂隙带发育不充分,存在继续发育的可能性,因此从偏安全角度考虑,本次报告使用的裂采比数据应大于 13。

表 6-1　黄陇煤田相关矿井综放条件下裂高采厚比统计

<table>
<tr><th>矿名</th><th>工作面编号</th><th>采厚/m</th><th colspan="2">裂采比</th></tr>
<tr><td rowspan="3">下沟矿</td><td>ZF2801</td><td>9.90</td><td>13.52</td><td rowspan="3">平均
13.84</td></tr>
<tr><td>ZF2803</td><td>—</td><td>11.20</td></tr>
<tr><td>ZF2804</td><td>—</td><td>16.79</td></tr>
<tr><td>大佛寺矿</td><td>40106、40108</td><td>10.00~11.00</td><td>15.09~17.12</td><td>平均
16.85</td></tr>
<tr><td rowspan="2">胡家河</td><td rowspan="2">首采面</td><td>10.10</td><td>22.32</td><td rowspan="2">平均
18.79</td></tr>
<tr><td>12.10</td><td>16.04</td></tr>
<tr><td rowspan="4">亭南矿</td><td>106</td><td>—</td><td>16.2</td><td rowspan="4">平均
18.0</td></tr>
<tr><td>107</td><td>3.5~9.8,平均 7.4 m</td><td>16.6</td></tr>
<tr><td>204</td><td>4.0~6.0,平均 4.5 m</td><td>22.7</td></tr>
<tr><td>304</td><td>9.1 m</td><td>27.9</td></tr>
<tr><td>文家坡</td><td>4101</td><td>3.70</td><td colspan="2">16.83</td></tr>
<tr><td rowspan="2">小庄煤矿
(初步成果)</td><td rowspan="2">40204</td><td rowspan="2">15.80</td><td>13.8</td><td rowspan="2">平均
13</td></tr>
<tr><td>12.2</td></tr>
</table>

由于亭南煤矿、下沟煤矿首采厚度与小庄煤矿采用的综放开采采高相差较大,且小庄工作面宽度达 200 m 左右,工作面回采参数差距较大,故本次评价不再以亭南、下沟矿实测裂高采厚比进行预测。井田相邻胡家河煤矿 40101 首采面 T5、T6 孔实测煤层采后顶板导水裂缝带最大发育高度分别为 225.427 m、194.10 m,煤层采厚 12 m,计算裂采比分别为 22.3 和 16.2。

综合分析认为小庄煤矿与胡家河煤矿开采条件最为相近,两者均采用综采放顶煤开采方法,最大设计采厚均为 12 m,胡家河矿工作面宽度 180 m,小庄矿工作面设计宽度 200 m。根据以往相关研究成果,彬长矿区在采宽达到 140~160 m 后导水裂缝带发育高度将基本保持稳定,不再随采宽的增大而增加。在小庄井田实测导水裂缝带发育尚不充分的情况下,论证以胡家河矿井实测裂采比 18.8 作为预测小庄煤矿综放开采导水裂缝带发育高度的依据。

6. 导水裂隙带发育高度预测成果

根据前述分析,本书依据井田内 41 个钻孔(其中 2 个无煤)和边界外 17 个钻孔资料,按照上述实测裂采比对开采后导水裂隙带发育高度进行预测,该预测成果表示井田内煤炭资源全部开采时,裂隙发育情况。预测成果见表 6-2。

上述预测计算是从煤炭资源全部开采考虑的,从预测结果可以看出:

第一,裂隙发育高度从西北向西南呈单斜状变薄分布:井田西北部以 213 钻孔为中心,形成隆起区,向东南变薄。裂隙发育最低处出现在南部薄煤带边缘和 197、X26 钻孔附近。

第二,井田内除去 2 个无煤孔(4-6、224)之外的 39 个钻孔中,有 28 个钻孔处的裂隙进入洛河组,占比 72%;裂隙带未进入洛河组的 11 个见煤钻孔中有 6 个钻孔裂隙进入宜君组,进入宜君组的裂隙带占总数的 87.2%;所有钻孔裂隙高度均达到直罗组。

第三,裂隙带发育高度最高的钻孔为 213,发育高度 317.8 m,裂隙进入洛河组最深的为 2-5 钻孔,进入深度为 121.09 m。为了能够更为直观地分析导水裂隙带发育对煤层以上含水层的影响,论证根据本次导水裂隙发育高度预测成果,选取了最具代表性的特征钻孔 2-5 钻孔,绘制出了该钻孔的裂隙带高度发育柱状图;根据“实测裂采比”比拟法对裂隙发育高度的预测结果,在井田 2—2′勘探线中添加了导水裂隙发育高度曲线,绘制了一张裂隙带发育高度剖面图。

地层综合柱状图、2-5 孔柱状图中裂隙发育高度示意图见图 6-2 和图 6-3,钻孔、剖面布置位置示意图见图 6-1,2—2′勘探线剖面裂隙高度发育示意图见图 6-4。为更全面地反映全井田的裂隙带发育高度分布情况,本报告根据井田内 41 个钻孔和井田外的 17 个钻孔,利用插值法绘制了全井田的裂隙发育高度的预测等高线图(见图 6-5)。

表 6-2 井田内各钻孔裂隙带发育高度计算结果

单位：m

序号	钻孔编号	裂隙带高度	裂隙顶标高	第三系			洛河组			宜君组			直罗组		
				穿深	标高	判断	穿深	标高	判断	穿深	标高	判断	穿深	标高	判断
1	1-1	225.60	586.29	-304.46	890.75	未	5.37	580.92	是	54.39	531.90	是	166.4	419.89	是
2	1-2	277.08	674.37	-211.20	885.57	未	72.55	601.82	是	127.35	547.02	是	225.2	449.18	是
3	2-1	225.60	579.91	-333.50	913.41	未	-2.91	582.82	未	55.05	524.86	是	159.4	420.52	是
4	2-2	277.51	639.41	-242.52	881.93	未	55.24	584.17	是	108.06	531.35	是	228.1	411.29	是
5	2-3	278.78	670.45	-242.01	912.46	未	61.98	608.47	是	107.55	562.90	是	218.7	451.72	是
6	2-4	278.64	675.63	-227.87	903.5	未	78.56	597.07	是	122.05	553.58	是	219.7	455.98	是
7	2-5	277.93	745.43	-135.81	881.24	未	121.09	624.34	是	167.82	577.61	是	238.8	506.64	是
8	3-1	225.60	582.05	-317.66	899.71	未	4.36	577.69	是	48.79	533.26	是	165.1	416.98	是
9	3-2	225.60	593.18	-290.95	884.13	未	1.36	591.82	是	53.31	539.87	是	172.5	420.68	是
10	3-3	271.55	692.92	-212.45	905.37	未	71.90	621.02	是	126.40	566.52	是	248.6	444.28	是
11	4-1	278.60	638.89	-260.82	899.71	未	49.52	589.37	是	100.68	538.21	是	220.7	418.17	是
12	4-2	225.60	590.46	-303.60	894.06	未	-0.31	590.77	未	46.01	544.45	是	169.6	420.88	是
13	4-3	225.60	596.33	-291.18	887.51	未	8.82	587.51	是	52.32	544.01	是	161.3	435.01	是
14	4-4	278.64	671.85	-208.97	880.82	未	68.49	603.36	是	118.43	553.42	是	241.8	430.08	是

注：进入深度负值，表示未触及该含水层。

续表 6-2

序号	钻孔编号	裂隙带高度	裂隙顶标高	第三系			洛河组			宜君组			直罗组		
				穿深	标高	判断	穿深	标高	判断	穿深	标高	判断	穿深	标高	判断
15	4−5	277.22	724.49	−147.81	872.3	未	100.84	623.65	是	149.39	575.10	是	264.2	460.29	是
16	4−6	无煤													
17	5−2	287.52	660.45	−226.27	886.72	未	62.63	597.82	是	117.68	542.77	是	236.4	424.07	是
18	5−3	225.60	626.32	−251.56	877.88	未	20.74	605.58	是	69.27	557.05	是	191.2	435.08	是
19	5−4	65.80	592.34	−280.90	873.24	未	−74.15	666.49	未	−12.25	604.59	未	67.6	524.76	是
20	6−1	225.60	596.90	−295.95	892.85	未	−2.91	599.81	未	58.06	538.84	是	164.4	432.55	是
21	6−2	225.60	600.80	−293.25	894.05	未	−3.45	604.25	未	53.55	547.25	是	168.1	432.71	是
22	6−3	243.61	649.90	−234.74	884.64	未	34.30	615.60	是	93.16	556.74	是	208.0	441.94	是
23	6−4	225.60	669.71	−210.99	880.7	未	31.11	638.60	是	100.33	569.38	是	206.8	462.95	是
24	X26	65.80	604.88	−268.42	873.3	未	−67.45	672.33	未	−9.02	613.90	未	53.5	551.40	是
25	185	225.60	585.93	−321.35	907.28	未	4.15	581.78	是	55.05	530.88	是	178.7	407.22	是
26	184	277.37	640.81	−258.49	899.3	未	47.77	593.04	是	100.17	540.64	是	223.1	417.67	是
27	191	278.64	640.80	−255.91	896.71	未	53.49	587.31	是	102.49	538.31	是	228.8	412.01	是
28	28	279.78	663.94	−221.30	885.24	未	67.10	596.84	是	117.90	546.04	是	226.9	437.05	是

续表 6-2

序号	钻孔编号	裂隙带高度	裂隙顶标高	第三系			洛河组			宜君组			直罗组		
				穿深	标高	判断	穿深	标高	判断	穿深	标高	判断	穿深	标高	判断
29	190	251.64	730.96	−171.96	902.92	未	91.24	639.72	是	145.54	585.42	是	249.7	481.22	是
30	8	188.49	700.57	−186.00	886.57	未	49.13	651.44	是	95.36	605.21	是	165.3	535.23	是
31	213	317.48	692.78	−199.32	892.1	未	90.68	602.10	是	142.98	549.80	是	270.0	422.80	是
32	223	113.74	559.74	−352.76	912.5	未	−71.26	631.00	未	−16.66	576.40	未	73.7	486.05	是
33	224	无煤													
34	194	189.50	683.13	−138.83	821.96	未	18.37	664.76	是	66.37	616.76	是	160.8	522.33	是
35	39	225.60	602.72	−287.13	889.85	未	27.87	574.85	是	64.07	538.65	是	171.3	431.45	是
36	221	225.60	625.07	−265.05	890.12	未	−6.65	631.72	未	69.30	555.77	是	174.3	450.82	是
37	197	65.80	599.48	−282.26	881.74	未	−72.90	672.38	未	−5.09	604.57	未	65.9	533.58	是
38	38	65.80	582.45	−305.00	887.45	未	−92.20	674.65	未	−37.60	620.05	未	51.6	530.82	是
39	23	208.68	629.85	−290.11	919.96	未	23.19	606.66	是	64.59	565.26	是	125.4	504.46	是
40	125	136.30	625.78	−256.38	882.16	未	−45.48	671.26	未	3.92	621.86	是	107.1	518.72	是
41	井检	159.8	655.95	−205.57	861.52	未	7.55	648.40	是	49.57	606.38	是	139.6	516.33	是

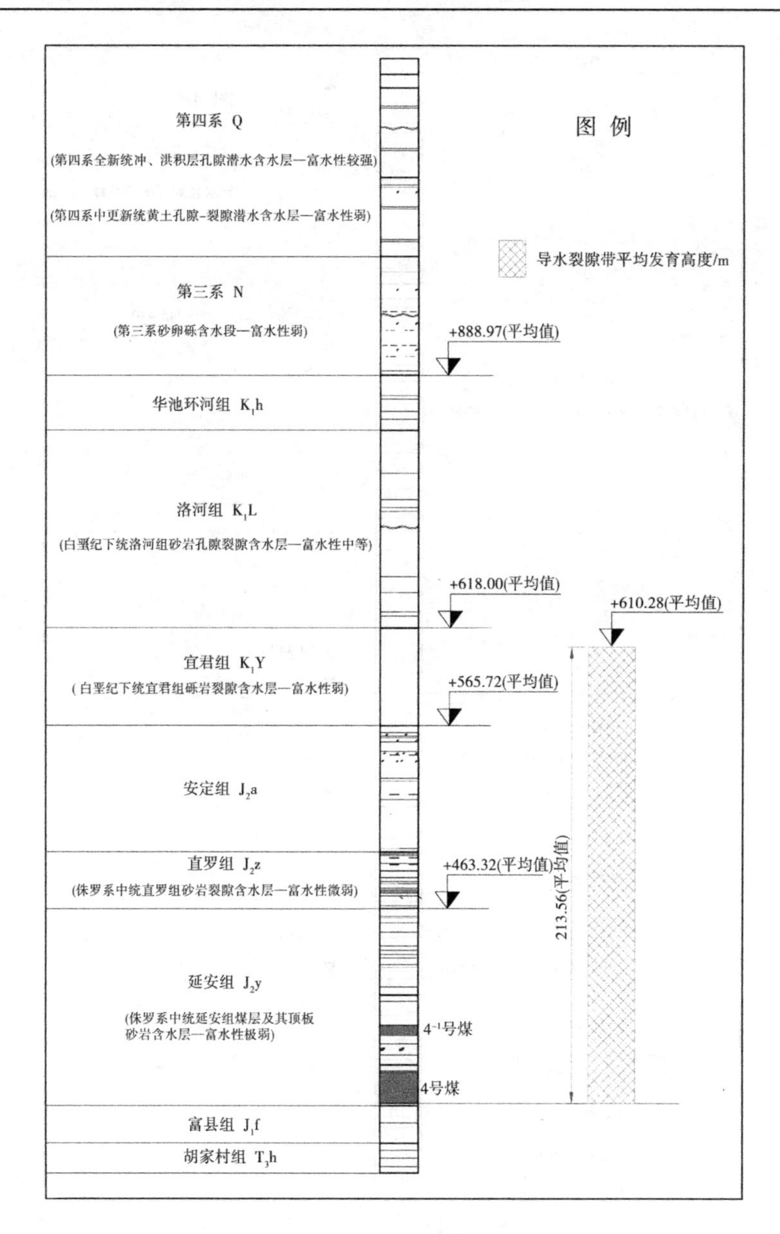

图6-2 综合柱状开采裂隙发育高度预测图

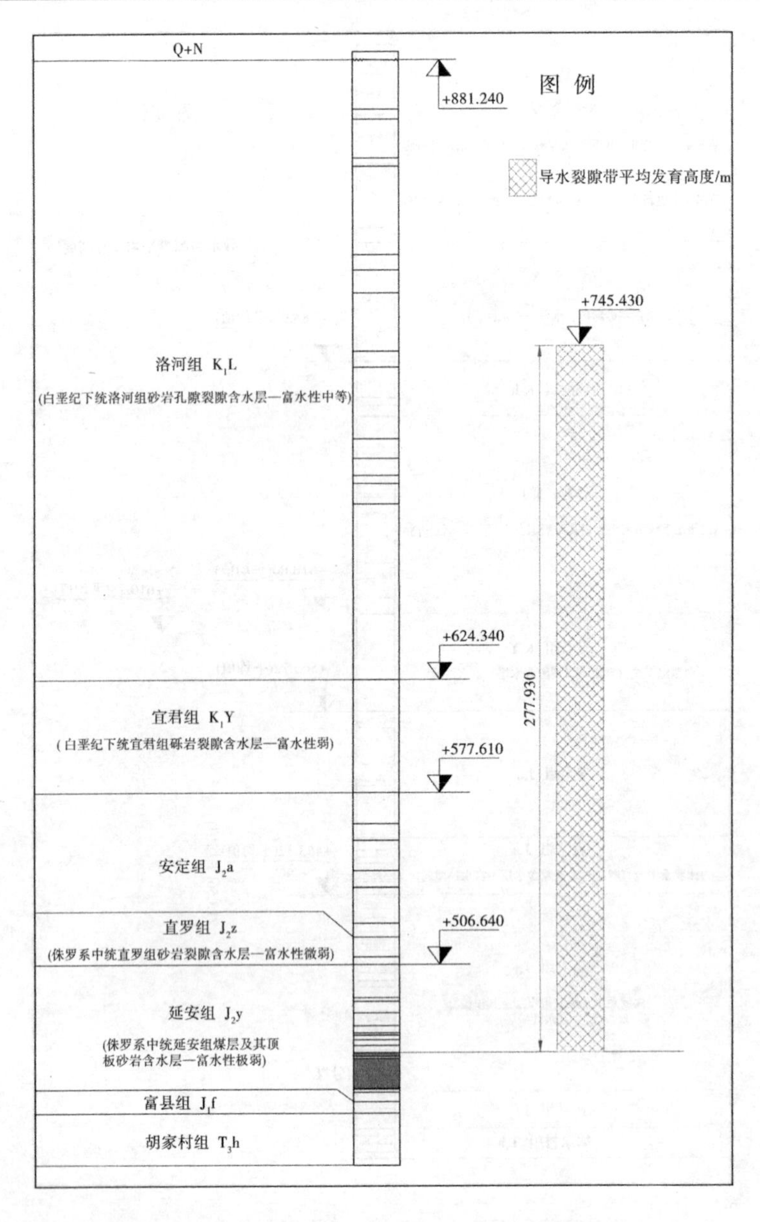

图 6-3　2-5 孔开采裂隙发育高度预测图

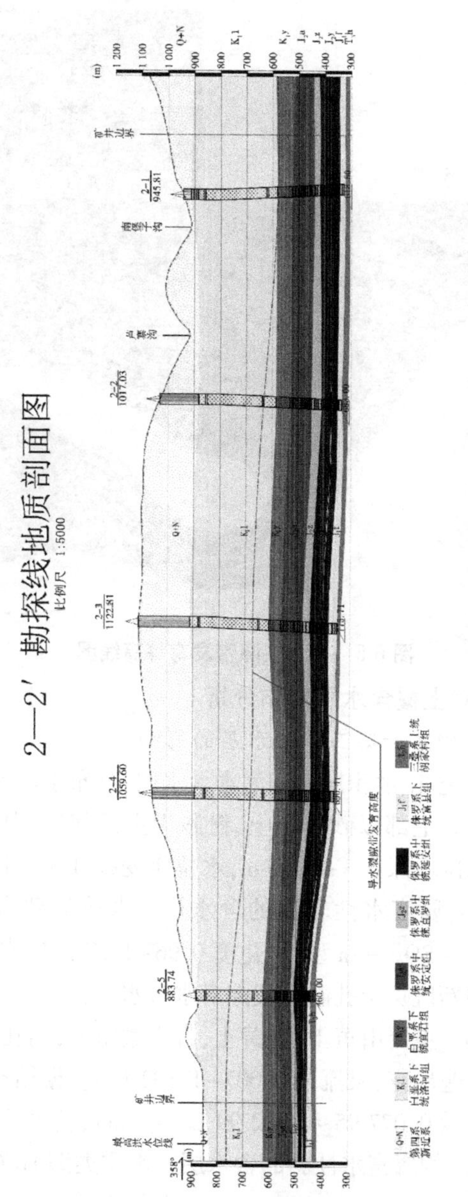

图 6-4　2—2′勘探线剖面裂隙发育示意图

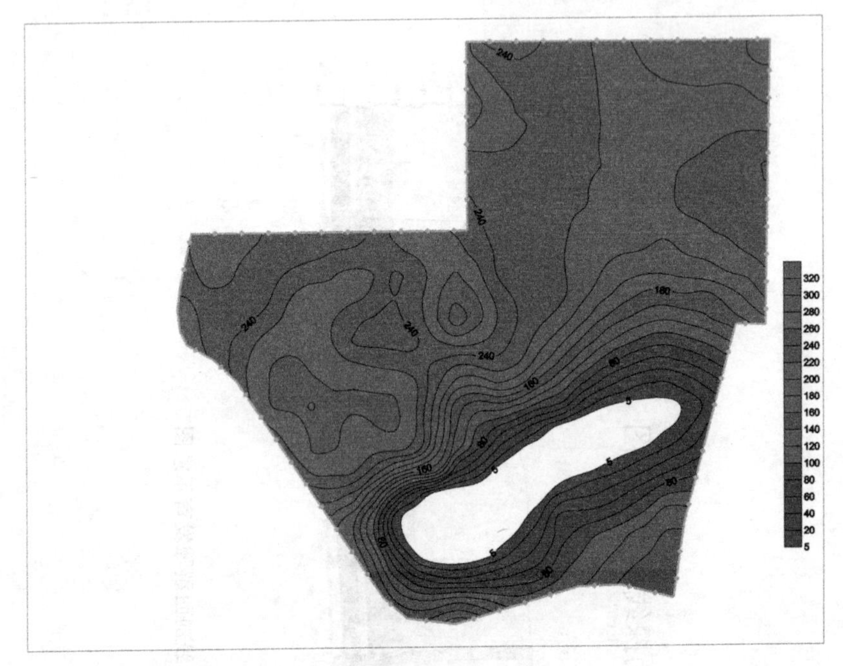

图 6-5　导水裂隙带发育等高线图

6.1.2.2　采煤对上覆含水层影响分析

1. 采煤对第四系和第三系含水层的影响

第四系全新统冲、洪积层孔隙潜水含水层：分布于泾河、红岩河河谷中，厚度 8~10 m。上部以砂质黏土、粉砂为主，下部为中—粗粒砂及砾卵石层。地下水位埋深 0.3~2.47 m，水位年变幅 0.80~1.50 m，含水层厚 3.24~6.66 m，属富水性较强的含水层。水质类型为 HCO_3—Na · Ca · Mg 或 HCO_3 · SO_4—Na 型，矿化度 0.96~1.27 g/L，水温 10~13 ℃。

第四系中更新统黄土孔隙—裂隙潜水含水层：分布于北极塬西南部及新民塬西北部。主要由黄土、砂黄土、古土壤组成，属孔隙—裂隙含水层。于塬边缘普遍出露，泉流量 0.007~1.192 L/s。据钻孔抽水试验：北极塬区单位涌水量 0.077 95~0.082 99 L/(s · m)，新民塬区单位涌水量 0.042 85 L/s · m，均属富水性弱的含水层。水质类型 HCO_3—Na · Ca · Mg，HCO_3-Ca · Na · Mg，HCO_3—Na · Ca，矿化度 0.300~0.348 g/L，水温

14~15 ℃。根据副立井井筒检查孔抽水试验结果,第四系含水层Ⅰ+Ⅱ单位涌水量 0.074 525 5 L/(s·m),渗透系数 0.101 m/d,富水性弱,矿化度 1.425 g/L,水质类型 SO_4·Cl—Na 型。

新近系砂卵砾含水层段:断续分布于红土层底部,于沟谷中零星出露,一般厚 7~10 m。岩性以浅棕色—浅灰褐色半固结状中粗碎屑堆积物为主,形成弱的含水层。当底部有隔水层时,在沟谷中以泉的形式排泄于地表,泉流量 0.033~0.221 L/s,水质类型 HCO_3—Na·Mg 型,矿化度 0.3 g/L,水温 12~18 ℃。据本矿回风立井检查孔第四系和新近系混合抽水试验成果,单位涌水量 0.002 11 L/(s·m),渗透系数 0.003 596 4 m/d,富水性弱,矿化度 1.05 g/L,水质类型 SO_4·HCO_3—Na 型。

上述含水层主要接受大气降水补给,其中间有第三系红土稳定型隔水层阻隔,其下部有白垩系华池组相对隔水层。根据计算,所有钻孔处开采裂隙均未触及上述含水层。因此,矿井开采对上述三个含水层基本无影响。

2. 采煤对洛河组含水层的影响

洛河组全区遍布,于泾河、红岩河等较大河谷中广泛出露,其厚度分布规律为:矿井南部薄,厚度小,为 160~190 m;中部较厚为 190~290 m;北部厚度大于 290 m。由各粒级砂岩、砂砾岩组成,以中—粗粒砂岩为主要含水层段。泉流量 0.05~0.644 L/s,泉水水质类型 HCO_3·SO_4—Na·Mg,SO_4·Cl—Na,矿化度 0.496~1.822 g/L,水温 11~11.5 ℃。依据勘探阶段抽水孔、井筒检查孔及流量测井成果,流量测井:2-5 号孔出含水层埋深 79.70~211.10 m,单层厚度 6.80~9.00 m,计 5 个出水层段厚 39.3 m;2-6 号孔出含水层埋深 28.40~158.80 m,单层厚 6.60~13.80 m,计 4 个出水层段厚 37.90 m;副立井井筒检查孔含水层厚度 175.60 m,回风立井井筒检查孔含水层厚度 225.03 m。钻孔抽水试验:单位涌水量 0.099 35~0.313 76 L/(s·m),渗透系数 0.037 8~0.809 6 m/d,水位标高 858.99~840.614 m,属富水性弱—中等含水层。水质类型 SO_4·Cl—Na 型,矿化度 3.640~5.197 g/L,水温 12~21 ℃。

根据区内邻近矿井胡家河的研究成果,巨厚洛河组砂岩含水层并非水力联系较好的均质含水层，由于水平和垂向渗透性差异大，加之洛河组下段泥质类地层占比高，可以将洛河组分为上、下两段进行研究。洛河组上段为顶面以下约 214 m 厚，洛河组下段含水层厚度相对较小，平均 80 m。上段和下段水文地质条件差异较大，水力联系不密切。上段富水性中等，补给较好，下段富水性较弱。

在洛河组底板以上 80~100 m 层段可以发现一种较为普遍的岩性组合，即砾岩、中粗粒砂岩等粗颗粒含水层之下发育有泥岩、砂质泥岩或粉砂岩等泥岩类地层，且泥岩类地层的单层或累计厚度一般较大，可达数十米。泥岩类地层一般具有较好的隔水性能。该层可以作为上、下层段相对分界的标志层。区域内邻近矿井亭南煤矿和高家堡煤矿，也对洛河组含水层不同层段进行了深入研究，得到的研究成果与胡家河矿井类似。

根据裂隙发育高度预测结果，全部开采情况下，现有资料中的 41 个钻孔（其中 2 个无煤），有 28 个开采裂隙进入洛河组，但仅有 2-5 一个钻孔裂隙发育高度超过 100 m，达到 121. 09 m，进入洛河组上段，其余 13 个钻孔则只进入洛河下段。因此，矿井开采，对洛河组上段含水层影响较小，对洛河组下段含水层影响较大。

3. 采煤对白垩系下统宜君组砾岩裂隙承压含水层的影响

本区未出露宜君组，据钻探资料，厚度平均 49. 31 m，分布变化规律为：先期开采地段厚 50~70 m，矿井东北部厚 40~60 m。岩性为紫杂色块状砾岩，砾石成分以石英、燧石为主，砾径 3~7 cm。砾石多为浑圆状，砂泥质充填，钙、铁质胶结。据邻区大佛寺煤矿钻孔抽水试验：单位涌水量 0. 008 8~0. 220 6 L/(s · m)，渗透系数 0. 020~0. 861 m/d，属富水性不均一的弱含水层。水质类型 Cl · SO_4—Na，SO_4—Na，矿化度 2. 59~5. 39 g/L，水温 15~18 ℃。

根据裂隙发育高度预测结果，全部开采情况下，现有资料中的 41 个钻孔（其中 2 个无煤），有 34 个开采裂隙进入宜君组，因此采矿活动对其影响很大。

4. 采煤对侏罗系直罗组、延安组含水层的影响

侏罗系直罗组区内无出露，钻探揭露厚度平均 28. 53 m。岩性为

浅灰绿色中—粗粒长石石英砂岩,夹灰绿色泥岩、砂质泥岩;底部常为浅灰绿色粗砂岩、含砾粗砂岩;顶部泥质增多,夹紫灰色泥岩。砾石成分为石英燧石,浑圆状,砾径1~3 cm,分选差。砂岩以长石石英砂岩为主,含少量石膏。

侏罗系中统延安组区内无出露,钻探揭露厚度平均为82.9 m。含水层为4号煤及其老顶中粗粒砂岩、砂砾岩。钻孔抽水试验:水位标高910.435~792.73 m,单位涌水量0.000 770 9~0.000 097 L/(s·m),渗透系数0.000 424 74~0.001 739 m/d,属富水性极弱含水层。水质类型为Cl·HCO_3—Na及Cl·SO_4—Na型,矿化度16.035~16.532 g/L,水温15~18 ℃。

根据裂隙发育高度预测结果,全部开采情况下,现有资料中的41个钻孔(其中2个无煤),有39个开采裂隙进入直罗组,34个开采裂隙进入宜君组,即有煤的钻孔,九成裂隙带进入宜君组,裂隙带全部进入直罗组,全部穿透延安组,采矿过程中,这3个地层中的裂隙水将得到疏排。

从影响对象和范围来看,洛河组、宜君组、直罗组和延安组等4个含水层受采煤影响的范围局限在采区及采区附近,经计算扩大至采煤边界外70.4~157.8 m(参见表5-6~表5-9),影响范围有限。同时,本项目通过建设矿井涌水处理站和矿井涌水深度处理工程,将自身水质较差的矿井涌水再生利用于生产、生活,对区域水资源的优化配置有积极的作用。

6.1.2.3　采煤对煤层下伏含水层的影响

4号煤层以下为富县组相对隔水岩组和三叠系隔水岩组,因此采煤对下伏含水层影响较小。

6.1.2.4　采煤对特殊含水层的影响

特殊构造区主要指本区的构造裂隙和断层。构造裂隙、断层破碎带有时不但自身蕴藏着丰富的地下水(构造带富水区),而且也是地下水进入矿坑的通道,开采靠近这些特殊构造区段时,矿井涌水量往往会突然增大,甚至会造成淹井事故。因此,在矿井井巷系统建设接近以上地段时,必须严格执行“有疑必探,先探后掘”的原则,确保矿井安全生产,对断层处留设保护煤柱。按照设计规范,本井田内断层煤柱按上、下盘各留50 m留设。

6.1.2.5 采煤对地下水水质的影响

根据导水裂隙带高度预测和井田典型地质剖面分析可知，煤层开采影响的主要是白垩系洛河组、侏罗系安定组、直罗组中下部弱含水层和煤系弱含水层。因此，正常情况下矿井各煤层开采不会对第四系潜水含水层产生影响，故不会对区域具有供水意义的第四系潜水含水层水质产生影响。

煤层开采影响的白垩系洛河组、侏罗系中统安定组、直罗组中下部弱富水性含水层和侏罗系中统延安组弱富水性煤系含水层，开采过程中矿井涌水必然进入采掘巷道。在煤岩巷道中，多层地下水合并泄漏且必然产生混合，使原有的水质发生变化。从井下排出的矿井水主要受煤岩屑和人为污染，增加了水体悬浮物和COD、氨氮的含量，这部分水随着开采的进行不断排出地表，经过处理后或回用或者达标排放；当然也有少部分向下渗入，但通过下伏岩层的过滤净化作用和隔水层的阻隔，不会对延安组煤系含水层以下含水层产生影响。

6.1.3 对地表水影响分析

小庄井田及影响范围内主要涉及从井田西侧和南侧流过的泾河。煤矿开采对地表水的影响主要体现在两个方面，一是采煤形成的导水裂隙带发育高度到达地表导致地表水漏失；二是采煤引起地表沉陷、地表裂隙等对地表水产汇流条件造成影响。

6.1.3.1 采煤形成的导水裂隙带对地表水影响分析

井田内除2个无煤孔外，有72%的钻孔处的裂隙进入洛河组，有87.1%的钻孔裂隙进入宜君组，所有钻孔裂隙高度均达到直罗组。

小庄煤矿煤层开采后导水裂缝带高度预测结果表明，煤炭开采后形成的导水裂隙带导通侏罗系延安组、直罗组；井田内除2个无煤孔外，有72%的钻孔处的裂隙进入洛河组；有87.1%的钻孔裂隙进入宜君组；有12.9%的钻孔未进入宜君组。裂隙带发育高度最高的为213钻孔，发育高度317.8 m，裂隙进入洛河组最深的为2-5钻孔，进入深度为121.09 m，未穿透洛河组和第四系底部隔水层，更不会贯通地表，采煤形成的导水裂隙带对地表水没有影响，小庄煤矿自身矿井涌水不随季节变化即为佐证。

6.1.3.2　采煤引起的地表沉陷对地表水的影响分析

根据经环保部审查批复的《陕西彬长矿业集团有限公司小庄矿井及选煤厂建设工程(变更)环境影响评价报告书》(中煤科工集团西安研究院,2013.11)预测成果,小庄煤矿投产后前 20 年工作面开采后地表沉陷面积 17.29 km^2,各盘区地表下沉值最大预测结果在 478.18~11 539.97 mm,倾斜变形最大值为 45.75 mm/m,水平变形最大值为 21.56 mm/m,前 20 年工作面煤层开采后地表最大下沉速度约 177.85 mm/d,地表持续移动时间 3.6~4.6 a;全井田煤层开采后地表沉陷面积 39.85 km^2,沉陷值变化于 478.18~19 374.07 mm。由于大巷煤柱、采区边界煤柱的影响,井田地表将出现面积较大的沉陷下沉区,在沉陷区边界会出现一些下沉台阶,并出现一些较大的地表裂缝。但总体看,矿井开采对地表形态和地形标高会产生一定的影响,黄土谷坡区影响相对较大,沟谷区和塬面区影响相对较小,沉陷区不会因积水而改变地形地貌,总体上未改变井田区域总体地貌类型。

评价区内地表水体主要为泾河水系及其支流红岩河。

根据环评报告结果可知:①泾河从小庄井田边界外自西北向东流过,位于沉陷影响区外,地表沉陷对其基本无影响。②红岩河自东北向东南流过井田东部边界,井田边界处沉陷量较小,不会对河流产生大的影响,河床在六盘区可能会出现不同程度的轻微沉降,但沉陷不会影响河流流向或改变河道,也不会改变其水文状况。

6.1.4　对其他用水户的影响

6.1.4.1　对当地村民的影响

根据《陕西彬长矿业集团有限公司小庄矿井及选煤厂建设工程(变更)环境影响评价报告书》调查与采煤地表沉陷预测结果,井田评价范围内共涉及 1 个镇政府所在地 63 个自然村共 6 640 户 28 680 人。井田内村庄建筑物破坏情况及保护措施见表 6-3。论证范围内村庄搬迁路线见图 6-6。

表 6-3 论证范围内村庄建筑物破坏等级及保护措施

位置		村庄	户数/户	人数/人	下沉值/mm	水平变形/（mm/m）	曲率/（$\times10^{-3}$/m）	倾斜/（mm/m）	损害等级	结构处理
井田内	一盘区	姚家沟	18	49	3 375.07	3.38	0.062	33.87	Ⅳ	搬迁
	二盘区	小庄坡	52	260	6 492.85	23.47	0.300	7.15	Ⅳ	已迁白家宫新村
		大庄湾、吊庄	66	255	9 973.22	28.47	0.501	10.15	Ⅳ	搬迁
	三盘区	沟圈	43	208	14 805.26	4.24	0.062	4.12	Ⅳ	搬迁
		火烧坡	153	581	14 320.26	2.42	0.039	1.03	Ⅲ	中修
		罗店	354	1 486	9 653.76	6.74	0.082	51.84	Ⅳ	搬迁
		南堡子村	196	755	15 840.05	5.63	0.072	12.47	Ⅳ	搬迁
	四盘区	何家山景家坡	30	140	15 806.72	14.48	0.249	9.02	Ⅳ	搬迁
		程家坡	90	385	17 373.36	2.51	0.221	12.45	Ⅳ	搬迁
		柳村湾、谢家梁	52	170	16 959.71	7.34	0.023	13.72	Ⅳ	搬迁
		曹山	86	385	11 909.77	24.77	0.400	56.26	Ⅳ	搬迁
		房家成	69	297	14 637.28	29.30	0.450	28.48	Ⅳ	搬迁
		王家岭	41	202	2 479.80	38.02	0.561	0.561	Ⅳ	搬迁

续表 6-3

位置		村庄	户数/户	人数/人	下沉值/mm	水平变形/(mm/m)	曲率/($\times10^{-3}$/m)	倾斜/(mm/m)	损害等级	结构处理
井田内	五盘区	录长	115	470	656.74	12.25	0.259	16.06	Ⅳ	搬迁
		黑牛坡	36	157	4 337.17	4.72	0.077	2.21	Ⅳ	搬迁
		高坡	40	240	3 259.54	6.1	0.112	17.1	Ⅳ	搬迁
		席家山	11	40	4 023.9	4.75	0.07	4.25	Ⅳ	搬迁
	六盘区	董家梁	56	196	13 010.2	5.79	0.091	3.77	Ⅳ	搬迁
		安家湾	60	210	13 163.1	5.79	0.091	3.77	Ⅳ	搬迁
		梁家湾	64	256	13 156.71	5.79	0.091	3.77	Ⅳ	搬迁
		秦家庄村	72	338	9 499.42	24.27	0.391	53.99	Ⅳ	搬迁
		杨家坡	18	60	13 162.98	5.79	0.091	3.77	Ⅳ	搬迁
	七盘区	福托	237	1 005	13 925.15	6.67	0.10	12.63	Ⅳ	搬迁
		姚家坡岭	43	182	32.84	3.4	0.067	1.56	Ⅲ	中修
		张家岭	80	400	13 162.38	6.67	0.10	12.63	Ⅳ	搬迁
		山后堡村	163	786	6 492.85	0.9	0.015	69.53	Ⅳ	搬迁

续表 6-3

位置		村庄	户数/户	人数/人	下沉值/mm	水平变形/(mm/m)	曲率/($\times10^{-3}$/m)	倾斜/(mm/m)	损害等级	结构处理
井田内	无煤区	曹家坡	98	435	0	0	0	0		无影响
		梨树嘴	45	210	0	0	0	0		无影响
		相家嘴	4	19	0	0	0	0		无影响
		杨家塬	78	361	0	0	0	0		无影响
		豆家沟	8	30	0	0	0	0		无影响
		林家湾			0	0	0	0		无影响
		三坪	43	208	0	0	0	0		无影响
		黄家坡	77	288	0	0	0	0		无影响
	煤柱区	白家宫新村	75	375	0	0	0	0		无影响
		赵村	217	890	0	0	0	0		无影响
		豆家湾	200	800	0.66	0	0	0		无影响
		中堡子	198	912	0	0	0	0		无影响
		南玉子	263	1 081	0.08	0	0	0		无影响
		义门头	331	1 249	0	0	0	0		无影响
		义门镇			0	0	0	0		无影响

续表 6-3

位置		村庄	户数/户	人数/人	下沉值/mm	水平变形/(mm/m)	曲率/($\times10^{-3}$/m)	倾斜/(mm/m)	损害等级	结构处理
井田外	1 km 内	鸭河湾	144	813	0	0	0	0	无影响	
		乔家坡	168	690	0	0	0	0	无影响	
		新村	189	605	0	0	0	0	无影响	
		后洼	99	500	0	0	0	0	无影响	
		小庄河滩	50	237	0. 06	0	0	0	无影响	
		宋家河	37	141	2. 19	0	0	0	无影响	
		杨家嘴	52	260	0	0	0	0	无影响	
		芦寨	106	500	0	0	0	0	无影响	
		良社	102	410	0. 62	0	0	0	无影响	
		高家沟	87	374	0	0	0	0	无影响	
		嵝岘	38	218	0	0	0	0	无影响	
		虎家坡	30	135	1. 18	0	0	0	无影响	
		杜家岸	180	749	0	0	0	0	无影响	
		西庄	127	625	0	0	0	0	无影响	
		嘴头	168	700	0	0	0	0	无影响	

续表 6-3

位置		村庄	户数/户	人数/人	下沉值/mm	水平变形/(mm/m)	曲率/($\times10^{-3}$/m)	倾斜/(mm/m)	损害等级	结构处理
井田外	1 km 内	下黄畔村	115	480	0	0	0	0	无影响	
		杨家那	219	886	0	0	0	0	无影响	
		旺安刘家	11	42	0	0	0	0	无影响	
		师家河	149	584	0	0	0	0	无影响	
		阎子川	139	632	0.01	0	0	0	无影响	
		高渠	468	2 348	0.17	0	0	0	无影响	
		石坡			0	0	0	0	无影响	
		录长一队	80	380	0.61	0	0	0	无影响	

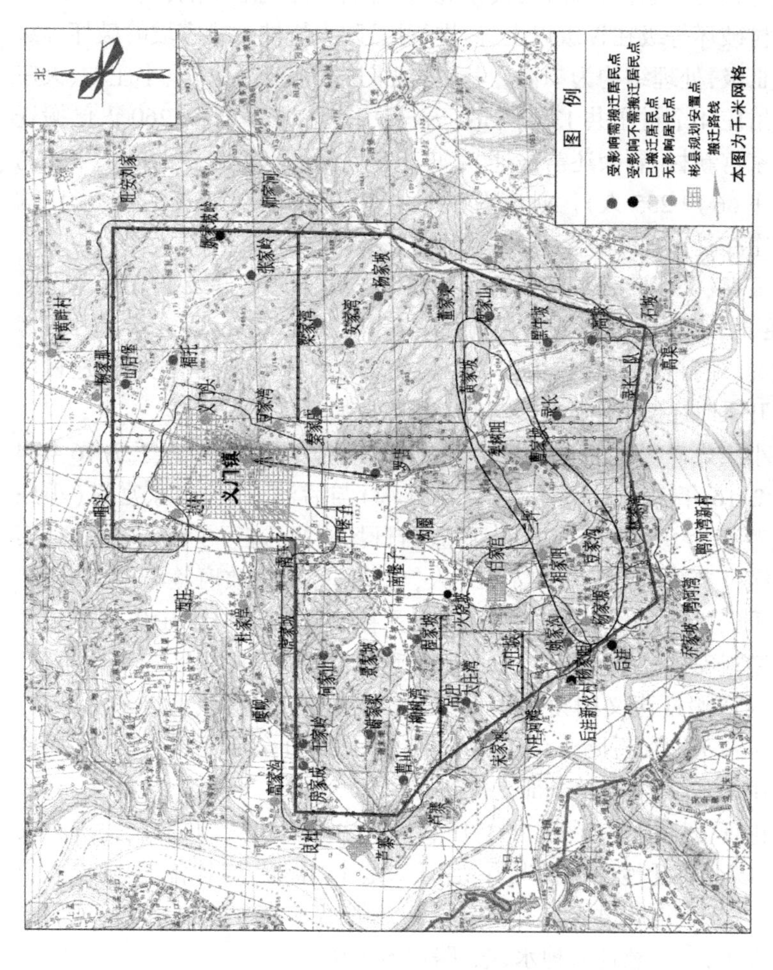

图 6-6　论证范围内村庄搬迁路线

从表6-3可知,在评价范围内共计63个自然村中,有27个位于井田边界外或位于无煤区,不受开采沉陷影响。其余36个自然村及义门镇镇政府位于井田开采范围内,义门镇镇政府所在地留设煤柱,6个自然村与大巷一起留设煤柱,其余29个自然村受沉陷影响,其中有27个自然村破坏等级在Ⅳ级以上,需进行搬迁,火烧坡和姚家坡岭破坏等级均在Ⅲ级,处理结构为中修。其中,首采区需搬迁姚家沟、小庄坡、大庄湾和吊庄4个村庄共136户564人,其中小庄坡的52户260人已搬迁至白家宫新村,剩余还需搬迁84户304人(姚家沟18户49人、大庄湾和吊庄66户255人)。姚家沟在矿井建成投产前搬迁至后洼,大庄沟和吊庄在投产前搬迁至卢寨。

根据《关于陕西彬长矿业集团有限公司小庄矿井及选煤厂建设工程(变更)环境影响报告书的批复》(环审〔2013〕346号):落实村庄搬迁方案,项目投产前,首采区3个村庄全部搬迁到位,其他需搬迁村庄根据开采时序,在受采煤影响前1年完成搬迁。

小庄煤矿提供的资料显示,按照环评批复要求,矿方于2016年4月和2016年7月对后洼二组(姚家沟)与后洼五组、白家宫村(小庄坡)、芦寨(大庄湾、吊庄)、鸭河湾(排矸场周边)进行了资产评估,核实确定搬迁户数共计242户1 020人,与义门镇人民政府签订了《小庄矿井首采区后洼村姚家沟地面搬迁安置补偿协议》和《小庄矿井首采区地面搬迁安置补偿协议》,姚家沟搬迁至义门镇福塬小区和粮站小区,其余村庄搬迁至义门镇煤矿采空区安置小区,均由城镇自来水供水。搬迁工作与旧房拆除工作于2017年9月20日全部完成,首采区搬迁总费用7 170.94万元全部支付到位。

论证范围内计划搬迁的村庄和居民由企业出资,政府统一进行安置,从以上搬迁地环境情况看,各迁入地水、电、路均具备,但随着人员的迁入,迁入地的供水会有一定压力,小庄煤矿在配合地方政府实施搬迁过程中,应注意迁入地水、电、路扩容工作。

小庄井田在开采后可能会对论证范围内不进行搬迁安置的村庄和居民生产、生活造成影响。矿方应按照国家规定建设地下水观测站网和地面塌陷监测网,密切关注井田区域的井泉水位、水量变化和供水工程损毁情况，一旦发现生产、生活用水有水位下降、水量减少的趋势或供水工程因采煤影响发生损毁的情况，项目业主应采取相应的供水措施或补偿措施，确保周边居民用水安全。

6.1.4.2　对红岩河水库的影响

井田东南边界有红岩河水库，据调查，基底岩层均在 K_{11} 层位之上，红岩河水库的水源补给来源主要是地表水和大气降水，只有较少的浅层地下水补给红岩河水库。红岩河水库地处陕西省咸阳市彬州市境内泾河左岸一级支流红岩河上、彬长矿区核心地带，位于小庄井田的东南边界处，井田开采时间为矿井投产后第31~39年，矿方需按照彬县人民政府彬政发《关于最终确定红岩河水库工程压覆禁采矿产资源及保护范围的通知》〔2014〕38号中的要求，严格留设保护煤柱。

在严格留设保护煤柱的条件下，环评报告预测第四系和洛河组浅层地下水最大流失量分别为7.14万 m^3/a、14.49万 m^3/a，占红岩河水库水资源量(4 350万 m^3/a)比例仅为0.497%。从红岩河水库地表汇流来看，煤炭开采后不会改变地表汇流的总方向，因此井田采煤对水库水资源影响较小。

6.1.5　补救措施与补救方案

6.1.5.1　井田内民用井、泉及供水管线的保护措施

1. 加强井田内民用井泉跟踪监测

对井田内村庄的饮用水源(水井或泉)应进行长期跟踪监测，确保居民用水安全，主要观测井、泉的水位、水量。

2. 加强集中供水设施的巡查和维修

井田内的居民基本实现集中供水，供水设施可能受沉陷影响而导致损坏。矿井在生产中应加强居民地表供水设施的巡查，发现损坏，立即启动应急供水预案。

6.1.5.2　居民供水应急预案

加强对采区及周边未搬迁村庄民用井水位、水量的观测，并做好记录；对水位变化明显或有可能出现供水困难的居民点按照制定的应急供水预案采取应急供水措施。具体措施如下。

1. 临时供水措施

矿方应第一时间上报当地政府相关部门，同时对出现居民点供水困难的村庄首先采用拉水车拉水的供水方式，以解决居民临时性用水问题。

2. 永久性供水措施

(1) 对于靠近工业场地附近的村庄，可从矿井工业场地至居民点铺设供水管道，用小庄矿井生活净水车间处理后的水作为供水水源(其水质必须经权威水质化验部门检验合格后方可作为供水水源)，以此解决居民永久供水问题。管线铺设及维护由矿方负责。

(2) 对于远离工业场地的居民集中点，可采用原民用井加深处理(可考虑取深层承压水—洛河组承压水)，费用由矿方负责；此外，矿方会同当地水行政主管部门、地质勘探部门一同寻找新的可靠供水水源。

上述举措必须取得当地水行政主管部门的批准，同时新水源井必须经过当地卫生部门检验合格后方可使用，费用由矿方负责。

小庄煤矿已出具承诺，对受影响范围内的居民供水水源和供水管线进行长期跟踪观测，如发现煤矿开采对居民用水造成影响，将采取措施保障居民用水安全，并承担由此发生的全部费用。通过上述措施，可以有效减缓或避免煤矿开采对其他用水户产生的不利影响。

6.2 结 论

(1) 为有效保护第四系含水层和地表水，业主单位在采煤过程中，对于2-5、4-5等钻孔所处区域应加强观测，采取限高开采、保水采煤等措施，以“弃煤保水”为原则降低采高或弃采，以确保导水裂隙带不导通第四系含水层和地表水。

(2) 小庄煤矿煤层开采后产生的导水裂隙带穿透白垩系洛河组下段、宜君组，侏罗系安定、直罗、延安组等地层，使上述含水层成为矿井直接充水含水层，含水层地下水将沿导水裂隙带进入矿坑；受采煤影响的范围局限在采区及采区附近，经计算扩大至采煤边界外70.4~253 m(参见表5-6~表5-9)，影响范围有限。小庄煤矿通过建设矿井涌水处理站和矿井涌水深度处理系统，将自身的水质较差的矿井涌水再生利用于生产和生活，多余矿井涌水经处理后满足《地表水环境质量标准》（GB 3838—2002）Ⅲ类水质标准后排入泾河干流，一方面节约了新水资源，提高了水资源的利用效率；另一方面也避免了矿井涌水中污染物对区域水环境的影响，对区域水资源的优化配置有积极的作用。

（3）小庄煤矿开采后沉陷区不会改变井田区域总体地貌类型，但井田开采后最大水平变形值和最大倾斜值均超过Ⅳ级允许值，涉及搬迁的村庄和居民由企业出资，政府统一进行妥善安置；矿方承诺对原地安置的村庄和居民供水水源和供水管线进行长期跟踪观测，如发现煤矿开采对居民用水造成影响，将采取措施保障居民用水安全，并承担由此发生的全部费用，可以减缓或避免煤矿开采对其他用水户产生的不利影响。

第7章 退水影响论证研究

2018年初,党和国家机构改革将入河排污口监督管理和编制水功能区划的职责从水利部整合至生态环境部。2018年10月8日,水利部以《水利部办公厅关于移交江河、湖泊新建改建或者扩大排污口审核工作资料的函》(办资源管函〔2018〕1265号)致函生态环境部办公厅,明确水利部将在此次相关文件、资料移交生态环境部后,中央层面(含派出流域管理机构)不再受理江河、湖泊新建、改建或者扩大排污口设置申请等相关工作,地方层面的相关工作,将随地方机构改革同步比照移交。

2019年4月24日,生态环境部以《生态环境部办公厅〈关于做好入河排污口和水功能区划相关工作的通知〉》(环办水体〔2019〕36号)要求地方各级生态环境主管部门和各流域生态环境监督管理局要尽快完成资料移交,抓紧开展相关工作,确保入河排污口和水功能区划相关职责及时整合到位;地方各级生态环境主管部门和各流域生态环境监督管理局要依据《中华人民共和国水法》《中华人民共和国水污染防治法》《入河排污口监督管理办法》《入河排污口管理技术导则》等法律法规和标准规范,做好入河排污口申请受理及设置审核工作。

本章按照《建设项目水资源论证导则》(GB/T 35580—2017)要求所编写,由于目前入河排污口的管理与监督工作已调整至生态环境管理部门,项目应根据相关规定,尽快到有管理权限的部门办理入河排污口设置许可手续,有关退水入河的可行性、入河废污水量、主要入河污染物浓度和数量、排污口位置及排污管理要求等,应执行有管理权限环保部门的批复意见。

7.1　退水方案

7.1.1　退水系统及组成

小庄煤矿废污水主要来源为井下排水(矿井涌水和灌浆析出水)、生活污水、选煤厂泥水和雨排水等。

(1)经论证分析,按照“分质处理、分质回用”,最大化回用矿井涌水的原则,小庄煤矿矿井涌水经分质处理后,常规处理系统出水回用于井下洒水、选煤厂洗煤用水等,深度处理系统脱盐水回用与瓦斯抽采补水、换热站补水、洗衣房用水、浴室用水、厂内绿化道路洒水等,剩余无法回用的矿井涌水经处理满足《地表水环境质量标准》(GB 3838—2002)Ⅲ类水质标准后排入泾河干流。

(2)经论证分析,小庄煤矿深度处理系统浓盐水回用于黄泥灌浆用水,不外排。

(3)经论证分析,小庄煤矿生活污水经污水管道收集送至生活污水处理站,处理后全部作为选煤补水、绿化用水,不外排。

(4)选煤厂洗煤产生的煤泥水采用浓缩机和加压过滤机处理后内部循环使用不外排。

(5)雨水主要来自地面工业场地内汇集的雨水,经雨水管网收集后排入工业场地周围的涵洞后排至洪沟。工业场地内初期雨水收集至600 m^3 容积的雨水收集池后送矿井涌水处理站处理。

7.1.2　退水处理方案和达标情况

7.1.2.1　矿井涌水处理方案及达标情况

小庄煤矿的高效全自动净水设备于2013年10月竣工并投入使用,超磁设备于2016年7月竣工并投入使用,总设计规模52 800 m^3/d,主要采用混凝、沉淀、过滤、消毒等常规处理工艺,矿井水处理工艺流程见图1-18和图1-19。另有矿井涌水深度处理系统1处,主要由2套反渗透装置组成,处理能力200 m^3/h;生活净水车间1处,主要由2套反渗透装置组成，处理能力 200 m^3/h。

1. *矿井涌水处理站处理方案及达标情况*

根据论证测算，小庄煤矿正常矿井涌水量约 29 600 m^3/d，最大矿井涌水量约为 49 700 m^3/d，则小庄煤矿矿井水处理能力能够满足矿井涌水需求。

经论证第 5 章分析，小庄煤矿经处理后的矿井涌水中有毒有机物、重金属、放射性或持久性化学污染物等指标全部合格；按照《黄河流域水资源保护局关于陕西彬长矿业集团有限公司水环境综合治理与废污水入河排放方案的批复》（黄护规划〔2018〕4 号）相关要求：原则同意方案确定的你公司所辖文家坡、大佛寺、小庄、孟村等煤矿矿井废污水入河排放意见，相关排放执行水功能保护与总量限排控制管理规定，因受地质条件影响而无法利用的矿井疏干水，可根据资源利用和实施水功能无害化影响前提下，在现阶段暂实施地下水对地表水的补源措施，暂时排入彬县工业、农业用水区。因此，小庄煤矿外排矿井涌水须执行《地表水环境质量标准》（GB 3838—2002）Ⅲ类水质标准，矿化度应满足《城市污水再生利用 农田灌溉用水水质》（GB 20922—2007）要求，根据《陕西彬长矿业集团有限公司水环境综合整治与废污水入河排放方案》中检测情况来看，矿井涌水中 COD、BOD、NH_3—N、氟化物、矿化度不达标。在本次论证自测的采空区水样、入河排污口水样中 COD、NH_3—N、氟化物亦超《地表水环境质量标准》（GB 3838—2002）Ⅲ类水质标准，论证建议业主对需氧量、氨氮、矿化度等因子进行持续观测，摸清需氧量、氨氮因子含量较高的机制，是来自地层天然本底状况还是井下人工污染，以便针对性的采取处理措施，确保矿井涌水稳定达标排放。

2. *矿井涌水深度处理系统处理方案及达标情况*

目前，小庄煤矿建设有矿井涌水深度处理系统 1 处，主要由 2 套反渗透装置组成，总处理能力 200 m^3/h，能够满足向小庄煤矿生产和生活的供水需求。为节水减排，经与业主协商，矿井涌水经深度处理后将回用于洗衣、淋浴、换热站补水、瓦斯抽采补水和井下采煤机等用水，确保矿井涌水得到充分回用，浓盐水用于黄泥灌浆和排矸场降尘。

小庄煤矿矿井涌水深度处理系统采用的反渗透技术工艺成熟，应用广泛,已在海水淡化制水、苦咸水淡化制水等多个领域应用,如本项目周边的庆阳环县区域地下水均为苦咸水,目前在该县多处地方均已建成制水站,制水工艺与本项目类似,采用苦咸水制淡水供给当地百姓生活使用。该系统具有水质好、耗能低、无污染、工艺简单、操作简便等优点,出水水质完全满足各类生产和生活用水要求。

7.1.2.2 生活污水处理方案及达标情况

小庄煤矿生活污水处理站2018年12月升级改造完成后投入使用,设计规模1 440 m^3/d,采用地埋式二级生化+MBR工艺。

生活污水首先经格栅去除较大悬浮物后,进入调节池内,调节水量和水质,然后进入集水池。集水池污水经提升泵提升至地埋式组合污水处理设备进行二级生化处理,工艺为“A/O”法。污水经生化处理后,进入中间水池。中间水池出水经提升泵提升至MBR膜池。MBR工艺具有出水稳定、污泥产生量少、占地面积小、操作管理方便、自动化程度高、可去除难降解有机物等优点。处理后出水水质满足《城市污水再生利用 城市杂用水水质》(GB/T 18920—2020)要求,可全部回用于选煤厂、绿化等生产用水。

7.1.2.3 煤泥水处理方案

选煤厂分选系统排出的煤泥水进入浓缩机的入料池,浓缩机溢流进入循环水池,并由循环水泵加压进入生产洗水系统,浓缩机底流进入加压过滤机。煤泥水闭路循环,不外排。

7.2 项目退水及入河排污口设置情况

7.2.1 退水及入河排污口设置基本情况

7.2.1.1 退水与排污许可

目前,小庄煤矿外排废污水为经矿井水处理站处理后回用不完的富余矿井水。生活污水经处理后回用于选煤厂补水、绿化浇洒等,不外排。煤泥水实现闭路循环不外排。

按照地方环保部门的要求,小庄煤矿外排污水水质应同时满足

《煤炭工业污染物排放标准》(GB 20426—2006)和《陕西省黄河流域污水综合排放标准》(DB 61/224—2018)。

小庄煤矿分别于2013年3月和2016年10月取得陕西省环保厅化学需氧量和氨氮的污染物排放权指标,COD和氨氮的排放总量指标分别为87 t/a、7.13 t/a。2017年7月3日取得彬州市环保局核发的排污许可证,有效期至2020年7月3日,COD和氨氮许可排放量分别为87 t/a、7.13 t/a。陕西省生态环境厅批复同意小庄煤矿排水方案调整后,需要新增污染物总量COD 86.36 t、氨氮3.03 t,应获得污染物排放总量指标。

7.2.1.2　入河排污口设置情况

小庄煤矿现设置有入河排污口1个,为工业污水入河排污口,位于泾河彬县工业农业用水区,地理坐标为北纬35°04′28.36″,东经107°58′53.66″。

小庄煤矿修建了长约1.3 km的混凝土衬砌明渠,经处理后的矿井水通过该明渠排入泾河,但周边村镇的生活污水及上游雨水洪水也通过该明渠排入泾河(见图7-1)。小庄煤矿已在排水明渠入泾河口处安装围栏、设置入河排污口标志牌,并在入河口处明渠盖板上预留采样孔,以便开展监督检查及日常采样检测工作。小庄煤矿入河排污口实景见图7-2。

7.2.2　退水及入河排污水量、水质

7.2.2.1　退水及入河排污水量

1. 现状年排放总量

小庄煤矿现状年外排水量分别为7 579 985 m³/a、20 767 m³/d。

2. 本论证报告复核的排水量

小庄煤矿产能达到设计600万t/a规模后,正常矿井涌水量29 600 m³/d,矿井水处理损失按1%计算,生活污水经处理后全部回用,矿井水采暖季有26 141 m³/d、非采暖季有25 928 m³/d需要外排泾河。

达产后正常涌水量情况下水量平衡见图7-3、图7-4。

图 7-1　小庄煤矿入河排污口设置示意图

(a)工业场地内总排污口

(b)入河排污口

图 7-2　小庄煤矿入河排污实景图

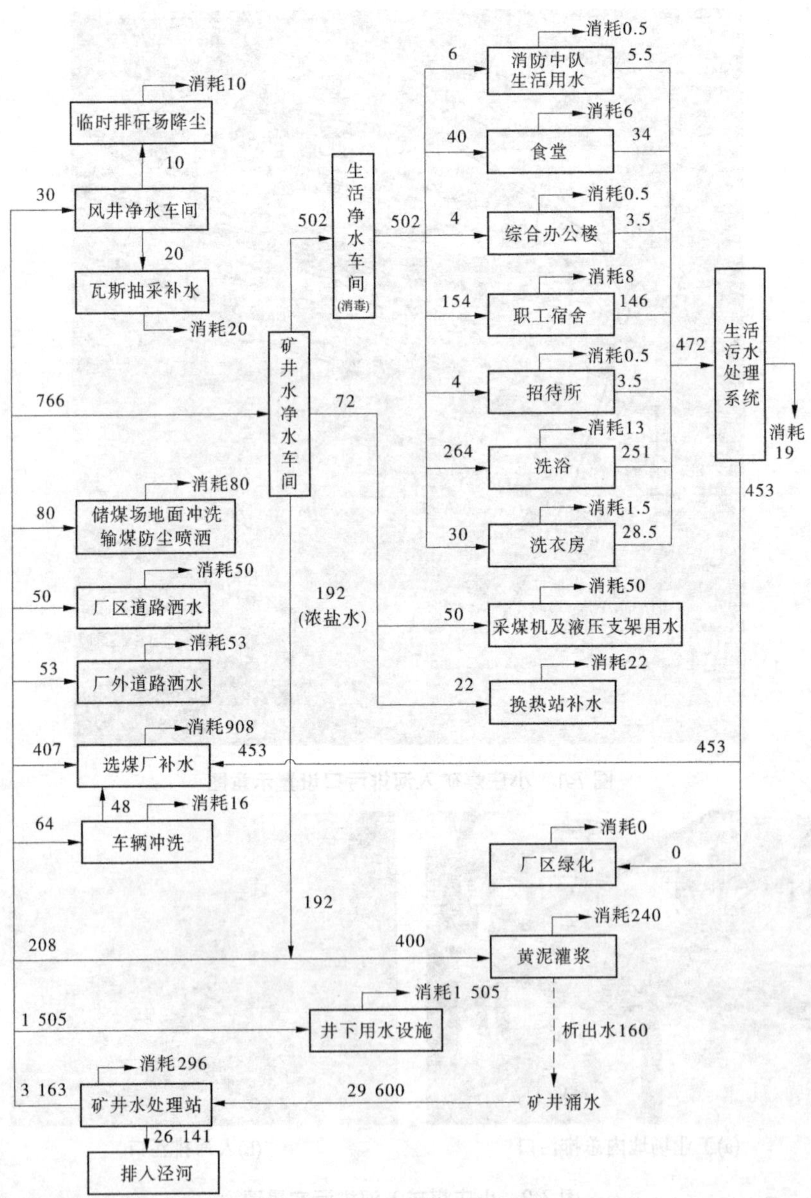

图 7-3 小庄煤矿达产后正常涌水量情况下水量平衡图(采暖季) (单位:m^3/d)

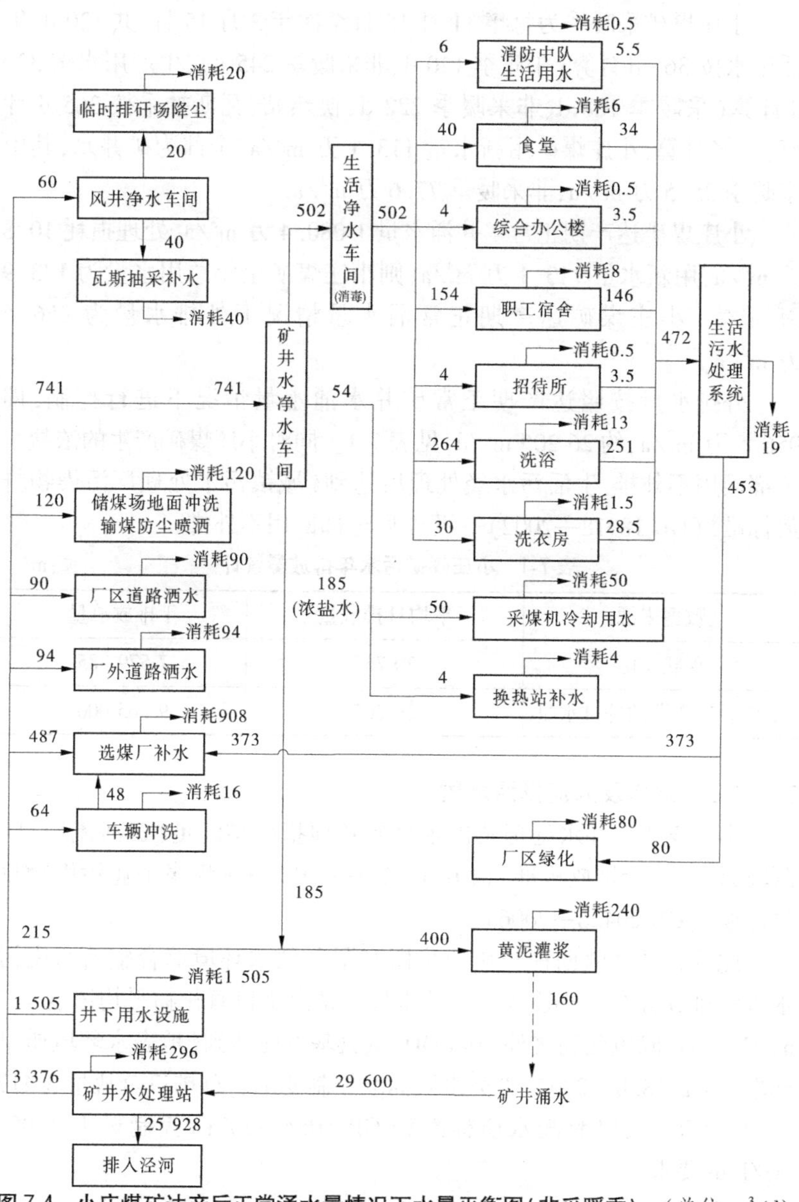

图7-4　小庄煤矿达产后正常涌水量情况下水量平衡图(非采暖季)　(单位:m^3/d)

小庄煤矿采暖季为每年 11 月 15 日至次年 3 月 15 日,共 120 d,生活用水按 365 d 计算(采暖季 120 d、非采暖季 245 d),生产用水按 330 d 计算(采暖季 108 d、非采暖季 222 d,换热站、瓦斯抽采按 365 d 计算)。经计算,小庄煤矿用新水量 113.1 万 m^3/a,全部为矿井水,其中采暖季 35.5 万 m^3/a,非采暖季 77.6 万 m^3/a。

小庄煤矿达产期正常矿井涌水量 1 080.4 万 m^3/a,处理损耗 10.8 万 m^3/a,用新水量 113.1 万 m^3/a,则小庄煤矿全年总用水量为 123.9 万 m^3/a。小庄煤矿达产期正常涌水量情况下外排水量为 956.5 万 m^3/a。

外排水量按照达产期正常矿井水涌水量情况下进行控制,即 956.5 万 m^3/a,约 26 205 m^3/d,见表 7-1。同时小庄煤矿产生的浓盐水全部回用不外排,生活污水经处理后达到《城镇污水处理厂污染物排放标准》(GB 18918—2002)一级 A 后全部回用不外排。

表 7-1 小庄煤矿污水年排放量统计 单位:m^3

数据来源	平均日排放量	年排放总量
现状实际	20 767	7 579 985
复核后达产期的外排水量	26 205	9 565 000

7.2.2.2 退水及入河排污水质

小庄煤矿矿井水处理站出水水质各项指标均满足《黄河流域(陕西段)污水综合排放标准》(DB 61/224—2011)和《煤炭工业污染物排放标准》(GB 20426—2006)。

此外,根据《陕西彬长矿业集团有限公司水环境综合整治与废污水入河排放方案》,小庄煤矿矿井水处理站出水口氟化物平均浓度 1.7 mg/L 左右,除氟化物之外,其 COD、氨氮基本能达到《地表水环境质量标准》(GB 3838—2002)Ⅲ类水质标准控制要求。总排口全盐量 3 417 mg/L,超出《农田灌溉水质标准》(GB 5084—2021)控制标准 1 000 mg/L 的要求。

7.2.3　退水及入河污染物总量

经统计,小庄煤矿现状COD排放浓度为24.18 mg/L,氨氮排放浓度为1.016 mg/L。

按现状实际排放水量、实测水质进行统计,小庄煤矿入河排污口主要污染物COD、氨氮的排放总量分别为183.28 t/a、7.70 t/a,均超出其排污许可总量(COD、氨氮分别为87 t/a、7.13 t/a)。即使外排水质按照地表水Ⅲ类水控制,其主要污染物COD、氨氮排放总量分别为151.60 t/a、7.58 t/a,仍超出排污许可总量。

按照复核后达产期的外排水量、实测水质进行统计,入河排污口主要污染物COD、氨氮的实测排放总量分别为231.28 t/a、9.72 t/a,COD、氨氮的排放量超出排污许可总量。外排水质按照地表水Ⅲ类水控制,其主要污染物COD、氨氮排放总量分别为191.3 t/a、9.56 t/a,均超出排污许可总量。

7.3　纳污水域概况

7.3.1　河段概况

小庄煤矿排污进入泾河陕西段。泾河是黄河的二级支流,是渭河的最大支流,发源于宁夏回族自治区泾源县六盘山东麓,于陕西省高陵县境内注入渭河,全长455.1 km,流域面积45 421 km^2,是彬长矿区的最大过境河流。泾河干、支流河道呈羽状展布,从整个流域而言,绝大部分支流分布于干流中、上游地区。泾河流域横跨黄土塬区,整个流域大致呈扇形分布,总体地形西北高、东南低。

泾河在彬长矿区流长39 km,出境断面多年平均流量23.78 m^3/s,枯水期最小流量1 m^3/s,洪水期最大流量9 380 m^3/s(1993年)。泾河支流呈树枝状分布,其最大支流为黑河,多年平均流量为8.28 m^3/s。其余支流有四郎河、红岩河、磨子沟、水帘沟等,均常年流水,但流量不大,一般在0.2~3 m^3/s。

由于彬长矿区地下煤炭资源储量丰富，沿泾河两岸分布有许多原煤开采及洗选企业，还有部分当地企业直接在河道内采砂、洗砂、修建建筑物，严重破坏了河道生态环境，特别是煤炭和矿产资源开发加剧了水土流失和生态环境的恶化。

7.3.2 水功能区划情况

泾河流域的水功能区划涉及宁夏回族自治区、甘肃省和陕西省。根据黄河流域水功能区划成果，泾河流域一级水功能区有 32 个，涉及泾河干流及 11 条支流；二级水功能区有 22 个，涉及泾河干流及 8 条支流。

小庄煤矿入河排污口位于黄河流域水功能区划一级水功能区——泾河陕西开发利用区，所处二级水功能区为泾河彬县工业农业用水区。本论证涉及的水功能区基本信息见表 7-2。

表 7-2 纳污泾河河段水功能区基本信息

河流	二级水功能区名称	所在一级水功能区名称	范围		代表断面	长度/km	水质目标
			起始断面	终止断面			
泾河	—	泾河甘陕缓冲区	长庆桥	胡家河村	政平	43.1	Ⅲ
泾河	泾河彬县工业农业用水区	泾河陕西开发利用区	胡家河村	彬县	—	36.0	Ⅲ
黑河	黑河长武工业农业用水区	黑河长武开发利用区	达溪河入口	入泾河口			

7.3.3 水功能区取水情况

据调查，小庄煤矿入河排污口所处泾河彬县工业农业用水区河段内分布的地表水取水口有 1 个，为大唐彬长发电有限责任公司(一期)取水口，位于泾河干流鸦儿沟入泾河处下游 55 m 右岸，小庄煤矿入河排污口的上游。批准年取水量 308 万 m^3，取水用途为工业、生活。

其他当地取水以地下水为主，包括村镇居民生活用水自备井、煤矿矿井涌水经处理后用于生产、生活等。还有一些分布在泾河支流、支沟上的地表水取水口，作为工业用水和生活用水自备水源。

7.3.4　水功能区纳污状况

依据各水功能区纳污能力，对泾河彬县工业农业用水区的排污口、支流等污染负荷状况进行评价。

7.3.4.1　主要排污口污染物入河量

根据2018年12月通过原黄河流域水资源保护局审查的《陕西彬长矿业集团有限公司水环境综合整治与废污水入河排放方案》，泾河彬县工业农业用水区内的入河排污口有22个。其中，下沟煤矿、中达火石嘴煤矿为在2011年之前已设置的入河排污口，胡家河煤矿入河排污口在2018年获黄河水利委员会批复。小庄煤矿为此次申请设置的入河排污口，而大佛寺、孟村、文家坡等煤矿为近期拟新设入河排污口。

统计结果表明，泾河彬县工业农业用水区现共有22个排污口，年废污水入河量为2 972.0万m^3，COD和氨氮年均入河量分别为1 013.7 t、39.2 t。

7.3.4.2　主要支流污染物输送量

论证范围内涉及的主要支流为黑河。黑河是泾河的一级支流，黑河流域位于北纬34°42′~35°18′，东经106°35′~107°56′，发源于甘肃省华亭县上关，经甘肃省华亭、崇信、泾川、灵台等县东流，在长武县刘家河村进入陕西境内，于亭口镇亭南村汇入泾河。流域面积4 255 km^2，全长168 km，长武县境内流程37.7 km，河道平均比降2.9‰，干流河口以上14.2 km处的河川口汇入其最大支流达溪河。

根据监测结果，黑河入泾河口COD浓度为35.6 mg/L，COD(滤后)浓度为12.1 mg/L，氨氮浓度为0.829 mg/L，悬浮物浓度为538 mg/L。

黑河入泾河水质氨氮可达到地表水Ⅲ类水质标准，COD(滤后)仅为COD的33.9%，除去泥沙、悬移质等的影响后，COD可达到地表水Ⅰ类水质标准。

7.3.4.3 水功能区纳污量

对泾河彬县工业农业用水区的纳污量进行统计。鉴于黑河入泾河水质 COD(滤后)、氨氮均达到规划Ⅲ类水质目标,未将其作为泾河干流的污染源纳入统计。

泾河彬县工业农业用水区 COD 接纳量为 1 013.7 t/a,氨氮接纳量为 39.2 t/a

7.3.5 水功能区水质状况

在泾河甘陕缓冲区内,设有常规水质监测断面政平;泾河彬县工业农业用水区内,设有常规水质监测断面胡家河村和彬县,而在其下游相邻的泾河彬县排污控制区内,设有常规水质监测断面景村。

胡家河村断面 2016 年以后未监测,其余常规监测断面每月监测 1 次,监测项目包括水温、pH、电导率、溶解氧、高锰酸盐指数、COD、BOD_5、氨氮、总磷、总氮、铜、锌、氟化物、硒、砷、汞、镉、六价铬、铅、氰化物、挥发酚、石油类、硫酸盐、氯化物、硝酸盐氮、铁、锰、总硬度,共 28 项。

根据 2018~2019 年的常规水质监测结果,对政平、彬县和景村 3 个监测断面按月进行统计评价,结果详见表 7-3。

表 7-3 政平、彬县、景村逐月水质类别统计

断面	年份	1月	2月	3月	4月	5月	6月	7月	8月	9月	10月	11月	12月
政平	2018年	劣Ⅴ	劣Ⅴ	劣Ⅴ	Ⅴ	Ⅴ	Ⅳ	Ⅳ	Ⅲ	Ⅴ	Ⅲ	Ⅳ	Ⅴ
	2019年	Ⅳ	Ⅴ	Ⅴ	Ⅳ	Ⅲ	Ⅱ	Ⅳ	Ⅱ	Ⅱ	Ⅱ	Ⅱ	Ⅱ
彬县	2018年	Ⅴ	劣Ⅴ	Ⅱ	Ⅱ	Ⅳ	Ⅱ	Ⅱ	Ⅱ	Ⅱ	Ⅱ	Ⅱ	Ⅱ
	2019年	Ⅳ	Ⅱ	Ⅲ	Ⅱ	Ⅲ	Ⅱ	Ⅱ	Ⅱ	Ⅱ	Ⅲ	Ⅱ	Ⅱ
景村	2018年	劣Ⅴ	Ⅴ	Ⅲ	Ⅲ	Ⅱ	Ⅲ	Ⅱ	Ⅱ	Ⅱ	Ⅱ	Ⅲ	Ⅲ
	2019年	Ⅴ	Ⅱ	Ⅱ	Ⅱ	Ⅲ	Ⅱ	Ⅲ	Ⅲ	Ⅲ	Ⅱ	Ⅱ	Ⅱ

从表7-3可以看出，政平断面满足Ⅲ类水质目标的为9次，占37.5%；Ⅳ类水6次，占25.0%；Ⅴ类~劣Ⅴ类水9次，占37.5%。主要超标因子为COD、BOD_5、氨氮。

彬县断面满足Ⅲ类水质目标20次，占83.4%；Ⅳ类水2次，占8.3%；Ⅴ类~劣Ⅴ类水2次，占8.3%；个别月份超标因子为氨氮。

景村断面达到Ⅲ类水21次，占87.5%；Ⅴ类~劣Ⅴ类水3次，占12.5%。

政平断面的COD逐月浓度呈现波动状态，但是其年均浓度值由2018年的27.7 mg/L降至2019年的22.6 mg/L。彬县、景村断面2018年以来，COD逐月浓度值基本满足Ⅲ类水要求。

2018年以来政平断面的氨氮浓度呈显著的下降趋势，其年均值从2018年的2.01 mg/L降至2019年的0.87 mg/L。

2018年以来，彬县、景村断面氨氮浓度年均值均小于1 mg/L，氨氮逐月浓度值除冬季1~2月超过Ⅲ类水质标准要求外，其余月份氨氮浓度均满足Ⅲ类水要求。

从近两年彬县、景村2个断面的水质类别及COD、氨氮浓度变化情况来看，其断面的水质基本满足Ⅲ类水质要求，COD、氨氮浓度有一定程度的降低，这与近两年泾河上游来水相对偏丰，以及区域城镇污水收集处理率不断提高、沿河工矿企业加强污水处理设施运行管理和升级污水处理工艺等因素有一定关系。

7.3.6　水域管理要求

7.3.6.1　水功能区纳污能力

2015年通过水利部审查的《黄河流域（片）重要江河湖泊水功能区纳污能力核定和分阶段限制排污总量控制方案》对泾河彬县工业农业用水区的纳污能力进行了核定。

泾河彬县工业农业用水区COD纳污能力为2 070.6 t/a，氨氮纳污能力为133.4 t/a。

7.3.6.2　水资源保护规划

2017年5月，水利部印发《全国水资源保护规划（2016—2030年）》（水资源〔2017〕191号），在“入河排污口布局”部分关于排污口布设的相关要求如下：

根据水功能区划及纳污限排要求,对入河排污口设置进行分类管理,将规划水域分为禁止设置排污、严格限制排污、一般限制排污 3 种类型。新建、改建和扩建入河排污口严格执行排污设置申请和分类管理要求;同时按照布局规划对现有入河排污口逐步实施改造,促进陆域有序控源减排。

(1)禁止设置排污水域。禁止设置排污水域为饮用水水源地保护区、跨流域调水水源地及其输水干线、自然保护区、风景名胜区、国家主体功能区划中禁止排入污染物的水域或水功能保护要求很高的水域。在禁止设置排污水域,禁止新建、改建及扩建入河排污口,已经设置的入河排污口,按要求限期关闭或调整至水域外。

(2)严格限制排污水域。与禁止设置排污水域存在密切水力联系的一级支流及部分二级支流、省界缓冲区、具有重要保护意义的保留区、现状污染物入河量超过或接近水域纳污能力的水功能区等,严格控制新建、改建、扩大入河排污口。对污染物入河量已削减至纳污能力范围内或现状污染物入河量小于纳污能力的水域,原则上可在不新增污染物入河量的前提下,按照"以新带老、削老增新"的原则,根据规划和法律要求设置入河排污口。对现状污染物入河量尚未削减至水域纳污能力范围内的水域,原则上不得新建、扩建入河排污口。

(3)一般限制排污水域。除禁止设置排污水域和严格设置排污水域之外的其他水域为一般限制排污水域,一般限制排污水域的现状污染物入河量明显低于水功能区纳污能力。一般限制排污水域内对入河排污口设置应依法设置并符合规划要求。

根据《全国水资源保护规划(2016—2030 年)》,泾河彬县工业农业用水区现状(2015 年)水质为Ⅴ类,水质相对较差,水污染防治和水资源保护任务较重,该水功能区属于严格限制排污水域。

7.3.6.3 生态环境部入河排污口排查整治要求

为进一步规范全国入河(湖、库)排污口设置管理,统一指导监督各类入河(湖、库)排污口排查整治工作,推动信息公开和公众参与监督,更好地服务于打好污染防治攻坚战,推动流域水生态环境质量改善,生态环境部在充分借鉴水利等部门工作经验的基础上,制定了《入河(湖、库)排污口排查整治技术指南(试行)(征求意见稿)》,并在2018年9月6日以环办水体函〔2018〕956号文向各省及流域水资源保护局征求意见,目前正处于征求意见阶段。

《入河(湖、库)排污口排查整治技术指南(试行)(征求意见稿)》对入河排污口的清理整治技术要点有:

(1)2002年10月1日后建成,未经水行政主管部门或者流域管理机构设置同意,但其建设项目环评已经被原环境保护主管部门审批的。按权限补办手续,纳入日常监管。

(2)通过该入河排污口排放未经处理的水污染物的。由责任主体通过搬迁、改造等措施消除对水体的不利影响。

(3)直接或间接影响到合法取用水户的。由入河排污口责任主体组织编制入河排污口论证报告,分析论证排污对上下游一定水域范围内集中式饮用水水源地以及第三方取用水户取用水安全的影响。当排污口可能产生有毒有机污染物、重金属或持久性有毒化学污染物时,应量化分析污染物对水源地的污染风险影响。当论证结论为入河排污口间接或直接影响合法取用水户取用水安全时,应研究提出并采取措施消除影响,同时加强监测监管;若无有效措施消除影响,应立即停止排污并变更入河排污口位置。

对于可采取措施消除对合法取用水户影响的,由入河排污口责任主体负责编制整改报告,经相关专家论证后报县级以上生态环境主管部门审核批准实施。

(4)生产企业未按规定时限雨污分流的。由生产企业负责实施雨污分流改造。初期雨水收集池应满足初期雨量的容积要求;有废水产生的车间分别建立废水收集池,收集后的污水再用泵通过密闭管道送入企业废水总收集池;冷却水通过密闭管道循环使用;雨水通过明沟收集。所有沟、池采用混凝土浇筑,配套防渗防腐措施。实现对生产废水和初期雨水的处置,确保稳定达标排放。

(5)入河排污口设置不符合相关规范,不便于采集样品、计量监测及监督检查或采用暗管排放但并没有留出观测窗口的,责任主体应按照相关规范要求对入河排污口进行改造,以便于采集样品、计量监测及监督检查。原则上,入河排污口应设置在岸边,不得设暗管通入环境水体底部,如特殊情况需要设置暗管的,必须留出观测窗口。

(6)编码及命名。入河排污口实行统一编码及命名管理。国务院生态环境主管部门制定入河排污口编码及命名规则,对于确需保留并予以登记备案的入河排污口,进行统一编码及命名。

(7)标志牌设立。入河排污口实行分类立标管理。每个入河排污口都应设立标志牌,标志牌应设在入河排污口或采样点附近的明显位置,可根据情况分别选择设置立式或平面固定式标志牌。有关标志牌样式、设置等另行规定。

7.3.6.4 管理要求

小庄煤矿外排污水水质在达到《煤炭工业污染物排放标准》(GB 20426—2006)和《陕西省黄河流域污水综合排放标准》(DB 61/224—2018)的基础上,排污入河还应满足以下管理要求:

(1)排入泾河的污染物总量应不使纳污水功能区的纳污总量超过其纳污能力;

(2)在正常工况下,污水进入泾河后,其影响范围应仅限于纳污水功能区;

(3)在正常工况下,小庄煤矿排污应不会对下游合法取用水造成实质性影响;

(4)考虑到纳污水功能区的纳污能力及实际水质达标情况,下游东庄水库以及原黄河流域水资源保护局对《陕西彬长矿业集团有限公司水环境综合整治与废污水入河排放方案》的批复要求,小庄煤矿外排污水水质应满足其入河排污口所在水功能区划定的《地表水环境质量标准》(GB 3838—2002)Ⅲ类标准。

在满足上述入河排污口设置管理要求的基础上,小庄煤矿外排污水亦应满足当地环保等部门的有关要求。

7.3.7 主要第三方概况

7.3.7.1 陕西泾河湿地

陕西泾河湿地,于2008年8月被陕西省人民政府列入《陕西省重要湿地名录》(陕政发〔2008〕34号)。湿地范围从长武县芋园乡至高陵县耿镇沿泾河至泾河与渭河交汇处,基本为泾河陕西全段,包括泾河河道、河滩、泛洪区及河道两岸1 km范围内的人工湿地。

《陕西省湿地保护条例》要求，禁止向天然湿地范围内排放超标污水、采砂、采石、采矿等其他破坏天然湿地的活动。

7.3.7.2　东庄水库

泾河东庄水库工程系大(1)型工程，是陕西省实施西部大开发战略、加快关中经济区发展的重大水利项目，是国务院批复的《黄河流域防洪规划》和《渭河流域重点治理规划》的重要防洪骨干工程。坝址位于泾河干流最后一个峡谷段出口(张家山水文站)以上29 km，距西安市100 km，下距泾惠渠张家山渠首20 km，最大回水长度96.67 km，水库库尾在彬州市景村水文站，距离泾河彬县工业农业用水区彬县断面不到10 km。其开发目标为“以防洪、减淤为主，兼顾供水、发电及生态环境”。

工程建成后，将极大提高泾、渭河下游的防洪能力，同时为黄河防洪发挥重要作用；将减少渭河下游及三门峡库区的泥沙淤积，降低潼关高程，增大河道平槽流量；可作为陕西关中地区工农业生产和城乡生活的重要水源。多年平均供水量5.31亿m^3，其中供给泾惠渠灌区水量3.187亿m^3，供给铜川新区、富平县城及工业园区、西咸新区及三原县城城镇生活和工业水量2.13亿m^3，供水保证率可达到95%；可使泾、渭河下游水环境和水质得到较大改善。

2018年3月20日，陕西省人民政府以陕政办函〔2018〕83号文印发了《陕西省人民政府办公厅关于加强东庄水利枢纽工程水生态环境保护工作的通知》，要求“进一步加大水污染防治力度。认真实施《陕西省泾河流域综合规划》、《泾河流域(陕西段)水污染防治规划》(陕政函〔2016〕262号)、《东庄水库受水区水污染防治规划》(陕水发〔2017〕21号)，全面落实水污染防治的各项措施，着力减少入河排污量，确保泾河水质不断改善。加大环境督查整改力度，加强入河排污口监管，落实截污措施，严禁污水不经处理直排入河，严禁高污染工业项目落户，进一步改善入河水质，确保泾河达到Ⅲ类水质标准。”

目前，东庄水库环评报告已经通过环保部批复(环审〔2018〕22号)，项目已于2018年6月29日开工建设。按照批复要求，要严格落实水环境保护措施。蓄水初期强化水环境保护，运行期加强对库周污染源的控制,加强水库水质监测。配合地方政府在库区划定饮用水水源保护区,落实《泾河流域(陕西段)水污染防治规划》(陕政函〔2016〕262号)以及《东庄水库受水区水污染防治规划》(陕水发〔2017〕21号),并进一步提高水源区、受水区的污水处理能力。

7.4 入河排污口设置影响研究

7.4.1 水功能区纳污总量分析

小庄煤矿现有入河排污口位于泾河彬县工业农业用水区。本论证主要对纳污水功能区——泾河彬县工业农业用水区的COD、氨氮纳污总量进行分析。

7.4.1.1 泾河彬县工业农业用水区纳污能力及管理要求

根据《黄河流域(片)重要江河湖泊水功能区纳污能力核定和分阶段限制排污总量控制方案》,泾河彬县工业农业用水区COD、氨氮纳污能力分别为2 070.6 t/a、133.4 t/a。

7.4.1.2 泾河彬县工业农业用水区纳污现状

包括小庄煤矿现有1个入河排污口在内,泾河彬县工业农业用水区内主要入河排污口有22个。这22个入河排污口,COD、氨氮入河排污总量分别为1 013.7 t/a、39.2 t/a。

泾河彬县工业农业用水区现状COD、氨氮纳污量均小于其纳污能力。

7.4.1.3 小庄煤矿入河排污总量

小庄煤矿入河排污总量统计结果显示,其COD、氨氮现状入河总量分别为183.28 t/a、7.70 t/a。若外排污水水质按地表水Ⅲ类水质标准限值进行统计,则其COD、氨氮现状入河总量分别为151.6 t/a、7.58 t/a,而按照复核后达产期的外排水量,则小庄煤矿COD、氨氮入河总量分别为191.3 t/a、9.56 t/a。

7.4.2　对水功能区水质影响模型

7.4.2.1　模型选择与参数确定

小庄煤矿现有入河排污口位于泾河彬县工业农业用水区。依据《水域纳污能力计算规程》(GB/T 25173—2010),选择一维水质模型,分析小庄煤矿入河排污对泾河彬县工业农业用水区水质的影响。

具体模型如下:

$$C_s = \frac{M + C_0 Q\exp(-K\frac{X'}{86.4u})}{(Q+q)\exp(-K\frac{X}{86.4u})} \tag{7-1}$$

式中:C_s 为排污口下游某断面处污染物浓度值,mg/L;X 为排污口至下游某断面的距离,km;X'为排污口至上游背景断面的距离,km;M 为污染物入河量,g/s;C_0 为排污口上游对照断面污染物浓度,mg/L;q 为污水入河流量,m^3/s;K 为污染物综合降解系数,1/d;Q 为河道设计流量,m^3/s;u 为河道设计流量条件下的流速(设计流速),m/s。

小庄煤矿入河排污口距泾河彬县工业农业用水区出口断面彬县约16 km,以泾河甘陕缓冲区代表断面政平作为上游背景断面,利用模型分析污水入河后的影响程度和范围。

其中,影响程度是指污水入河后,河流相应污染物浓度产生的最大变化量;影响范围是指污水入河后,河流水质恢复到上游来水水质所需流经的距离。

1. 模型分析控制因子

从近3年常规水质监测结果来看,受彬长矿区生产、生活排污等的影响,泾河河段的主要污染因子为COD(主要为泥沙悬移质)、氨氮、BOD等。小庄煤矿排污入河后,悬浮物等的迁移转化以沉积作用为主,而BOD相对COD更容易降解。因而本书主要结合水功能区水质管理的需要,选择COD、氨氮作为模型分析控制因子。

2. 设计流量与设计流速

按照《水域纳污能力计算规程》(GB/T 25173—2010),设计流量应采用90%保证率最枯月平均流量或近10年最枯月平均流量。本书选取杨家坪、雨落坪2个水文站长系列水文资料相加的90%保证率最枯月平均流量7.04 m^3/s，对纳污河段进行排污影响预测。拟合杨家坪、雨落坪水文站流量与流速关系，推求泾河的设计流量条件对应的流速为0.93 m/s。

3. 污染物综合降解系数

污染物综合降解系数是反映水体中污染物降解速度快慢的重要参数。降解系数越大，污染物衰减越快。污染物在水体中降解不仅过程复杂，而且影响因素众多，降解过程包括物理净化过程(稀释混合、沉降、吸附、絮凝)、化学净化过程(分解化合、酸碱反应、氧化还原)和生物净化过程(生物分解、生物转化、生物富集)等，这些过程往往同时进行，过程长短不一，对污染物降解作用大小不等。

污染物综合降解系数主要通过水团追踪试验、实测资料反推、类比等方法确定。本书采用2015年通过水利部审查的《黄河流域(片)重要江河湖泊水功能区纳污能力核定和分阶段限制排污总量控制方案》中使用的污染物综合降解系数。泾河河段COD的综合降解系数年均值为0.20 d^{-1}，氨氮的综合降解系数年均值为0.30 d^{-1}。

4. 上游背景浓度

分别按现状水质和达到Ⅲ类标准限值进行模型分析。确定出的各控制因子的上游背景浓度值见表7-4。

表7-4 上游背景浓度 单位：mg/L

控制因子	COD	氨氮
现状	24.2	1.44
最大值	38.5	5.59
Ⅲ类水质标准限值	20	1

注：为客观反映纳污泾河河段水质现状，COD、氨氮现状浓度采用政平常规水质监测断面2018~2019年逐月水质监测结果均值；COD、氨氮最大值浓度为政平常规水质监测断面2018~2019年逐月水质监测结果最大值。

7.4.2.2 小庄煤矿达产期正常工况下排污水量影响预测

小庄煤矿复核后达产期外排水量为26 141 m^3/d(0.302 m^3/s)(采

暖季，稍大于非采暖季）。预测上游泾河来水流量 7.04 m^3/s，黑河入流流量 0.77 m^3/s 作为设计水文条件。

根据评价区水环境承载能力影响分析，该水功能区水质评价结果受边界条件的设置影响较大。因此，对小庄煤矿入河排污口设置后的水环境影响，也需根据水功能区不同边界条件进行预测工况设置。

（1）工况一、二、三上游来水为现状背景浓度，即 COD 24.2 mg/L、氨氮 1.44 mg/L；黑河入流水质达标；胡家河煤矿排污口按批复要求，即 COD 20 mg/L、氨氮 1 mg/L。

（2）工况四、五、六上游来水将 2018~2019 年中的月最大值作为背景浓度，即 COD 38.5 mg/L、氨氮 5.59 mg/L；黑河入流水质达标；胡家河煤矿排污口按批复要求，即 COD 20 mg/L、氨氮 1 mg/L。

（3）工况七、八、九按照上游来水及黑河入流水质达标，胡家河煤矿排污口按批复要求，即 COD 20 mg/L、氨氮 1 mg/L。

在以上 9 种工况设置中，小庄煤矿入河排污口污染物浓度主要考虑以下几种情况：

（1）平均排放浓度 COD 24.18 mg/L、氨氮 1.016 mg/L；

（2）水功能区水质目标控制浓度 COD 20 mg/L、氨氮 1 mg/L；

（3）最大排放浓度 COD 48 mg/L、氨氮 2.327 mg/L。

全部模拟工况见表 7-5。

表 7-5　模拟工况列表

工况	说明
工况一	上游来水按现状及黑河入流水质按Ⅲ类限值，实测平均浓度排放
工况二	上游来水按现状及黑河入流水质按Ⅲ类限值，Ⅲ类标准限值排放
工况三	上游来水按现状及黑河入流水质按Ⅲ类限值，实测最大值排放
工况四	上游来水按最大值及黑河入流水质按Ⅲ类限值，实测平均浓度排放
工况五	上游来水按最大值及黑河入流水质按Ⅲ类限值，Ⅲ类标准限值排放
工况六	上游来水按最大值及黑河入流水质按Ⅲ类限值，实测最大值排放
工况七	上游来水及黑河入流水质按Ⅲ类限值，实测平均浓度排放
工况八	上游来水及黑河入流水质按Ⅲ类限值，Ⅲ类标准限值排放
工况九	上游来水及黑河入流水质按Ⅲ类限值，实测最大值排放

根据上述工况设置参数，计算的预测结果如下：

(1)工况一。泾河上游来水水质按照现状计算,COD 为 24.2 mg/L,氨氮为 1.44 mg/L,黑河入流水质按Ⅲ类达标浓度设置,即入流 COD 20 mg/L,氨氮 1 mg/L,同时考虑水功能区内已批复的胡家河煤矿排污口(COD 20 mg/L、氨氮 1 mg/L),小庄煤矿入河排污口按平均排放浓度(COD 24.18 mg/L、氨氮 1.016 mg/L)计算。

结果表明,小庄煤矿入河排污口按平均浓度排放废污水,COD 浓度高于上游来水,排污入河后造成 COD 浓度增高,排污口处 COD 浓度增加 0.09 mg/L,达到 21.85 mg/L,氨氮浓度较排污河段入流污染物浓度小,废污水入河后造成氨氮浓度降低,降低 0.004 mg/L,为 1.211 mg/L。污染物沿程分布详见图 7-5。

(2)工况二。泾河上游来水水质按照现状计算,COD 为 24.2 mg/L,氨氮为 1.44 mg/L,黑河入流水质按Ⅲ类达标浓度设置,即入流 COD 20 mg/L,氨氮 1 mg/L,同时考虑水功能区内已批复的胡家河煤矿排污口(COD 20 mg/L、氨氮 1 mg/L),小庄煤矿入河排污口水质按Ⅲ类标准限值(COD 20 mg/L、氨氮 1 mg/L)计算。

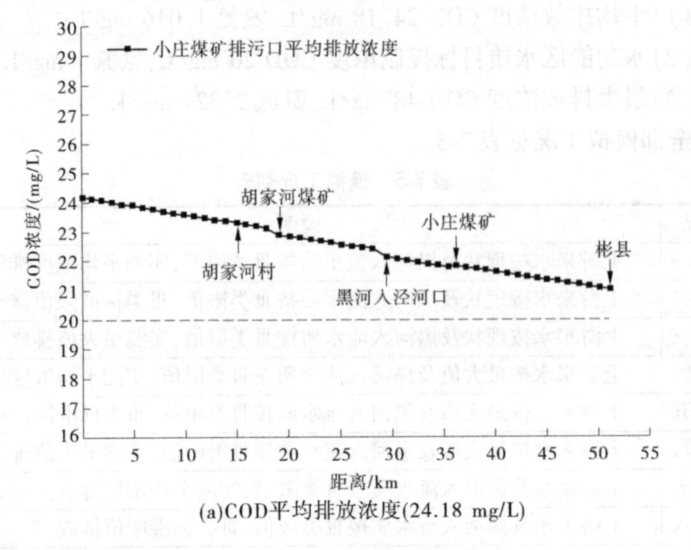

(a)COD平均排放浓度(24.18 mg/L)

图 7-5 工况一污染物沿程分布

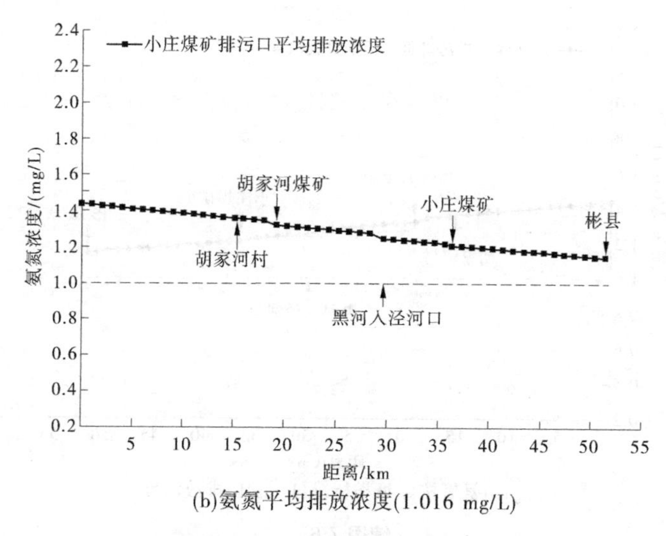

(b)氨氮平均排放浓度(1.016 mg/L)

续图 7-5

结果表明,小庄煤矿入河排污口水质按Ⅲ类标准限值排污入河后造成泾河污染物浓度降低,排污口处 COD 浓度降低 0.07 mg/L,为 21.69 mg/L,氨氮浓度降低 0.01 mg/L,为 1.209 mg/L。污染物沿程分布详见图 7-6。

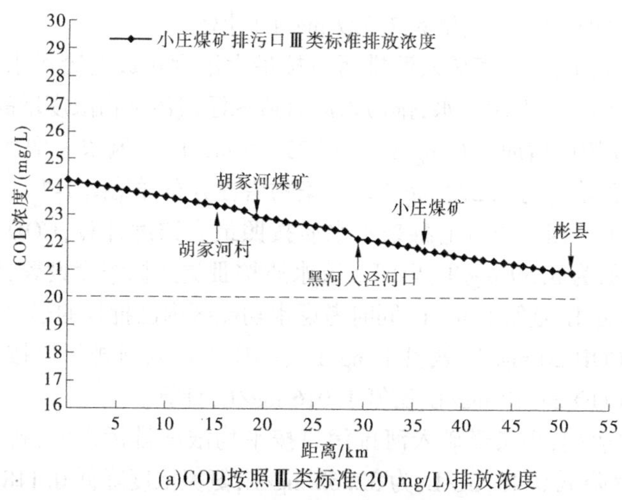

(a)COD按照Ⅲ类标准(20 mg/L)排放浓度

图 7-6 工况二污染物沿程分布

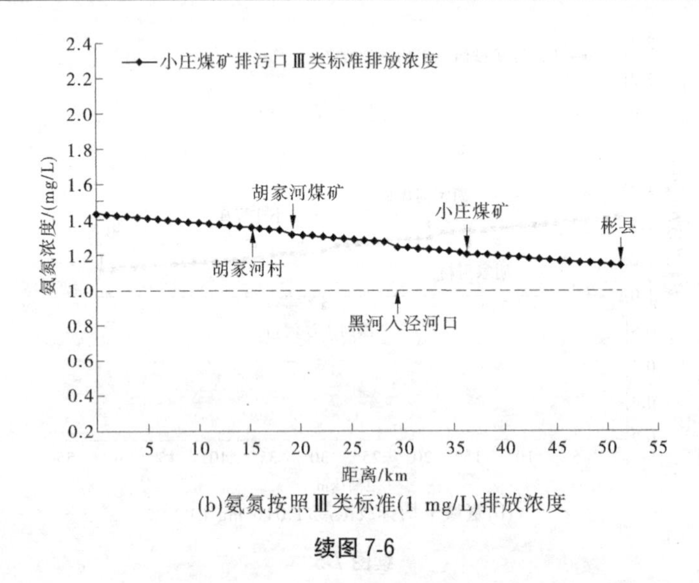

(b)氨氮按照Ⅲ类标准(1 mg/L)排放浓度

续图 7-6

(3)工况三。泾河上游来水水质按照现状计算，COD 为 24.2 mg/L，氨氮为 1.44 mg/L，黑河入流水质按Ⅲ类达标浓度设置，即入流 COD 20 mg/L、氨氮 1 mg/L，同时考虑水功能区内已批复的胡家河煤矿排污口(COD 20 mg/L、氨氮 1 mg/L)，小庄煤矿入河排污口按最大排放浓度(COD 48 mg/L、氨氮 2.327 mg/L)计算。

结果表明，小庄煤矿入河排污口按最大浓度排放的废污水，COD、氨氮浓度均高于上游来水，排污入河后造成泾河污染物浓度增高，排污口处 COD 浓度增加 1.0 mg/L，达到 22.76 mg/L，氨氮浓度增加 0.054 mg/L，氨氮浓度为 1.272 mg/L。污染物沿程分布详见图 7-7。

(4)工况四。泾河上游来水水质按照最大浓度计算，COD 为 8.5 mg/L，氨氮为 5.59 mg/L，黑河入流水质按Ⅲ类达标浓度设置，即入流 COD 20 mg/L、氨氮 1 mg/L，同时考虑水功能区内已批复的胡家河煤矿排污口(COD 20 mg/L、氨氮 1 mg/L)，小庄煤矿入河排污口按平均排放浓度(COD 24.18 mg/L、氨氮 1.016 mg/L)计算。

结果表明，小庄煤矿入河排污口按平均浓度排污入河，排污口处 COD 浓度降低 0.46 mg/L，为 32.62 mg/L，氨氮浓度降低 0.118 mg/L，为 4.241 mg/L。污染物沿程分布详见图 7-8。

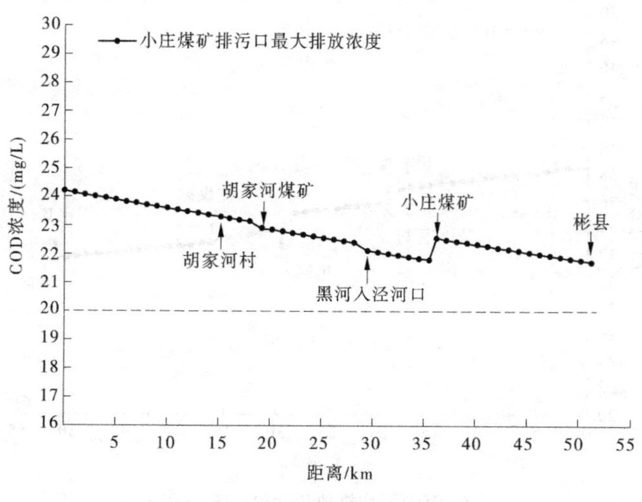

(a)COD最大排放浓度(48 mg/L)

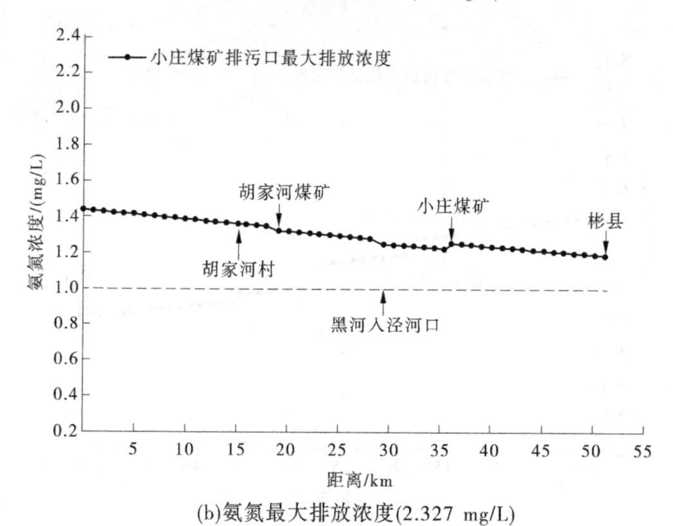

(b)氨氮最大排放浓度(2.327 mg/L)

图7-7　工况三污染物沿程分布

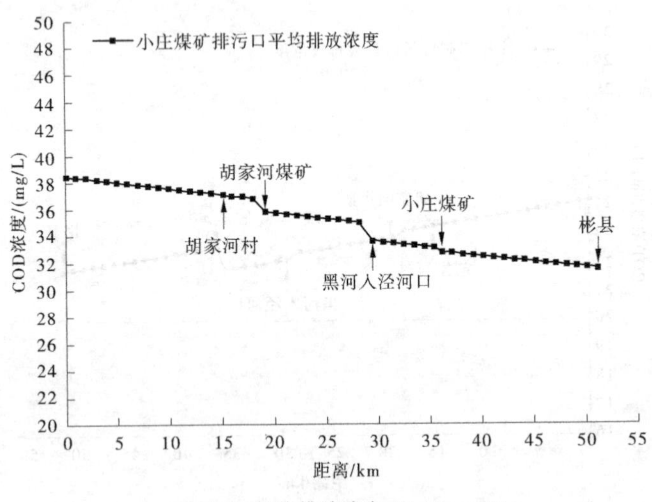

(a)COD平均排放浓度(24.18 mg/L)

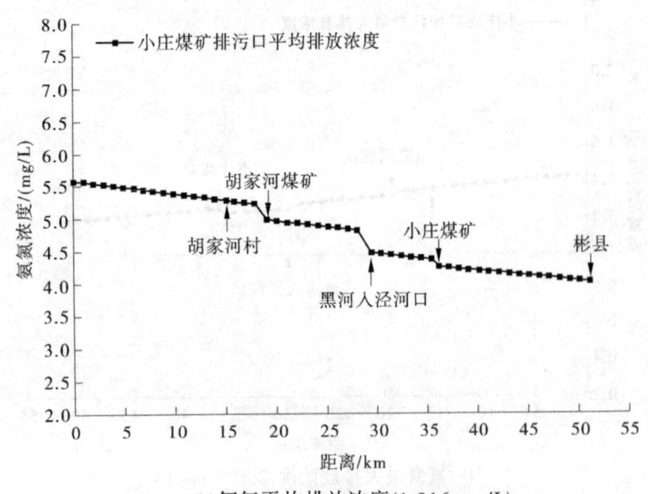

(b)氨氮平均排放浓度(1.016 mg/L)

图 7-8　工况四污染物沿程分布

(5)工况五。泾河上游来水水质按照最大浓度计算,COD 为 38.5 mg/L,氨氮为 5.59 mg/L,黑河入流水质按Ⅲ类达标浓度设置,即入流 COD 20 mg/L、氨氮 1 mg/L,同时考虑水功能区内已批复的胡家河煤矿排污口(COD 20 mg/L、氨氮 1 mg/L),小庄煤矿入河排污口按Ⅲ类标准限值(COD 20 mg/L、氨氮 1 mg/L)计算。

结果表明,小庄煤矿入河排污口水质按Ⅲ类标准限值排污入河后造成泾河污染物浓度降低,排污口处 COD 浓度降低 0.57 mg/L,为 32.52 mg/L,氨氮浓度降低 0.122 mg/L,为 4.237 mg/L。污染物沿程分布详见图 7-9。

(6)工况六。泾河上游来水水质按照最大浓度计算,COD 为 38.5 mg/L,氨氮为 5.59 mg/L,黑河入流水质按Ⅲ类达标浓度设置,即入流 COD 20 mg/L,氨氮 1 mg/L,同时考虑水功能区内已批复的胡家河煤矿排污口(COD 20 mg/L、氨氮 1 mg/L),小庄煤矿入河排污口按最大排放浓度(COD 48 mg/L、氨氮 2.327 mg/L)计算。

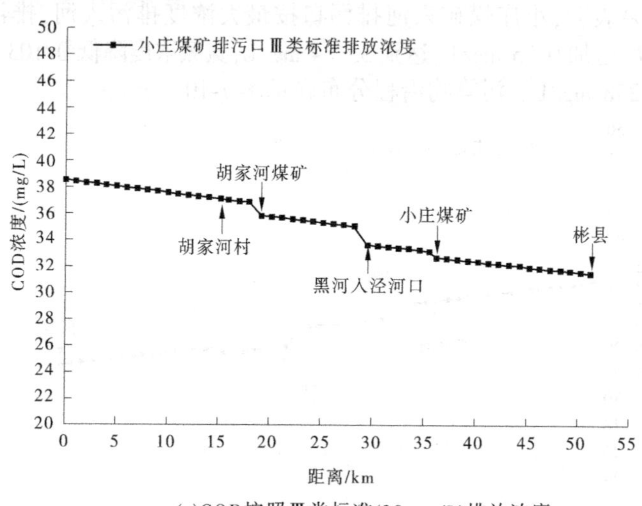

(a)COD按照Ⅲ类标准(20 mg/L)排放浓度

图 7-9　工况五污染物沿程分布

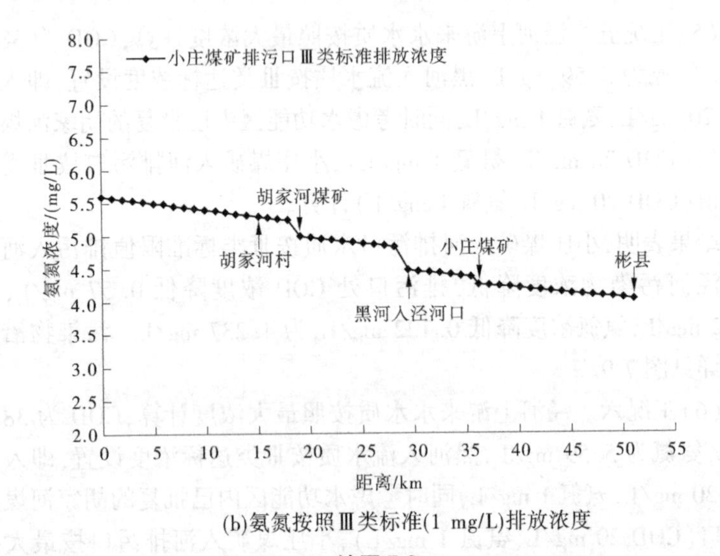

(b)氨氮按照Ⅲ类标准(1 mg/L)排放浓度

续图 7-9

结果表明,小庄煤矿入河排污口按最大浓度排污入河,排污口处 COD 浓度增加 0.75 mg/L,达到 33.84 mg/L,氨氮浓度降低 0.103 mg/L,达到 4.258 mg/L。污染物沿程分布详见图 7-10。

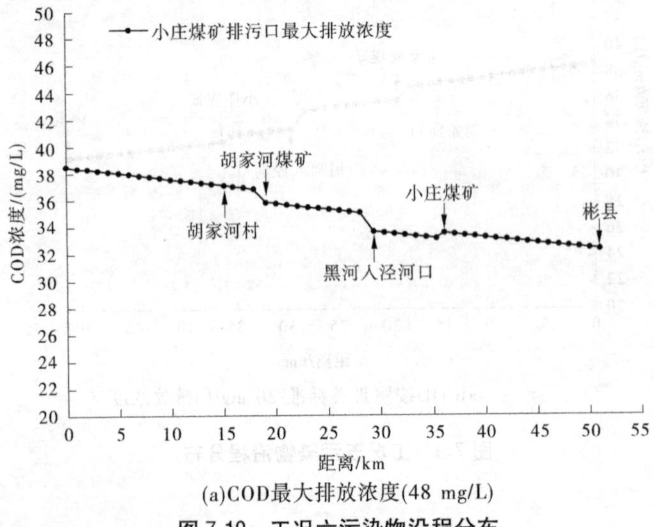

(a)COD最大排放浓度(48 mg/L)

图 7-10　工况六污染物沿程分布

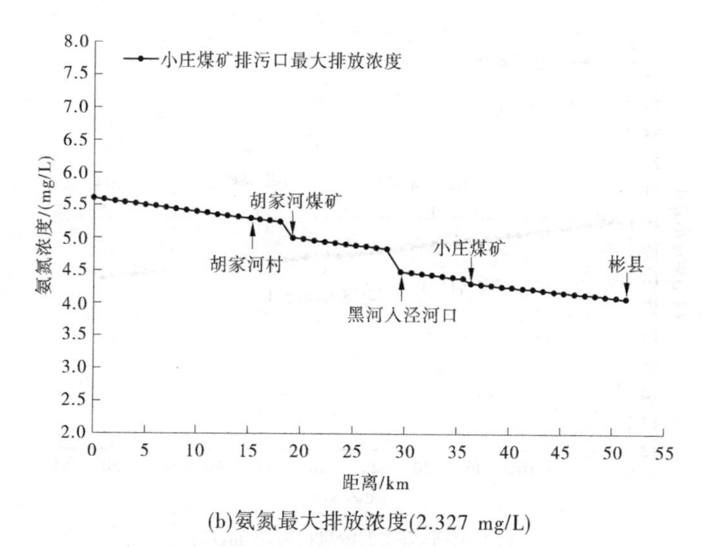

(b)氨氮最大排放浓度(2.327 mg/L)

续图 7-10

(7)工况七。泾河上游来水水质按照Ⅲ类达标浓度计算,COD 为 20 mg/L,氨氮为 1 mg/L,黑河入流水质按Ⅲ类达标浓度设置,即入流 COD 20 mg/L、氨氮 1 mg/L,同时考虑水功能区内已批复的胡家河煤矿排污口(COD 20 mg/L、氨氮 1 mg/L),小庄煤矿入河排污口按平均排放浓度(COD 24.18 mg/L、氨氮 1.016 mg/L)计算。

结果表明,小庄煤矿入河排污口按平均浓度排放的废污水入河后造成泾河污染物浓度增高,排污口处 COD 浓度增加 0.24 mg/L,达到 18.67 mg/L,氨氮浓度增加 0.006 mg/L,达到 0.892 mg/L,均满足Ⅲ类水质标准。污染物沿程分布详见图 7-11。

(8)工况八。泾河上游来水水质按照Ⅲ类达标浓度计算,COD 为 20 mg/L,氨氮为 1 mg/L,黑河入流水质按Ⅲ类达标浓度设置,即入流 COD 20 mg/L、氨氮 1 mg/L,同时考虑水功能区内已批复的胡家河煤矿排污口(COD 20 mg/L、氨氮 1 mg/L),小庄煤矿入河排污口水质按Ⅲ类标准限值(COD 20 mg/L、氨氮 1 mg/L)计算。

结果表明,小庄煤矿入河排污口水质按Ⅲ类标准限值排放的废污水入河后造成泾河污染物浓度增高,排污口处 COD 浓度增加 0.07

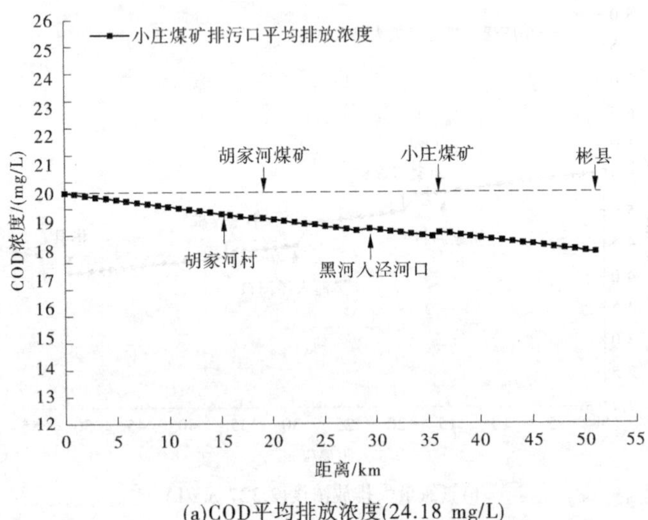

(a)COD平均排放浓度(24.18 mg/L)

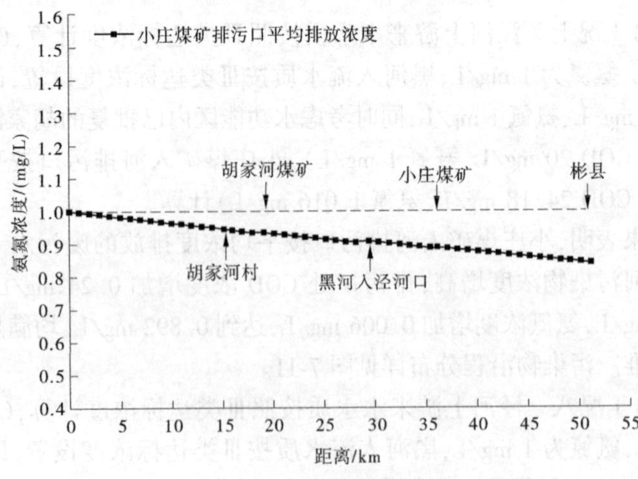

(b)氨氮平均排放浓度(1.016 mg/L)

图 7-11　工况七污染物沿程分布

mg/L，达到 18. 51 mg/L，氨氮浓度增加 0. 006 mg/L，达到 0. 892 mg/L。污染物沿程分布详见图 7-12。

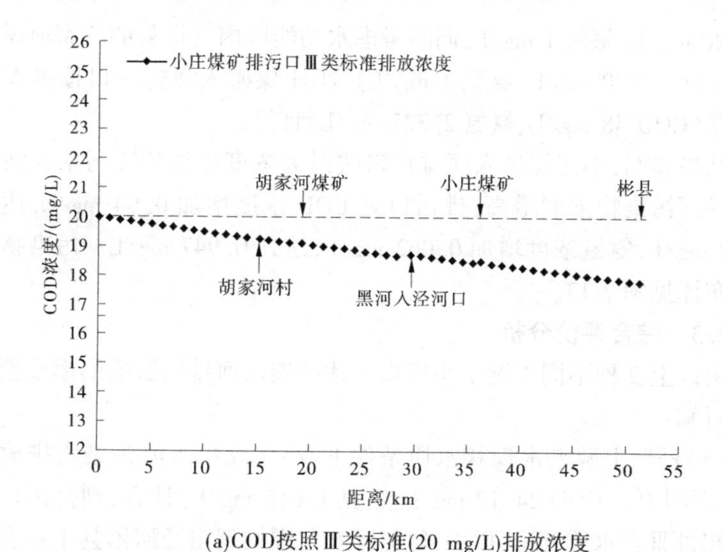

(a)COD按照Ⅲ类标准(20 mg/L)排放浓度

(b)氨氮按照Ⅲ类标准(1 mg/L)排放浓度

图7-12　工况八污染物沿程分布

(9)工况九。泾河上游来水水质按照Ⅲ类达标浓度计算,COD为20 mg/L,氨氮为1 mg/L,黑河入流水质按Ⅲ类达标浓度设置,即入流

COD 20 mg/L、氨氮 1 mg/L,同时考虑水功能区内已批复的胡家河煤矿排污口(COD 20 mg/L、氨氮 1 mg/L),小庄煤矿入河排污口按最大排放浓度(COD 48 mg/L、氨氮 2.327 mg/L)计算。

结果表明,小庄煤矿入河排污口按最大浓度排放的废污水入河后造成泾河污染物浓度增高,排污口处 COD 浓度增加 0.94 mg/L,达到 19.38 mg/L,氨氮浓度增加 0.062 mg/L,达到 0.947 mg/L。污染物沿程分布详见图 7-13。

7.4.2.3　综合评价分析

由以上 9 种不同工况下小庄煤矿达产期入河排污影响的模型预测结果可知:

(1)泾河上游来水现状水质条件下,小庄煤矿入河污染物排放浓度按现状均值(COD 24.18 mg/L、氨氮 1.016 mg/L)计算,则排污口处浓度超过Ⅲ类水质标准,COD、氨氮影响范围均超出泾河彬县工业农业用水区。

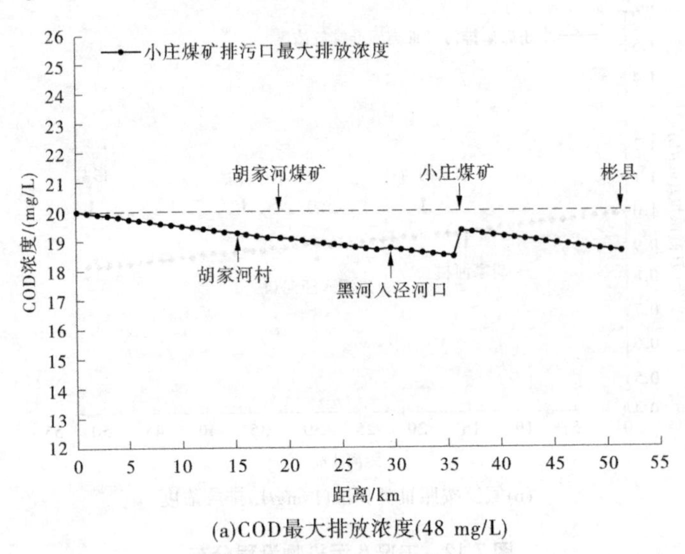

(a)COD最大排放浓度(48 mg/L)

图 7-13　工况九污染物沿程分布

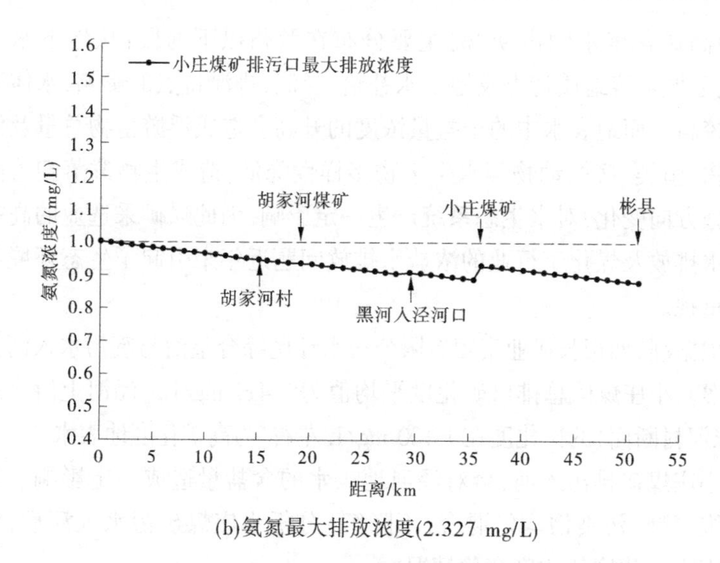

(b)氨氮最大排放浓度(2.327 mg/L)

续图7-13

(2)泾河上游来水现状水质条件下,小庄煤矿入河污染物排放浓度按地表水Ⅲ类水质标准限值(COD 20 mg/L、氨氮1.0 mg/L)计算,排污口处COD浓度满足Ⅲ类水质标准,而氨氮浓度超过Ⅲ类水质标准且其影响范围超出泾河彬县工业农业用水区。

(3)泾河上游来水按实测浓度最大水质条件下,小庄煤矿入河污染物排放浓度无论是按现状实测还是按地表水Ⅲ类标准限值计算,水功能区各河段均不能满足地表水Ⅲ类水质标准。

(4)泾河上游来水按Ⅲ类来水水质条件下,小庄煤矿按地表水Ⅲ类标准限值作为控制排放浓度排污,水功能区各河段均能满足地表水Ⅲ类水质标准,小庄煤矿入河排污对泾河水质的影响均不会到达泾河彬县工业农业用水区下断面彬县处。

7.4.3　小庄煤矿排水对泾河盐分的影响

地表水中盐分含量的升高已经成为水污染防治、水生态保护中不可忽视的问题,尤其是在天然水化学特征明显的黄河流域,从地表水来看,中高矿化度水约占 90%,主要分布在兰州以下河段;从地下水来看,受区域岩溶地质特点及地下水补给、径流、排泄特点的影响,水体矿化度较高。而地表水中的全盐量浓度的升高会造成浮游生物总量及浮游生物、鱼类、底栖动物等水生生物多样性降低,造成生物群落朝着耐盐类型方向变化,对水生态系统产生一定影响,因此煤矿采选业的高盐矿井水排放及煤化工行业的浓盐水排放问题近年来引起了生态环境部门的重视。

根据《陕西彬长矿业集团有限公司水环境综合整治与废污水入河排放方案》,小庄煤矿总排口矿化度平均值为 3 417 mg/L。泾河上游来水(胡家河村断面)的矿化度在 1 100 mg/L 左右,为高矿化度地表水。

小庄煤矿排污入河,会对泾河地表水的含盐量造成一定影响。采用零维模型(污染物均匀混合,不降解)分析小庄煤矿污水入河后,泾河地表水矿化度的浓度变化情况。

计算公式如下:

$$C = \frac{C_p Q_p + C_0 Q}{Q_p + Q} \tag{7-2}$$

式中:C 为污染物均匀混合后浓度值,mg/L;C_p 为排放废污水污染物浓度,mg/L;C_0 为初始断面污染物浓度,mg/L;Q_p 为废污水排放量,m^3/s;Q 为初始断面入流流量,m^3/s。

采用该段泾河多年平均流量 23.78 m^3/s 作为设计流量。小庄煤矿现状外排水量 0.240 m^3/s、复核后达产期外排水量 0.303 m^3/s。

各盐分指标计算浓度及入河排污后对泾河矿化度影响计算结果见表 7-6、表 7-7。

表 7-6　设计计算浓度　　单位:mg/L

控制因子	矿化度
泾河胡家河村断面实测均值	1 100
小庄煤矿入河排污口实测均值	3 417

表7-7　计算结果

泾河设计流量/(m³/s)	控制因子	矿化度	
		现状排放量	复核后达产期排放量
23.78	计算结果/(mg/L)	1 123.2	1 129.2
	升高量/(mg/L)	23.2	29.2
	升高比例/%	2.11	2.65

计算结果表明,在泾河河段多年平均流量条件下,小庄煤矿以现状排放量、复核后达产期外排水量入河排污,泾河全盐量指标分别升高23.2 mg/L和29.2 mg/L,升高比例分别为2.11%和2.65%,小庄煤矿达产期正常排污对泾河水体全盐量一般不会产生显著影响。综合入河排污模型预测分析结果可知,小庄煤矿达产期在正常工况下排污对泾河水质的影响程度和范围是有限的,不会对河段水生态环境造成显著影响。

但是考虑到泾河彬县工业农业用水区汇水范围内陕西彬长矿区(共13个煤矿)及上游甘肃其他煤矿在开发过程中已经或可能产生富余矿井水需外排泾河,且矿井水来源主要为白垩系洛河组含水层,含盐量较高。多个煤矿叠加排水可能会对纳污河段全盐量造成较大影响,进而在一定程度上影响河流水生态环境和水体功能。为保护泾河纳污河段的水生态环境、彬县工业农业用水区功能,同时考虑到下游正在建设的东庄水库未来的供水水质保障问题,小庄煤矿需要扩大反渗透处理设施规模,降低外排矿井水的全盐量,水处理过程中产生的浓盐水须全部回用不外排。

7.4.4　设置入河排污口对地下水的影响

(1)入河排污过程中的影响。小庄煤矿通过水泥衬砌的排水明渠将污水排入泾河,从其排污水质情况来看,正常情况下不会对沿途地下水造成污染。

(2)污水进入泾河后的影响。根据前述入河排污口设置对水功能区水质的影响分析可知,小庄煤矿正常工况下排污对地表水水质产生的影响较小,因此一般不会对河道地下水水质产生显著影响。

(3)小庄井田煤层位于侏罗系延安组,上覆岩层主要有侏罗系直罗组、安定组,白垩系宜君组、洛河组,第三系和第四系。第三系含水层为砂卵砾石层,为弱含水层。根据导水裂隙带发育高度计算成果,其只发育至洛河组内,并未贯穿。因此,煤层开采产生的导水裂隙带对第三系含水层没有影响。第四系含水层为冲洪积孔隙潜水含水层和黄土孔隙—裂隙潜水含水层,其位于第三系含水层上部,导水裂隙带未发育至此,因此煤层开采对该含水层没有影响。

洛河组地下水长观孔监测记录及覆岩导水裂缝带发育高度的预测成果,煤层开采的导水裂隙带能贯穿宜君组、直罗组和延安组 3 个地层,并能进入洛河组下段岩层,影响到洛河组下段含水层,导致洛河组下段地下水水位明显下降。

7.4.5 对第三方影响研究

7.4.5.1 对泾河湿地的影响

陕西泾河湿地四至界限范围从长武县芋园乡至高陵县耿镇沿泾河至泾河与渭河交汇处,基本为泾河陕西全段,包括泾河河道、河滩、泛洪区及河道两岸 1 km 范围内的人工湿地。按照《陕西省湿地保护条例》,禁止向天然湿地范围内排放超标污水、采砂、采石、采矿等其他破坏天然湿地的活动。

小庄煤矿入河排污口位于陕西泾河湿地范围内。根据入河排污影响模型预测分析结果可知,小庄煤矿在达产期正常工况下排污对泾河水质的影响较小,因此一般不会对湿地造成显著影响。小庄煤矿应采取有效措施,确保超标事故污水不得排入陕西泾河湿地范围内。

7.4.5.2 对泾河东庄水库水质的影响

依据《陕西泾河东庄水库水利枢纽工程环境影响报告》评价结论,在泾河陕西段河道水质满足水功能区水质要求(地表水Ⅲ类水)的前提下,东庄水库在蓄水后库区坝前水体水质总体良好,均可满足《地表水环境质量标准》Ⅲ类水质标准要求。库区蓄水后在落实《泾河流域

(陕西段)水污染防治规划》(陕政函〔2016〕262号)以及《东庄水库受水区水污染防治规划》(陕水发〔2017〕21号)污染治理措施落实条件下,水质能够满足水功能区标准要求。

根据前述小庄煤矿入河排污影响分析,结合《陕西泾河东庄水库水利枢纽工程环境影响报告》评价结论,分析小庄入河排污口对东庄水库水质的影响。

(1)水功能区现状水质条件下,小庄煤矿按照地表水Ⅲ类水质标准限值排污,排污口处COD浓度满足Ⅲ类水质标准,而氨氮浓度超过Ⅲ类水质标准且其影响范围超出泾河彬县工业农业用水区。在上游来水及主要支流来水水质达标,且小庄煤矿外排污水按达到或优于地表水Ⅲ类水质标准进行控制,泾河彬县工业农业水功能区能满足Ⅲ类水质标准,从而保障东庄水库水质。

(2)在泾河多年平均流量条件下,小庄煤矿正常入河排污后泾河全盐量有一定程度升高。在小庄煤矿完成矿井水处理站技改方案、扩大反渗透处理规模、降低和合理控制外排矿井水的全盐量的情况下,小庄煤矿入河排污正常情况下不会对未来东庄供水水质造成显著影响。

7.5 应急措施

小庄煤矿非正常工况主要包括矿井涌水突然增大、矿井水处理站故障、生活污水处理站故障、煤泥水处理设施故障等几种情况。非正常工况产生的事故废污水应以“未经处理达标的废污水不得进入外环境”为原则进行处置。

7.5.1 建设应急缓冲池

目前,小庄煤矿井下建设有2个5 000 m^3和1个7 740 m^3的水仓,地上建设有10 000 m^3应急事故水池1处。论证建议小庄煤矿结合自身生产实际,充分考虑矿井水处理站、生活污水处理站,煤泥水处理设施出现故障、停产检修的情况,在充分利用缓冲池的前提下,建设总容积能够满足储存污水处理设施故障、停产检修等非正常工况下的废污水排放量的缓冲池,确保容纳 1 d 左右的矿井涌水水量。

7.5.2 进一步加强应急管理

小庄煤矿颁布实施有《陕西彬长小庄矿业有限公司突发环境事件专项应急预案》,并在陕西省环境保护厅环境应急与事故调查中心备案。预案明确了事故应急救援指挥部的组织机构的设置和职责,对潜在危险源和可能发生的环境事件进行了环境风险分析。发生环境污染事故时,在应急救援领导小组的指挥下开展应急响应、信息上报与发布、应急监测、应急救援、后期处置、应急物资与装备保障等工作。同时对本预案的修订年限、预案的教育培训和演习演练频次也做出了明确规定。

根据应急预案,当发生因人员操作不当、设备故障、调节池煤泥淤积、停电等事件引起的矿井水处理设施停用,矿井水无法处理时,应利用井下水仓暂存,同时尽快排除矿井水处理站的故障。当出现井下突水,涌水量超出矿井水处理站处理规模,可能需要直排矿井水情况时,组织人员使用砂石编织袋以矿井水排污口为中心,设置半径 100 m、高度为 1.5 m 的拦水围堰,对矿井水进行暂存,增加矿井水在围堰中的存放时间,降低悬浮物含量,同时在下游 500 m 处设置拦水墙,底部放置活性炭编织袋,以减少直排矿井水对泾河水质的影响。

预案同时要求突发水污染事故时,开展应急监测,根据事故污水进入泾河后可能的影响范围,在排污口上游 500 m,下游 500 m、1 500 m、3 000 m 处设置 4 个监测点位,监测因子包括 pH、SS、COD、BOD、石油类、硫化物等 6 项。

小庄煤矿应加大对职工的宣传教育,通过应急培训、演练和落实责任制,强化生产安全与水污染防范意识和责任意识,不断提高防范和应对突发水污染事件的能力,并根据实际生产情况和新的管理要求不断完善应急预案。

在污水处理装置、设备出现故障、发生停电或出现安全生产事故时,胡家河煤矿应按照预案立即采取措施进行处理,以严禁未经处理达标的废水外排为原则,通过适当的方式将有可能外泄的废水收集处理。

当选煤厂浓缩机、压滤机等煤泥水处理设备发生故障或选煤厂停电时，煤泥水进入事故浓缩机和循环水池不外排。当选煤厂因管理问题出现补加清水量过多，造成洗选系统内水量过大时，将需要外排的煤泥水排至应急池暂存。处理过程中如有必要可酌情考虑减产减污，问题在短时间内难以解决时则应当进一步限产甚至停产，待问题完全解决后再恢复生产。在事故应急处理的整个过程中应做好记录，并及时向当地有关部门及流域管理机构报告。

建议矿方结合入河排污口设置审批要求，进一步完善《突发环境事件应急预案》，强化非正常工况和事故状况下的废污水应急处置措施，确保事故废污水不外排。在泾河发生旱情或者水质严重恶化等紧急情况下，按照相关规定实施限产、限排等措施。

第8章 水资源节约及保护措施研究

小庄煤矿项目为已建项目，本章主要任务是复核环评批复、原水资源论证批复中提出的水资源保护措施的落实情况，在此基础上，结合小庄煤矿建设实际，针对性地提出相关的水资源节约、保护及管理措施。

8.1 相关水资源保护要求

8.1.1 水资源论证提出的要求

8.1.1.1 水资源论证报告书批复情况

根据黄水调〔2014〕340号，煤矿投产后应加强导水裂隙带发育和井田地下水水位的观测，并及时采取相应的保水措施。为避免煤矿开采对居民用水和生活的不利影响，煤矿业主单位应做好沉陷区涉及村民搬迁安置工作。项目应建立应急管理机制，加强废污水监控，确保项目建设和运行满足水资源保护的要求。项目必须按照《取水计量技术导则》(GB/T 28714—2012)等技术标准安装计量设施，并保证正常运行。

8.1.1.2 水资源论证报告书相关要求

(1)做好保水采煤工作，适当留设煤柱；

(2)强化煤矿节水措施，采用管道输水，使用节水设备和器具；

(3)加强地下水监测井布设工作；

(4)工业场地排水采用雨、污分流制排水系统；

(5)采取优先利用污废水，分质供水、一水多用等技术，加强水资源综合高效节约利用；

(6)建立健全矿内各项用水管理制度，进行统一管理，并对各项管

理进行优化配置;

(7)加强职工对用水、节水的宣传和学习,树立职工的用水节水意识。

8.1.2　环评提出的相关要求

8.1.2.1　环境影响评价报告书批复情况

根据《关于陕西彬长矿业集团有限公司小庄矿井及选煤厂建设工程(变更)环境影响评价报告书的批复》(环审〔2013〕346 号),小庄煤矿对红岩河水库与井田重叠区域严禁开采,并对红岩河水库、义门镇规划镇区和白家宫安置点留设足够的保护煤柱。落实水污染防治措施,生产和生活污水经处理后全部回用,不外排。备用排矸场下游设置挡渣坝,四周设截洪沟。

8.1.2.2　环境影响评价报告书相关要求

(1)分层开采 4 号煤层,减小导水裂隙带对上覆含水层的影响;

(2)加强矿井导水裂缝带观测;

(3)在安定组隔水层贯通区采取"填充开采"等保水采煤方案进行采煤;

(4)矿井工业场地污废水处理过程中的池、渠要采取防渗处理;

(5)加强工业场地、道路沿线绿化,同时积极开展土地复垦及植被恢复工作。

8.2　水资源保护措施落实情况

对照小庄煤矿水资源论证及环评报告相关水资源保护措施要求,现场复核落实情况见表 8-1,相关图片见图 8-1。

通过现场复核,小庄煤矿尚未完全落实黄水调〔2014〕340 号、环审〔2013〕346 号提出的水资源保护相关要求,在废污水回用、水务管理、水计量设施等方面有待加强。

表 8-1 水资源保护措施落实情况一览

序号	措施要求	落实情况	备注
1	加强导水裂隙带发育高度和井田地下水水位观测	目前矿方已委托徐州中国矿大岩土工程新技术发展有限公司开展导水裂隙带发育与地下水水位的检测工作	—
2	做好沉陷区居民搬迁安置工作	矿方已对近3年内回采工作面对应的居民进行搬迁	—
3	正确安装水计量设施,加强废污水监控	矿方部分水表已安装,一级计量设施已全部安装,废污水的在线检测系统已安装但并未投入使用	—
4	做好保水采煤工作,严格按照规范与相关文件要求留设煤柱	已按照相关文件与规范留设保护煤柱,对煤层较厚的工作面分层开采,对有可能导通白垩系洛河组上段的煤层限高开采	—
5	强化煤矿节水措施,采用管道输水,使用节水设备和器具	各环节供水均为管道供水,且水池均为封闭式水池,不与大气直接连通	—
6	工业场地排水采用雨、污分流制排水系统,优先利用污废水,分质供水、一水多用等技术	工业场地已建有雨水排水系统,有单独建设的雨水收集池,污水与处理后的清水可以分质回用,部分污水能够做到循环利用	—

续表 8-1

序号	措施要求	落实情况	备注
7	建立健全矿内各项用水管理制度，进行统一管理，并对各项管理进行优化配置	水务管理纳入煤矿环保部，人员为兼职，没有统一的管理制度，部分用水环节有取用供水台账，水计量设施管理制度不健全	—
8	加强职工对用水、节水的宣传和学习，树立职工的用水节水意识	矿方每周开展煤矿生产的各方面培训，但用水、节水宣传不到位	—
9	落实水污染防治措施，生产和生活污水经处理后全部回用，不外排	煤矿已建有相应的矿井水处理站、生活污水处理站，能够满足煤矿日常生产需要，但生活污水未能全部回用，同时矿井水外排	小庄煤矿的退水方式（部分矿井涌水排入泾河）发生改变，目前正在办理入河排污口手续
10	备用排矸场下游设置挡渣坝，四周设截洪沟	排矸场未见溢流坝、截水沟、排水盲沟等	—
11	矿井工业场地污废水处理过程中的池、渠要采取防渗处理；	废水处理站内地面、池、渠采等采用水泥铺设	—
12	建立应急管理机制，加强监测管理	已编制《突发环境事件应急预案》	—

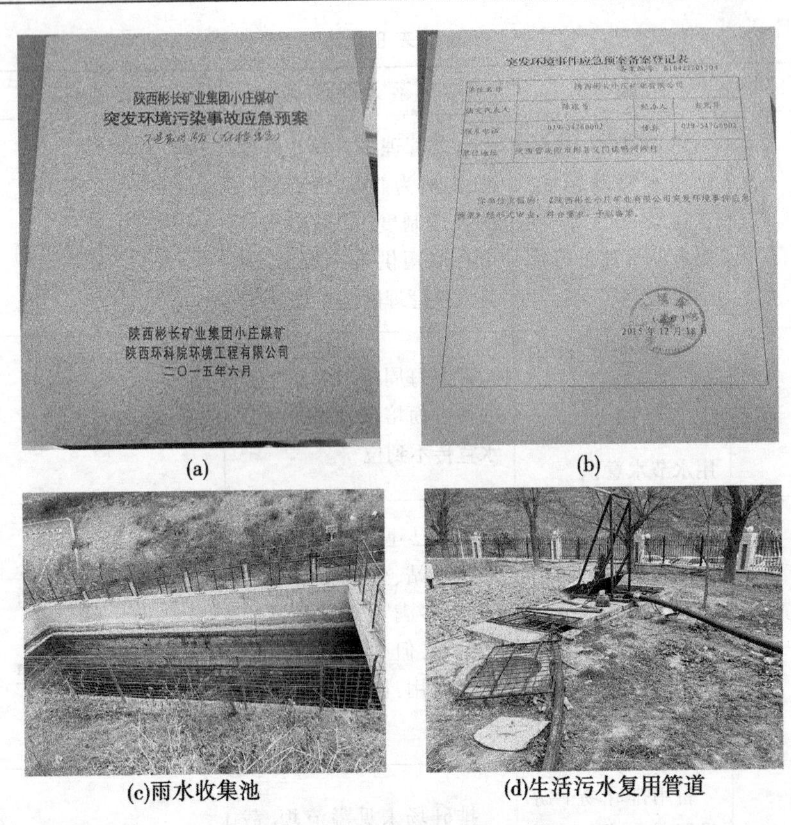

(a)

(b)

(c)雨水收集池

(d)生活污水复用管道

图 8-1 水资源保护措施相关图片

8.3 水资源保护措施

为了水资源的高效利用和科学保护，应对水资源供给、使用、排放的全过程进行管理，将清洁生产贯穿于整个生产全过程，既要做到节水减污从源头抓起，又要做好末端治理工作，确保水资源的高效利用。本次水资源保护主要从工程措施、非工程措施两方面有针对性地提出要求。

8.3.1 工程措施

8.3.1.1 厂区中水回用管道建设

中水回用管道是项目中水的运输通道,能否正常运行直接关系着项目中水回用的可靠性,陕西彬长小庄矿业有限公司应增设中水回用管路,同时启用矿井涌水处理站的反渗透装置,最大程度回用矿井涌水,减少废污水入河量。在管线沿线设置警示标志,尽可能防止供水管线因外力因素发生破坏等现象的发生。

8.3.1.2 供退水过程水资源保护措施

为维持供、退水管网的正常运行,保证安全供水,防止管网渗漏,必须做好以下日常的管网养护管理工作:

(1)严格控制跑、冒、滴、漏损失,建立技术档案,做好检漏和修漏、水管清垢和腐蚀预防、管网事故抢修。

(2)防止供、退水管道的破坏,必须熟悉管线情况、各项设备的安装部位和性能、接管的具体位置。

(3)加强供、退水管网检修工作,一般每半年管网全面检查一次。

8.3.1.3 临时排矸场的建设

本项目矸石主要为井下排矸及地面洗选车间排矸。井下矸石主要为煤巷掘进矸石,原则不出井,全部充填废弃巷道。筛分矸石送至排矸场临时堆放。

根据本项目环评,矸石浸出液中有害元素浓度均在地下水环境质量Ⅲ类水质标准范围内,且满足综合排放一级标准。根据小庄煤矿的需要,在排矸场顶部的塬面设置有截水沟,在排矸场截水沟末端接急流槽;排矸场内的积水采用在坝体底部左、右两支沟内分别布设一道排水盲沟。

小庄煤矿应确保矸石能够综合利用,同时应加强排矸场内外排水工程的运行管理及维护,确保截水沟、排水盲沟管道等排水工程始终处于正常运行状态,防止矸石长期浸水后淋溶液对水环境和土壤产生不利影响。

8.3.1.4 水文长观孔的布设与维护

小庄煤矿现有 DG5、XZ1、XZ3 共计 3 个水文长观孔，小庄煤矿应每旬对水位观测一次并建立观测台账，每半年对水位变化情况进行曲线描述，安排专人对长观孔周围情况进行查看和维护，每旬现场巡查一次，发现问题及时处理。若发现地下水水位存在异常下降现象，小庄煤矿应及时采取保水采煤、限高开采的策略，确保采煤不会破坏洛河组上段含水层。同时，对于采煤引起的地下水水位下降使附近村民用水困难的，小庄煤矿还应负责保证村民的用水。

8.3.1.5 非正常工况下的水资源保护措施

完善的事故应急措施可以最大程度的保护水资源。本项目非正常工况主要包括：①矿井涌水突然增大；②矿井涌水处理站故障；③生活污水处理站故障；④煤泥水处理设施发生故障。

鉴于本项目已经基本建成，因此论证以非正常工况下本项目废污水就地处置、不进入外环境为原则，提出的非正常工况下的事故应急措施如下：

(1)适当增大矿井涌水处理站的处理能力。小庄煤矿矿井涌水处理站处理能力在满足目前预测的矿井涌水量的基础上应适当地扩大处理能力，以应对矿井涌水突然增大的状况。

(2)建设足够容量的事故缓冲池。目前小庄煤矿井下建设有 2 个 5 000 m^3 和 1 个 7 740 m^3 水仓，加上正在建设的 10 000 m^3 应急事故水池，仍不能满足储存预测的 1 d 正常矿井涌水量(29 600 m^3/d)，陕西彬长小庄矿业有限公司应采取地下、地上相结合的方式，选取适当位置，建设总容积不少于储存 1 d 矿井涌水量的缓冲池，同时也能兼顾到生活污水处理站故障以及煤泥水处理设施故障的非正常工况处理。

8.3.2 非工程措施

8.3.2.1 水务管理机构设置

根据现场调研，小庄煤矿尚未建立完善的水资源管理制度，未设置专门的水务管理部门或者管理人员。项目应积极设置水务管理部门，建立水资源管理制度，科学合理地对水资源进行开发和保护。水务管理制度建立主要应包含以下几点。

(1)制定行之有效的管理办法和标准,严格按设计要求的用水量进行控制,达到设计耗水指标,提高工程运行水平。

(2)每隔三年进行一次全厂水平衡测试及各水系统水质分析测试,找出薄弱环节和节水潜力,及时调整和改进节水方案,并建立测试档案以备审查。

(3)积极开展清洁生产审核工作,加强生产用水和非生产用水的计量与管理,不断研究开发新的节水、减污清洁生产技术,提高水的重复利用率。

(4)根据季节变化和设备启停与工况的变化情况,及时调整用水量,使工程能够安全运行。

(5)生产运行中及时掌握取水水源的可供水量和水质,以判定所取用的水量和水质能否达到设计标准和有关文件要求。

(6)加强生产、生活污水和矿井涌水处理设施的管理,确保设施正常运行,实现废污水最大化利用;建立排污资料档案,接受水行政主管部门的监督检查。按照规定报送上年度入河排污口有关资料和报表。

(7)加大对职工的宣传教育力度,强化对水污染事件的防范意识和责任意识。严格值班制度和信息报送制度,遇到紧急情况时,保证政令畅通。

(8)制定出详细的污染事故应急预案。在污水处理系统出现问题或排水水质异常时,将不达标的污水妥善处置,严禁外排。在整个过程中应做好记录,并及时向当地水行政主管部门和环保部门报告。

8.3.2.2 水资源监测方案

经现场调查,小庄煤矿没有制订完整的水资源监测方案。因此,论证根据项目的实际情况制订了相应的水资源监测方案。

1.用退水计量

为加强用水管理,小庄煤矿应在主要用水系统及退水系统安装计量装置,监测各项目的取用水量,掌握取用水量及退水量,具体内容见8.4节。

2. 水质监测

项目业主应设专员负责工程水务管理,建议设计定员 3 人。应对本项目的矿井涌水及生产、生活污水的水量和水质等进行在线或定期监测,及时掌握各设备、流程的运行情况。入河排污口处应设有连续在线监测设施,实时掌握入河水质状况,有效防止水污染事件发生。水质监测设备表见表 8-2。根据《入河排污口管理技术导则》(SL 532—2011)以及《排污单位自行监测技术指南总则》(HJ 819—2017),本项目提出的水质监控内容见表 8-3。

表 8-2　监测站应配备的仪器设备一览

编号	仪器设备名称	数量/台
1	万分之一天平	2
2	原子吸收分光光度计	1
3	722 分光光度计	1
4	pH 计	1
5	油分测定仪	1
6	电热干燥箱	1
7	生化培养箱	1
8	显微镜	1
9	电冰箱	1
10	计算机	2
11	其他	根据需要配备

表 8-3　本项目水质监控内容

序号	采样点位置	监测项目	检测标准	备注
1	生活污水处理站排放口	pH、SS、COD_{Cr}、BOD_5、总氮、总磷、NH_3—N	《城市污水再生利用 工业用水水质》(GB/T 19923—2005)、《城市污水再生利用 城市杂用水水质》(GB/T 18920—2020)	每季度 1 次

续表 8-3

序号	采样点位置	监测项目	检测标准	备注
2	矿井涌水处理站处理出水口	《地表水环境质量标准》(GB 3838—2002)表1中的24项因子	《地表水环境质量标准》(GB 3838—2002)Ⅲ类标准	每季度1次
3	矿井涌水处理站处理进水口	SS、COD_{Cr}、石油类、全盐量、总硬度	—	每半年1次
4	反渗透系统出水口	浊度、硬度、pH、全碱度、全盐量、总硬度	《生活饮用水卫生标准》(GB 5749—2006)	每半年1次
5	入河排污口	《地表水环境质量标准》(GB 3838—2002)表1中的24项因子	《地表水环境质量标准》(GB 3838—2002)Ⅲ类水质标准	入河排污口处应设有连续在线监测设施,每月1次

8.3.2.3　严格执行取水许可管理,建立排污报送机制

陕西彬长小庄矿业有限公司应按取水许可和入河排污管理要求,加强取、排水水量和水质管理,按要求建立完善的用、排水档案,包括原始数据记录表单及统计台账,按期上报、审核,接受水行政主管部门及其他相关主管部门的监督和管理。

8.3.2.4　突发水污染事件应急处理和控制预案的完善

目前,小庄煤矿已建立有《陕西彬长小庄矿业有限公司小庄矿井及选煤厂建设工程项目突然环境时间应急预案》以及《井下水处理站水量、水质异常应急预案》。论证建议按照专项应急预案至少每3年进行一次演练的要求,公司组织各部门开展不同类别和规模的应急预案演练,以增强各级应急队伍的实战能力,同时通过实战演练不断完善预案,切实提升应急处理能力。

8.3.2.5　加大宣传力度

陕西彬长小庄矿业有限公司应采取多种形式开展水资源保护教

育,切实加大宣传力度,积极倡导清洁生产的企业文化,促进职工树立惜水意识;通过印刷资料和宣传海报等形式,开展水资源保护宣传工作,使得当地职工充分认识水资源保护工作的意义和重要性;编制节水用水规划,建立奖罚制度,大力推行节约用水,坚决破除生产过程中存在的水资源浪费现象。

8.4 水计量设施配备规定

8.4.1 相关规定

国家和陕西省针对水计量设施的相关规定详见表8-4。

表8-4 水计量设施相关规定一览

名称	相关规定
《中华人民共和国水法》(2016年7月修订)	第四十九条:用水应当计量,并按照批准的用水计划用水
《中华人民共和国计量法》(2015年修订)	第八条:企业、事业单位根据需要,可以建立本单位使用的计量标准器具,其各项最高计量标准器具经有关人民政府计量行政部门主持考核合格后使用
《取水许可和水资源费征收管理条例》(国务院令第460号)	第四十三条:取水单位或者个人应当依照国家技术标准安装计量设施,保证计量设施正常运行,并按照规定填报取水统计报表
《取水许可管理办法》(水利部令第34号)	第四十二条:取水单位或者个人应当安装符合国家法律法规或者技术标准要求的计量设施,对取水量和退水量进行计量,并定期进行检定或者核准,保证计量设施正常使用和量值的准确、可靠

续表 8-4

名称	相关规定
《陕西省水资源管理条例》(2006 年)	第三十四条:取水单位和个人应当依照国家技术标准安装计量设施,保证计量设施正常运行,按照要求提供有关取水统计资料,接受水行政主管部门的监督检查,按时、足额缴纳水资源费
《陕西省节约用水办法》(陕西省人民政府令第 91 号)	第十八条:用水户必须装置经法定计量检定机构首次强制检定合格的水流量计量设施(器具),未按规定安装水流量计量设施(器具)或者未及时更换已损坏的水流量计量设施(器具)的,按取水建筑物设计取水能力或者取水设备额定流量全时程运行计算水量

8.4.2　技术标准

现行的水计量设施配备通则(导则)要求主要有《用能单位能源计量器具配备和管理通则》(GB 17167—2006)、《取水计量技术导则》(GB/T 28714—2012)、《用水单位水计量器具配备和管理通则》(GB 24789—2009)等。

8.4.3　水计量器具配备情况的复核

为了解小庄煤矿水计量管理和器具配备情况,论证对其地下水源井、生活和生产用水系统各用水环节、生活污水处理站、矿井水处理站等现有的水计量设施进行查验,现场复核情况见图 8-2。

8.4.4　水计量器具配备符合性分析

8.4.4.1　水计量管理

为加强用水管理,小庄煤矿应制订《能源计量器具管理制度》《计量设备的检定制度》《计量原始数据管理制度》等管理制度,用排水台账由专人记录,并委托相关公司对水计量设施进行检定和维护,部分记录台账图片见图 8-2。

(a)6号水源井水表

(b)3号水源井水表

(c)9号水源井水表

(d)生活净水车间脱盐水出口水表

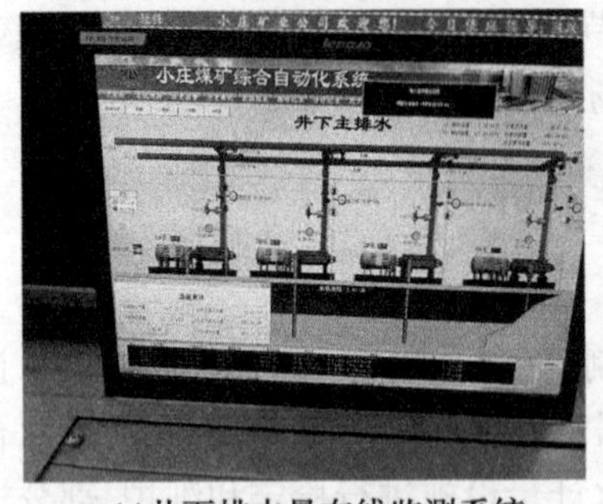

(e)井下排水量在线监测系统

(f)生活污水处理站出口水表

图 8-2 小庄煤矿部分水表与台账实景

(g)消防中队生活水表

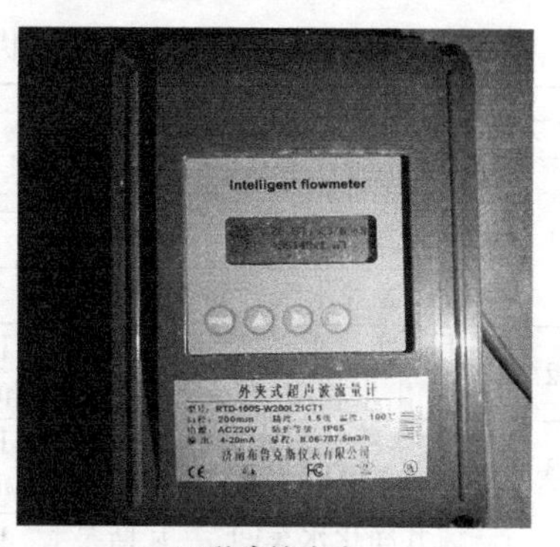

(h)联建楼水表

小庄净化水每日水量统计表

日期	夜班	早班	中班	总水量
2018.10.8	477	273	231	981
2018.10.9	262	307	311	880
2018.10.10	333	289	290	912
2018.10.11	329	329	374	1032
2018.10.12	294	235	488	1017
2018.10.13	406	454	402	1262
2018.10.14	406	373	337	1114
2018.10.15	297	249	359	905
2018.10.16	352	403	318	1073
2018.10.17	286	273	293	852
2018.10.18	342	319	376	1037
2018.10.19	363	286	300	949
2018.10.20	245	278	327	850
2018.10.21	414	475	479	1368
2018.10.22	465	397	445	1307
2018.10.23	261	332	320	913
2018.10.24	318	341	442	1101
2018.10.25	301	285	288	874
2018.10.26	340	267	321	937
2018.10.27	301	435	352	1088
2018.10.28	386	330	270	986
2018.10.29	335	353	483	1171
2018.10.30	398	329	354	1081
2018.10.31	300	498	430	1228
2018.11.1	329	357	422	1108
2018.11.2	408	288	415	1111
2018.11.3	399	273	461	1133
2018.11.4	323	292	372	987

23605

(i)净化水每日水量统计表

续图 8-2

8.4.4.2　水计量设施配备

经论证现场复核，小庄煤矿现状已安装计量水表共 19 块，其中一级表 6 块，二级表 13 块，统计明细见表 8-5，现状水表配备示意图见图 8-3。

表 8-5　小庄煤矿现状水计量设施统计一览

序号	水表安装地点	用途	水表型号	水表级数	水表数量/块
1	3 号水源井出水管路	净化水车间原水补充	LXLG-100	一级	3
	6 号水源井出水管路		LXLG-100	一级	
	9 号水源井出水管路		LXLG-100	一级	
2	生活净化水车间出水管路	生活用水	LDB-250L-MOXOOO-883	二级	2
3	矿井水净化水车间出水管路	工业用水	LDB-250L-MOXOOO-883	二级	2
4	风井净化水车间出水管路	瓦斯泵冷却水	LDB-250L-MOXOOO-883	二级	1
5	小庄联建楼进水管路	洗浴、洗衣用水	RTD-100S-W200L21CT1	二级	1
6	小庄消防中队进水管路	消防中队用水	LXLG-100	二级	1
7	小庄办公楼进水管路	办公楼用水	LXLG-100	二级	1
8	职工宿舍楼进水管路	职工宿舍用水	LXLG-100	二级	1
9	矿井水处理站进水管路	矿井水处理量	LDB-400L-MOXOOO-2261	一级	3
10	生活污水处理站出水管路	生活污水处理量	DPLD-1251621101ER1MB	二级	1
11	井下用水供水管	井下洒水	LDQ-SUP	二级	1
12	洗煤厂复用水池补水管	洗煤、喷淋用水	LDQ-SUP	二级	1
13	黄泥灌浆供水管	黄泥灌浆	LDQ-SUP	二级	1
合计		19 块表,其中一级表 6 块,二级表 13 块			

经论证分析计算小庄煤矿水计量器具配备率为 47.5%;一级用水系统水计量器具配备率为 100%,二级用水单位水计量器具配备率为 65%;与《用水单位水计量器具配备和管理通则》(GB 24789—2009)的要求有一定差距。

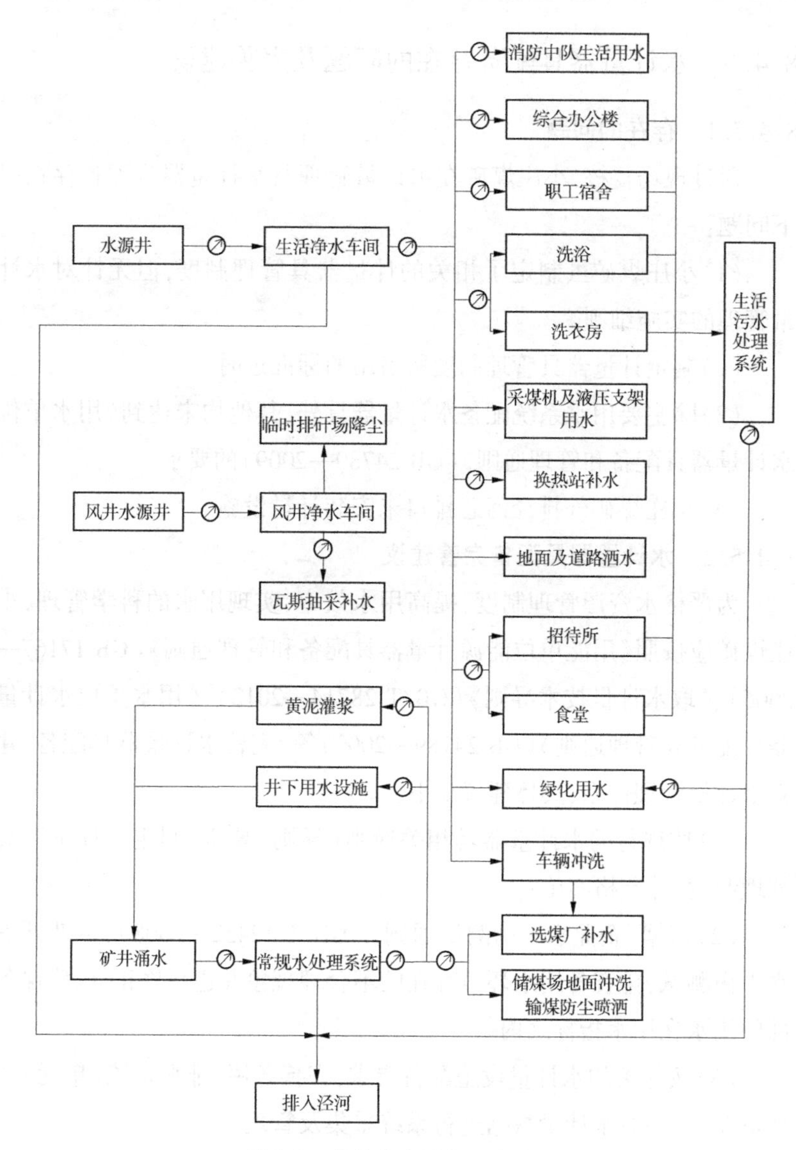

图 8-3　现状水表配备示意图

8.4.5 水计量器具配备存在的问题及完善建议

8.4.5.1 存在的问题

通过现场复核,小庄煤矿在水计量管理及水计量器具配备存在以下问题:

(1)小庄煤矿虽制定了相关的计量器具管理制度,但无针对水计量管理的实施细则。

(2)制定计量器具管理制度所引用的标准过时。

(3)除主要用水系统配备水计量器具外,其他均未达到《用水单位水计量器具配备和管理通则》(GB 24789—2009)的要求。

(4)小庄煤矿外排泾河总排口未安装计量设施。

8.4.5.2 水计量器具配备完善建议

为严格水资源管理制度,提高用水效率,实现用水的科学管理,小庄煤矿应按照《用能单位能源计量器具配备和管理通则》(GB 17167—2006)、《取水计量技术导则》(GB/T 28714—2012)、《用水单位水计量器具配备和管理通则》(GB 24789—2009)等,完善水计量器具配备,建立水计量管理体系,具体建议如下:

(1)按现行的水计量器具相关通则(导则)要求,制定水计量器具管理制度,并严格实施;

(2)依据《企业水平衡测试通则》(GB/T 12452—2008),定期开展水平衡测试,排查各用水环节存在的不合理现象并进行修正,以确保各部门用水在用水指标之内。

(3)按相关的水计量设施配备要求,完善各用、排水系统(单元)水计量器具,并对水计量数据进行系统采集及管理。

本书给出的原则性水计量器具装配见表 8-6 和图 8-4。

表 8-6 小庄煤矿原则性水计量设施装配说明

编号	位置	上级单元	下级单元	需要表数	备注
1	矿井水上水管	井下排水泵	矿井水处理站	2	
2	矿井水处理站出口	矿井水处理站	消防水池/净水车间/总排口	3	2 台超磁设备、1 台一体化高效净水设备
3	矿井水净水车间进口	矿井水复用水池	反渗透预处理设备	2	两套设备
4	矿井水净水车间脱盐水出水口	矿井水车间反渗透系统	生产复用水池	2	
5	矿井水净水车间浓水出水口	矿井水车间反渗透系统	生产废水池	2	
6	生活净水车间进口	生产复用水池	复用水池	2	两套设备
7	消防中队供水管	复用水池	消防中队生活用水	1	
8	食堂进水管		食堂职工宿舍用水	1	
9	办公楼进水管		办公楼用水	1	
10	职工宿舍进水管		职工宿舍用水	2	两栋宿舍楼
11	招待所进水管		招待所用水	1	
12	洗浴进水管		洗浴用水	1	
13	洗衣进水管		洗衣用水	1	
14	井下纯水补水管	生产复用水池	采煤机及液压支架用水	1	
15	换热站补水管		换热站	1	
16	风井净水车间进水管	矿井水复用水池	风井反渗透设备	1	

续表 8-6

编号	位置	上级单元	下级单元	需要表数	备注
17	风井净水车间脱盐水出水口	风井反渗透设备	瓦斯抽采冷却	1	
18	风井净水车间浓水出水口	风井反渗透设备	排矸场降尘	1	
19	黄泥灌浆进水口	矿井水处理站、生活污水处理站及净水车间	黄泥灌浆用水	3	浓盐水、矿井水、生活污水
20	井下用水补水管		井下生产用水	1	
21	绿化供水管		厂区绿化	1	
22	车辆冲洗供水管		车辆冲洗	1	
23	选煤厂补水管		选煤用水	3	矿井水、生活污水
24	厂外道路洒水补水口	矿井水复用水池	厂外道路洒水	1	
25	厂区道路洒水补水口		厂区道路洒水	1	
26	储煤场及输煤栈道喷淋补水管		喷淋用水	1	
27	生活污水处理站出水管	生活污水处理站	选煤厂、黄泥灌浆	1	
28	矿井水外排管道	矿井水处理站	泾河	1	外排
	总计			40	

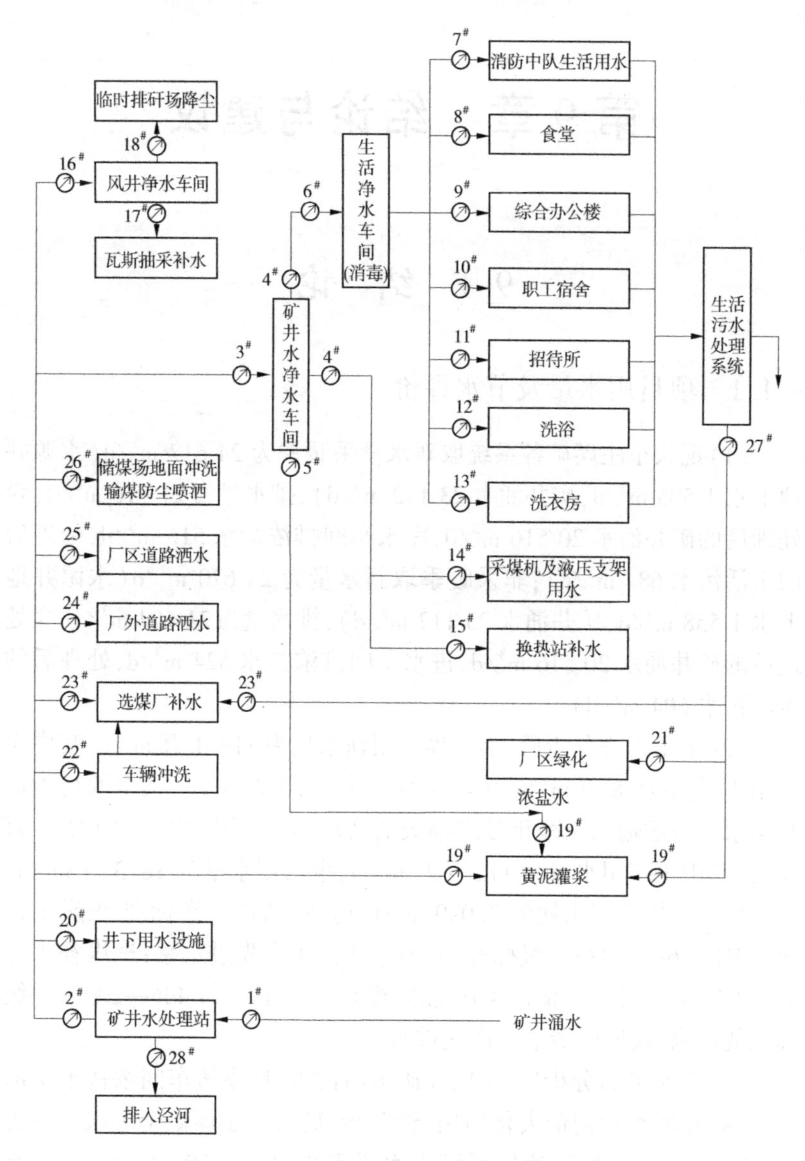

图 8-4　小庄煤矿原则性水计量设施安装示意图

第 9 章　结论与建议

9.1　结　论

9.1.1　项目用水量及节水评价

(1) 现状小庄煤矿各系统取新水量采暖季为 24 617 m^3/d(水源井地下水 1 505 m^3/d,矿井涌水 23 112 m^3/d),排水量为 21 716 m^3/d(含处理后的矿井涌水 20 516 m^3/d,净水车间排浓盐水 516 m^3/d,处理后的生活污水 684 m^3/d);非采暖季取新水量为 24 670 m^3/d(水源井地下水 1 558 m^3/d,矿井涌水 23 112 m^3/d),排水量为 21 604 m^3/d(含处理后的矿井涌水 20 516 m^3/d,进水车间排浓盐水 524 m^3/d,处理后的生活污水 604 m^3/d)。

(2) 节水潜力分析后,小庄煤矿用新水量为 113.1 万 m^3/a,其中生产用水量为 94.8 万 m^3/a,生活用水量为 18.3 万 m^3/a,其水源均为矿井涌水。考虑输水及净化处理损失后,该项目年用新水量为 131.2 万 m^3/a,其中生产用水量为 112.9 万 m^3/a,生活用水量为 18.3 万 m^3/a。小庄煤矿原煤生产水耗为 0.099 m^3/t,达到《清洁生产标准 煤炭采选业》(HJ 446—2008)一级标准,属国际清洁生产先进水平;选煤补水量为 0.050 m^3/t,符合《清洁生产标准 煤炭采选业》(HJ 446—2008)一级标准的要求,属国际清洁生产先进水平。

(3) 节水潜力分析后,小庄煤矿生活污水、反渗透车间浓盐水全部回用,矿井涌水做到最大化回用,经分析计算,小庄煤矿全年取水量为 1 814.0 万 m^3/a,处理达标后可供水量平均值为 1 795.9 万 m^3/a,有 131.2 万 m^3/a(包含处理损失)回用于自身生产生活,理论计算年均剩余 1 682.8 万 m^3/a 外排泾河。

(4)通过节水评价,小庄煤矿原煤生产水耗和选煤补水量指标达到了清洁生产国际先进水平,并且通过回用矿井涌水置换地下水、采用节水器具、生活污水再利用等措施,核定后用水量较现状节约了20.8万 m^3/a,节约了水源井地下水56.2万 m^3/a。

9.1.2 项目的取水方案及水源可靠性

9.1.2.1 取水方案合理性

根据水平衡测试结果,小庄煤矿现状水源为自身矿井涌水和地下水,其中地下水主供生活,还向换热站、道路喷洒、瓦斯抽采冷却及采煤机及液压支架用水等生产环节供水,在矿井涌水回用方面还有一定改进空间,尚未完全做到优水优用、分质回用。经与矿方沟通,按照"分质处理、分质回用",最大化回用矿井涌水的原则,生产生活用全部使用处理后的矿井涌水,生活污水、浓盐水全部回用,预计2020年年中可以实现。在此前提下,论证认为小庄煤矿现有水源方案符合按照《水利部关于非常规水源纳入水资源统一配置的指导意见》(水资源〔2017〕274号)的有关要求,水源保障方案是合理的。

9.1.2.2 矿井涌水取水可靠性分析

(1)小庄煤矿使用自身矿井涌水作为供水水源,符合国家产业政策要求,有利于水资源利用效率的提高,对于缓解当地水资源矛盾和促进经济发展具有重要意义。从经济技术角度来看,矿井涌水再生利用技术成熟,在国内已得到广泛使用,项目回用自身矿井涌水在经济技术上是可行的。

(2)经前分析,分别采用大井法和比拟法对小庄煤矿的矿井涌水量进行了预算,采用大井法预测的矿井最大涌水量为49 700 m^3/d,作为本项目的最大矿井涌水量;采用比拟法预测的矿井涌水量为29 600 m^3/d,该量值可以满足煤矿生产和生活用水量的需求。

(3)小庄煤矿所采用的矿井涌水常规处理工艺和深度处理工艺均很成熟,应用广泛,矿井涌水经分质处理后,可以满足项目生产、生活用水水质要求。

(4)小庄煤矿现有矿井涌水处理能力52 800 m^3/d,能够满足小庄煤矿预测最大矿井涌水量 49 700 m^3/d,因矿井开采和井下疏排是一个长期渐变过程,随着矿井开拓、导水裂缝带的形成与发展,上覆的白垩系洛河组上段含水层砂岩孔隙—裂隙水有可能通过局部透水“天窗”进入井下巷道系统,因此建议矿方加强对“三带”的观测,持续研究其对矿井开采及矿井涌水量的影响,若出现矿井涌水量持续增加,小庄煤矿需增加矿井水处理设施。

综上分析,小庄煤矿以自身矿井涌水作为主水源,在水量和水质上是可靠的,对区域水资源的优化配置起着积极的作用。

9.1.3 项目的退水方案及可行性

(1)经论证分析,按照“分质处理、分质回用”,最大化回用矿井涌水的原则,小庄煤矿生活污水经污水管道收集送至生活污水处理站,处理后全部作为黄泥灌浆生产用水和绿化用水不外排;选煤厂洗煤产生的煤泥水采用浓缩机和加压过滤机处理后内部循环使用不外排;小庄煤矿矿井涌水经处理后,一部分回用于内部的井下洒水、选煤厂洗煤用水、瓦斯抽采补水、锅炉房补水、洗衣房用水、联建楼浴室用水等,剩余无法回用的矿井涌水经处理达标后排入泾河干流。

(2)小庄煤矿按照现有的《煤炭工业污染物排放标准》(GB 20426—2006)和《陕西省黄河流域污水综合排放标准》(DB 61/224—2018)一级标准排污入河的话,会使得河段污染加重,在此条件下不具备增设小庄煤矿入河排污口的可行性。只有在泾河彬县工业农业用水区上游来水水质及黑河入泾河水质达到Ⅲ类,同时小庄煤矿入河排污口水质按照地表水Ⅲ类水(COD 20 mg/L、氨氮 1 mg/L)进行控制,泾河彬县工业农业用水区才能满足Ⅲ类水的水功能区目标水质。

(3)小庄煤矿现状入河排污口位于泾河彬县工业农业用水区左岸,为连续排放的工业污水入河排污口,坐标为北纬 35°04′58. 24″,东经 107°59′16. 14″。外排污水汇入沿工业场地周围布设的排水明渠后,向南自流约 500 m 后连续排入泾河。小庄煤矿理论计算最大有 1 682. 8 万 m^3/a 处理达标后的矿井涌水外排泾河,外排水水质按照《地表水环境质量标准》(GB 3838—2002)Ⅲ类水质标准执行,COD、氨氮理论计算年均入河总量分别为336.6 t/a、16.8 t/a。

(4)小庄煤矿退水入河的可行性、排污入河水量与入河污染物浓度和数量、排污口位置设置及排污管理要求等,最终以流域生态环境监督管理部门批复为准。

9.1.4 取水和退水影响补救与补偿措施

9.1.4.1 取水影响及补救与补偿措施

(1)为有效保护第四系含水层和地表水,业主单位在采煤过程中,对于2-5、4-5等钻孔所处区域应加强观测,采取限高开采、保水采煤等措施,以"弃煤保水"为原则降低采高或弃采,以确保导水裂隙带不导通洛河组上段、第四系含水层和地表水。

(2)小庄煤矿煤层开采后产生的导水裂隙带穿透白垩系洛河组下段、宜君组,侏罗系安定组、直罗组、延安组等地层,使上述含水层成为矿井直接、间接充水含水层,含水层地下水将沿导水裂隙带进入矿坑;受采煤影响的范围局限在采区及采区附近,经计算扩大至采煤边界外70.4~253 m,影响范围有限。小庄煤矿通过建设矿井涌水处理站和矿井涌水深度处理系统,将自身的水质较差的矿井涌水再生利用于生产和生活,在此基础上多余矿井涌水经处理后满足《地表水环境质量标准》(GB 3838—2002)Ⅲ类水质标准后排入泾河干流,一方面节约了新水资源,提高了水资源的利用效率;另一方面避免了矿井涌水中污染物对区域水环境的影响,对区域水资源的优化配置有积极的作用。

(3)小庄煤矿开采后沉陷区不会改变井田区域总体地貌类型,但井田开采后最大水平变形值和最大倾斜值均超过Ⅳ类允许值,涉及搬迁的村庄和居民由企业出资,政府统一进行妥善安置;矿方承诺对原地安置的村庄和居民供水水源和供水管线进行长期跟踪观测,如发现煤矿开采对居民用水造成影响,将采取措施保障居民用水安全,并承担由此发生的全部费用,可以减缓或避免煤矿开采对其他用水户产生的不利影响。

9.1.4.2 退水影响及补救与补偿措施

经论证分析,在小庄煤矿矿井涌水经处理后达到《地表水环境质量标准》(GB 3838—2002)Ⅲ类水质标准后,按照论证计算水量入河排污,不会对泾河彬县工业农业用水区水功能区水质目标的实现造成显著影响,对河段水生态和其他第三方影响轻微。

但小庄煤矿在建设和试运行过程中,未能够完全落实相关水资源保护措施要求,应对照本书第8章水资源保护措施所提相关补救措施进行逐项落实,确保矿井涌水最大化回用和矿井涌水的达标排放。

9.2 取水方案

9.2.1 取水水源及水量

小庄煤矿水源为自身矿井涌水,考虑处理损失后,项目全年用新水量为131.2万 m^3/a,全部为矿井涌水,其中生活用水量18.3万 m^3/a,生产用水量112.9万 m^3/a。论证分别采用大井法和比拟法对小庄煤矿的矿井涌水量进行了预算,采用大井法预测的矿井最大涌水量为1 814.0万 m^3/a,作为本项目的取水量;采用比拟法预测的矿井涌水量为1 080.4万 m^3/a,该量值可以满足煤矿生产和生活用水量的需求。

9.2.2 取水地点和净水工艺

小庄煤矿矿井涌水取水地点位于矿井涌水处理站,坐标为东经107°58′56″,北纬35°4′59″。矿井涌水采用常规处理和反渗透深度处理工艺,其中常规处理系统由1套全自动高效净水设备和2套超磁处理装置组成,总设计规模为52 800 m^3/d;生活净水车间、矿井水净水车间、风井净水车间深度处理系统均由设计出水能力分别为2×100 m^3/h、2×100 m^3/h、60 m^3/h 的反渗透装置组成,净水设备由江苏宜洁给排水工程设备有限公司制造,采用预处理和反渗透深度处理工艺,按照“分级处理、分质回用”原则,矿井涌水在小庄煤矿内进行最大化回用后,剩余部分达标排入泾河干流。

9.3　退水方案

小庄煤矿生活污水经生活污水处理站处理后，全部送选煤厂和黄泥灌浆回用，不外排；深度处理系统反渗透浓水回用于选煤厂和黄泥灌浆，不外排；选煤厂洗煤产生的煤泥水采用浓缩机和加压过滤机处理后内部循环使用，不外排。

小庄煤矿入河排污口位于泾河彬县工业农业用水区左岸，为连续排放的工业污水入河排污口，坐标为北纬 35°04′58.24″，东经 107°59′16.14″。外排污水汇入沿工业场地周围布设的排水明渠后，向南自流约 500 m 后连续排入泾河。

2018 年 12 月 10 日，《黄河流域水资源保护局关于陕西彬长矿业集团有限公司水环境综合治理与废污水入河排放方案的批复》（黄护规划〔2018〕4 号）原则同意方案确定的文家坡、大佛寺、小庄、孟村等煤矿矿井废污水入河排放意见，相关排放执行水功能保护与总量限排控制管理规定，因受地质条件影响而无法利用的矿井疏干水，可根据资源利用和实施水功能无害化影响前提下，在现阶段暂实施地下水对地表水的补源措施，暂时排入彬县工业农业用水区。

9.4　建　议

（1）当地政府有关部门对彬长矿区供水、用水和排水进行整体规划，进一步优化当地泾河、黑河（亭口水库）、地下水、煤矿疏干水等水资源配置，充分利用煤矿疏干水。

（2）当地政府有关部门进一步加大对泾河流域内各县（区）工业及生活污染源的治理力度，在做到达标排放的基础上，还应满足入河污染物总量控制要求。通过采取措施，使泾河水质达到规划Ⅲ类水质目标。

参考文献

[1] 刘永峰,史瑞兰,曹原. 陕西彬长矿区小庄煤矿项目水资源论证[C]//2021 年全国能源环境保护技术论坛论文集,2021:17-26.

[2] 郭欣伟,董国涛,殷会娟. 煤矿开采项目水资源论证中取水影响论证方法研究[J]. 中国水利,2018(7):18-20.

[3] 张青山,单元磊,殷素娟,等. 河南豫北某煤矿建设项目水资源论证[J]. 河南科学,2016,34(8):1283-1288.

[4] 张明燕. 矿坑涌水量预测[M]. 北京:地质出版社,2020.

[5] 张国平. 小庄煤矿水源地热资源开发及利用研究[J]. 中国煤炭,2019,45(9):84-87.

[6] 窦桂东,刘明武,吴章涛. 小庄煤矿 40201 工作面综放开采涌水规律探究[C]//煤炭绿色开发地质保障技术研究——陕西省煤炭学会学术年会(2019)暨第三届“绿色勘查科技论坛”论文集,2019:216-222.

[7] 李锐,史瑞兰,曹原. 彬长矿区水文地质条件分析及水资源保护探讨[J]. 地下水,2021,43(6):67-69.

[8] 李锐,周正弘. 煤炭基地高盐矿井水资源化利用研究——以陕西彬长矿区大佛寺煤矿为例[C]//中国水利学会 2020 学术年会论文集第二分册,2020:189-192.

[9] 李锐,刘永峰,周正弘,等. 煤矿开采原煤生产水耗实验与数据对比分析[J]. 陕西水利,2021(4):239-240,243.